Das bietet Ihnen die CD-ROM

Methodenbeispiele

- ABC-Analyse
- Brainstorming
- Entscheidungsbaum
- Meilensteintrendanalyse
- Stakeholderanalyse
- u.a.m.

Checklisten

- Brainstorming
- FMEA
- Kosten-Nutzen-Analyse
- Methode 6-3-5
- Morphologie
- u.a.m.

Extras:

- Methodenübersicht
- Methodenvergleiche
- Normenübersicht
- Informationen zur GPM und IPMA

- Webadressen
- Zusätzliche Arbeitshilfen zu Methoden in der Projektklärung, -planung und -abwicklung

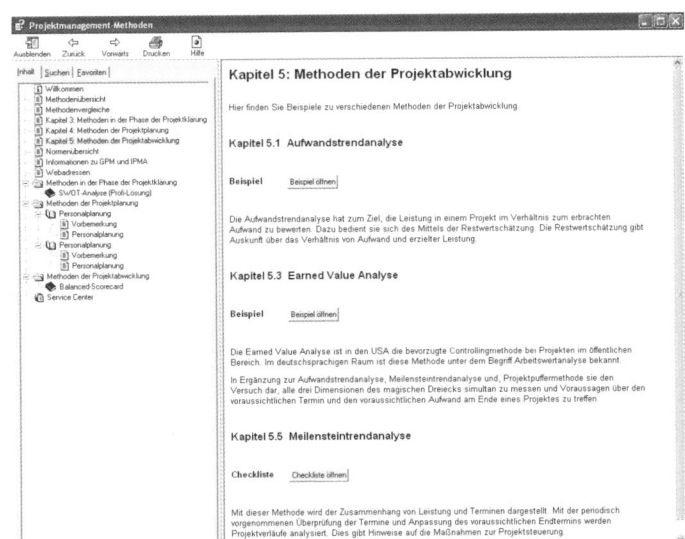

Die Methodenbeispiele und Checklisten finden Sie auf der CD, übersichtlich nach den einzelnen Buchkapiteln gegliedert.

Bibliographische Information Der Deutschen Bibliothek

Die Deutsche Bibliothek verzeichnet diese Publikation in der Deutschen National-
bibliographie; detaillierte bibliographische Daten sind im Internet über
http://dnb.ddb.de abrufbar.

ISBN 978-3-448-08052-0   Bestell-Nr. 00090-0001

1. Auflage 2007

© 2007, Rudolf Haufe Verlag GmbH & Co. KG
Niederlassung München
Redaktionsanschrift: Postfach, 82142 Planegg
Hausanschrift: Fraunhoferstraße 5, 82152 Planegg
Telefon: (089) 895 17-0,
Telefax: (089) 895 17-290
www.haufe.de
online@haufe.de
Lektorat: Dr. Ilonka Kunow

Redaktion und Desktop-Publishing: Agentur Gorus, Engen und Berlin;
Dorothee Köhler, Mannheim

Umschlag: Kienle Visuelle Kommunikation, Augustenstraße 12/1, 70178 Stuttgart
Druck: Bosch-Druck GmbH, 84030 Ergolding

Zur Herstellung dieses Buches wurde alterungsbeständiges Papier verwendet.

Lexikon der
Projektmanagement-Methoden

Günter Drews / Norbert Hillebrand

Haufe Mediengruppe
Freiburg · Berlin · München

Inhalt

Geleitwort der GPM

Liebe Leserinnen, liebe Leser,

„Nichts ist mehr Routine – alles ist Projekt". Mit diesem Stoßseufzer quittierte ein Kollege die Erkenntnis, dass Projekte heute kaum noch „außergewöhnliche Vorhaben", sondern eher „Stand der Technik" sind. Auch ein weiteres Buch über Projektmanagement ist so außergewöhnlich nicht. Herausgeber und Autoren beschäftigen sich mit dem Beschreiben und Ordnen der PM-Methoden schon länger, erschien doch bereits 1999 ein erster Methodenkatalog unter dem Titel „Mit Methode schneller zum Erfolg".

Mit dem vorliegenden Buch wird nun der Weg der Spezialisierung beschritten. Die einzelnen PM-Methoden werden umfangreicher und nach einem festen Raster vorgestellt: vom Überblick über die Beschreibung und Anwendung bis hin zu Fazit und Erkenntnissen. Die Anzahl der Methoden wurde dagegen reduziert.

Dennoch decken die vorgestellten knapp 40 Methoden ein breites Spektrum ab. Die Methoden reichen aus der Sicht der originären Disziplin von der Betriebswirtschaftslehre über die Ingenieurwissenschaften bis zur Statistik. Sie decken alle Phasen von der Projektinitialisierung bis zum Projektabschluss ab. Aus der Sicht der Branchen sind sie breit einsetzbar. Aus der Sicht der Anwendungsbreite konzentrieren sie sich auf Einzelprojekte, lassen aber Multiprojektumgebungen, Programme und Portfolios nicht völlig außer Betracht.

Ich wünsche mir, dass das Buch über die Beschreibung der PM-Methoden die Kommunikation unter den Projektbeteiligten erleichtert und über ihre Anwendung den Projekterfolg fördert.

Für den Herausgeber-Beirat
Dr. Dietmar Lange
Vorstand Events/Publikationen
GPM Deutsche Gesellschaft für Projektmanagement e. V.

1 Einleitung

Wenn man sich mit dem Thema Methoden im Projektmanagement beschäftigt, steht man zunächst einer unüberschaubaren Fülle von praktischen Ratgebern, wissenschaftlicher Literatur, Internetseiten, Guidelines, Methodenbibliotheken, Vorlagen Softwaresystemen oder einzelnen Applikationen gegenüber. Projektmanagement ist eine ideale „Spielwiese", um Methoden zu diskutieren, die in ganz anderen Zusammenhängen entstanden sind, aber durchaus im Kontext von Projekten ihre Berechtigung haben können. So sind in unterschiedlichen Bereichen wie:

- Qualitätsmanagement
- Wissensmanagement
- Organisationslehre
- Mitarbeiterführung (mit Motivations- und Kreativitätstechniken)
- Systemanalyse
- Entscheidungstheorie
- Controlling
- Philosophie
- Soziologie
- Jura
- Linguistik

jeweils einzelne Methoden oder ein Methodenportfolio entwickelt worden, die sich wieder in den Abhandlungen über Projektmanagement wiederfinden. Wie ein Staubsauger saugt die Projektmanagement-Lehre alle Methoden auf, die in verwandten oder auch weit entfernten Feldern zu finden sind, und versucht sie für das Projektmanagement zu adaptieren. Man kann sicher sein: Wenn in irgendeinem der abgesprochenen Felder signifikante Fortschritte erzielt wurden, erfolgt nicht sehr viel später eine Übertragung auf das Projektmanagement. So findet sich aus dem Bereich des Controllings die Balanced Scorecard als Project Scorecard wieder oder die Planungsrechnung in adaptierter Form als Earned-Value-Analyse.

Woher kommt diese Aufnahmebereitschaft? Sie beruht auf der Komplexität des Projektmanagements. Die Führung eines Projekts entspricht im Wesentlichen der Führung eines Unternehmens oder einer Institution. Menschen, Prozesse und Techniken sind so zu koordinieren, dass in einem definierten Zeitraum, unter bestimmten Restriktionen, explizit formulierte Ziele zu erreichen sind. All die Methoden, die nötig sind, ein Unternehmen zu führen, sind potenziell auch Methoden, die im Projektmanagement Anwendung finden können. Die notwendigen Modifikationen an den Methoden sind dann bedingt durch Kriterien wie Größenordnung, Spezialisierung, Zeitbegrenzungen etc.

Deshalb ist es geradezu eine Notwendigkeit, dass sich die Projektmanagement-Lehre in benachbarten Gefilden umschaut: So verhindert man Stagnation. Insbesondere bringt es der technologische Fortschritt mit sich, dass Methoden, die bisher nur in akademischen Zirkeln diskutiert wurden, plötzlich in Gebieten angewendet werden, die bislang zu aufwendig, zu umständlich oder gar nicht realisierbar waren. Fortschritte in den Internettechnologien (Web-Services, Semantic Web) und in Datenanalysetechniken (OLAP und Data Mining), die komfortablere Benutzung von Wissensmanagementsystemen, all das bedarf der Evaluierung und der Überprüfung, ob in diesen technologischen Weiterentwicklungen nicht auch Nutzen für das Projektmanagement liegt.

Die Entscheidung, welche Methoden in einem Projekt wann zum Einsatz kommen, hängt von einer Reihe von Faktoren ab:

- *Projektgröße:* Handelt es sich um kleinere (< 5 Mitarbeiter, < 2 Personenjahre), große (> 50 Mitarbeiter, > 50 Personenjahre) oder mittlere Projekte?
- *Projektart:* Investitionsprojekte, Entwicklungsprojekte, Organisationsprojekte, IT-Projekte

- *Risiko:* Insbesondere die sogenannten „Mission Critical Projects", also diejenigen Projekte, die unter keinen Umständen schief gehen dürfen, weil sie sonst die Existenz der Organisation ernsthaft gefährden, bedürfen besonderer Methoden.
- *Branche:* Eine Reihe Methoden sind branchenspezifisch. Bei Projekten im Anlagenbau werden andere Methoden benötigt als in der Softwareentwicklung.
- *Projektphase:* In der Phase der Projektklärung kommen andere Methoden zum Einsatz als in der Projektabwicklung. Es gibt jedoch auch Methoden, die sich in jeder Phase des Projekts einsetzen lassen, beispielsweise die Kreativitätsmethoden.
- *Methodologie:* Methodologien bündeln Methoden zu einem abgestimmten Methodenportfolio. Beispiele solcher Methodologien sind Critical Chain von Eliyahu M. Goldratt, Goal directed Project Management von Erling S. Anderson, Kristoffer V. Grude und Tor Haug, Earned Value Project Management oder Systemisches Projektmanagement. Manche Methoden lassen sich nur sinnvoll einsetzen, wenn man auch die anderen Methoden dieses Portfolios einsetzt.
- *Projektkultur:* Nicht jede Methode eignet sich für Firmen, die gerade damit beginnen, ein systematisches Projektmanagement aufzubauen.
- *Technologisches Umfeld:* Manche Methoden benötigten ein gewisses Maß an technischer Infrastruktur, um sinnvoll eingesetzt werden zu können. Die Netzplanung beispielsweise ist ohne Softwareunterstützung ein mühsames Unterfangen.
- *Einprojekt- oder Mehrprojektumgebungen:* Mehrprojektumgebungen bringen über das Management von Einzelprojekten hinaus zusätzliche spezifische Anforderungen mit sich.

Die große Anzahl von Methoden und die besonderen Voraussetzungen, die beim Einsatz einer Methode beachtet werden müssen, machen eine sorgfältige Auswahl der Methoden nötig.

Siehe CD-ROM

Achtung:

CD: Eine Zusammenstellung von ca. 300 Methoden ist in einer EXCEL-Tabelle beigefügt.

Bei der Auswahl und der Beschreibung der Methoden für dieses Buch waren folgende Gründe maßgebend:

Die Methoden sollen:

- das ganze Spektrum eines Projektlebenszyklus' abdecken,
- sich in der Praxis bewährt haben,
- sowohl einfache als auch komplexe Aufgabenstellungen behandeln,
- sowohl für Anfänger im Projektmanagement als auch für gestandene Projektmanager einen Nutzen bieten,
- exemplarischen Charakter für das jeweilige Anwendungsgebiet haben,
- neueste technologische Möglichkeiten berücksichtigen.

Für eine leichtere Orientierung sind die Methoden nach einem einfachen Phasenmodell (Projektklärung, Projektplanung, Projektabwicklung) aufgebaut und innerhalb dieser Phasen alphabetisch geordnet.

Alle Methoden werden nach einem einheitlichen Schema beschrieben:

1. Kurzbeschreibung der Methode
2. Beschreibung der Methode
3. Anwendung der Methode
4. Fazit und Erkenntnisse

Der Darstellungsumfang der Methode ist so gewählt, dass ein Praktiker in der Lage sein sollte,

- Ziele und Nutzen der Methode zu beurteilen,
- Anwendungsgebiete und Anwendungsgrenzen der Methode zu kennen,
- Stärken und Schwächen der Methode zu berücksichtigen und

- die Methode – sofern sie nicht sehr komplex ist – unmittelbar anwenden zu können.

Wir sind uns bewusst, dass viele interessante Methoden nicht behandelt werden konnten. Wir hoffen aber die Auswahl so getroffen zu haben, dass sie vielen Praktikern hilft, die eigene Methodenkompetenz zu erweitern.

2 Behandlung von Methoden in diesem Buch

Wir behandeln Methoden, Techniken und Verfahren pragmatisch als standardisierte, vereinfachte Vorgehensweisen und Arbeitsabläufe, die Teammitarbeiter bei der Projektarbeit unterstützen und zu wirksamer Arbeit bei geringem Zeitaufwand führen. Die Leistungsfähigkeit von Methoden kann mit den folgenden Kriterien gemessen werden:

- Ergebnisqualität/Vertrauenswürdigkeit
- Aufwand für Durchführung (Zeit, Kosten)
- Benutzerfreundlichkeit/Handhabung
- Änderbarkeit/Anpassungsfähigkeit
- Nachvollziehbarkeit

Grundlegende Aufgabenstellungen, die zum Einsatz von PM-Methoden führen sollten, sind:

- **Erkennen, Analysieren** von Problemen, Aufgaben, Zielen, Ist-Ständen, Situationen, Abweichungen und Informationsgewinnung (s. Analysemethoden)
- **Suchen** von geeigneten Maßnahmen, Lösungen, Zielen und zur Planung (s. Kreativitäts- und Suchmethoden)
- **Vorhersagen** (Prognosen) von zukünftigen, möglichen Entwicklungen oder Störungen (s. Prognosemethoden).
- **Bewerten** von alternativen Maßnahmen zur Entscheidungsvorbereitung, Auswahl oder Informationsverarbeitung
- **Entscheiden** nach festgelegten Regeln. Entscheidung vorbereiten und organisieren (s. Bewertungs- und Entscheidungsmethoden)
- **Planen** von Struktur und Ablauf eines Projekts (s. Planungsmethoden)

- **Umsetzen** von Planungen und Realisieren der Maßnahmen (s. Methoden der Projektabwicklung)

> **Achtung:**
> Der Einsatz von Projektmanagement-Methoden hat gegenüber gefühls-betonten, eher „bauchorientierten" Entscheidungen den Vorteil, dass der Prozess verständlich und transparent dokumentiert ist. Damit entsteht eine höhere Glaubwürdigkeit. Fehlentscheidungen werden reduziert. Bei späteren Änderungen des Umfeldes ist alles nachvollziehbar und anpassbar.

Projektmanagement-Methoden gehen in der Regel immer systematisch strukturiert aufgebaut, schrittweise vor. Projektmanagement-Methoden ersetzen nicht subjektive Bewertungen. Der Methodeneinsatz führt nicht automatisch immer zur „besten Lösung", u. U. wird mit der Methode das gleiche Ergebnis erreicht wie mit Zufallsentscheidungen bzw. Entscheidungen „von oben". Aber die Gruppe hat das Gefühl, dass der erarbeitete Kompromiss zu diesem Zeitpunkt für alle die beste Lösung ist und steht auch deshalb hoch motiviert hinter diesem selbst erarbeiteten Ergebnis.

Projektmanagement-Methoden sind nur Hilfsmittel, keine 100-Prozent-Garantie für das richtige Ergebnis, die richtige Lösung oder Entscheidung.

Die Beschreibung der Methoden gliedern wir nach einem Phasenkonzept mit drei Phasen:

- Projektklärung
- Projektplanung
- Projektabwicklung

In der Projektklärung werden Projektziele und der Liefer- und Leistungsumfang geklärt. Die Projektplanungsphase legt die Struktur mit den Arbeitspaketen fest, die logische Beziehung zwischen den Arbeitspaketen und plant Aufwand, Ressourcen und Termine. Die Projektabwicklung steuert das Projekt anhand der Plandaten.

2.1   Methoden in der Phase der Projektklärung

In der Phase der Projektklärung werden die Inhalte eines Projekts festgelegt. Aus Kundensicht (interner oder externer Kunde) ist das der Kernpunkt eines Projekts. Hier wird der Bedarf konkretisiert und er ist zunächst der einzig legitime Grund, ein Projekt zu initiieren oder nicht.

Formal finden die Anforderungen den Ausdruck im Pflichten- oder Lastenheft.

Wir unterteilen die Methoden der Projektklärung in:

- Methoden der Analyse und Anforderungsdefinition
- Kreativitätsmethoden und Suchmethoden
- Prognosemethoden
- Bewertungs- und Entscheidungsmethoden

Methoden der Analyse und Anforderungsdefinition

Analysemethoden sind Methoden zum Erkennen von Strukturen und zum Bearbeiten von Problemen. Es sind strukturierte, methodenunterstützte Vorgehensweisen.

Mit den Analysemethoden werden Bestandsaufnahmen durchgeführt. Systeme bzw. die vorhandenen Systemelemente werden festgestellt und strukturiert. Sie dienen z. B. auch zur Abgrenzung von Systemen und deren Umwelt.

Von der Aufgabe her können unterschieden werden: Methoden zur Analyse von Zielen, zur Situationsanalyse bzw. Beschreibung aktueller Zustände, aber auch Methoden zum Erkennen externer Einflussgrößen und Erkennen der Wirkungen auf Systeme. Methodenarbeit heißt dann, die typischen W-Fragen umzusetzen. Also wer, was, wofür, wohin, wie viel, womit, wann und wie?

Die ausgewählten Analysemethoden dafür sind:

- SWOT-Analyse

- Wirkungsmatrix
- Fehlerbaumanalyse
- Ursache-Wirkungs-Diagramm

Kreativitäts- und Suchmethoden

Suchmethoden

Suchmethoden sind methodische Hilfsmittel, Kreativitätstechniken zur systematischen, analytischen Suche und Gewinnung von Informationen. Sie dienen dem Finden von Ideen und Lösungsmöglichkeiten, zur Suche von: Systemstrukturen, Systemverhalten, Eigenschaften, Zielen, Lösungsalternativen, Prioritäten sowie Interdependenzen von Systemelementen.

Es gibt Methoden, die vorwiegend für größere Gruppen geeignet sind, wie z. B. Brainstorming, Brainwriting oder die Galerietechnik. Für den Einsatz durch einzelne Experten eignen sich besonders die Entscheidungsbaumanalyse, Morphologie oder die Fehlerbaumanalyse. In der Regel wird das Problemfeld systematisch erfasst und damit werden dann alternative Kombinationen, Konfigurationen erzeugt. Mit diesen Methoden erzielt man meist Quantität, also viele Ideen und Lösungsmöglichkeiten. Die Qualität der Vorschläge muss dann durch nachgeschaltete Bewertungsmethoden sichergestellt bzw. verbessert werden.

Diese Methoden sind geeignet, Probleme zu präzisieren, die Ideenfindung und den Ideenfluss Einzelner oder von Gruppen zu beschleunigen, die Suchrichtung zu erweitern und gedankliche Blockaden aufzulösen. Ihr Schwerpunkt liegt eher auf dem Generieren neuer Ideen als im Suchen und Finden schon vorhandener Ideen. Im Gegensatz zum eher zufälligen „Geistesblitz" versteht man unter Ideenfindung das gezielte Erzeugen von Ideen zu einem definierten Zeitpunkt. Für die Ideenfindung wurden zahlreiche Methoden entwickelt. Diese Methoden müssen nicht automatisch zu einem richtigen Ergebnis führen.

Suchmethoden sind Verfahrensschritte, die sich in der Praxis als zielführend erwiesen haben. Ideenfindungsmethoden eignen sich nur für Probleme, bei denen der Lösungsweg noch unbekannt ist. Qualität und Quantität der Ideen sind abhängig von der Aufgabe, der angewandten Methode, den Teilnehmern und deren innerer Einstellung zum Zeitpunkt der Gruppenarbeit. Die Ergebnisse sind vorher nicht bekannt. Die Qualität wird gesteigert, wenn die Teilnehmer kreative Denkstrategien anwenden. Die meisten Methoden sind zur Bearbeitung in Gruppen geeignet, können aber auch von Einzelpersonen angewendet werden. Suchmethoden liefern erste Grundideen, die weiterentwickelt und konkretisiert werden müssen. Durch Bewerten mittels Auswahlstrategien erhält man dann verwertbare Ergebnisse.

Kreativitätsmethoden

Kreativitätsmethoden lassen sich in intuitive und diskursive Methoden aufteilen.

Intuitive Methoden liefern in kurzer Zeit sehr viele Ideen (in 30 Minuten 100 bis 400 Einzelideen). Sie fördern Gedankenassoziationen bei der Suche nach neuen Ideen. Sie sind auf Aktivierung des Unbewussten ausgelegt, auf Wissen, an das man sonst nicht denkt. Diese Methoden sollen helfen, eingefahrene Denkgleise zu verlassen. Sie aktivieren das Potenzial ganzer Gruppen und legen eine breite Basis, bevor mit diskursiven Methoden weitergearbeitet wird. Am bekanntesten ist wohl das in der Gruppe durchgeführte Brainstorming, das in einer Vielzahl von Varianten praktiziert wird. Die schriftliche Form Brainwriting hat wiederum viele Varianten. Ein anderer Strang der intuitiven Methoden arbeitet mit Analogie- und Verfremdungsmethoden, indem Lösungen eines Bereichs entsprechende Ideen für einen anderen Bereich liefern sollen, wie die Bionik.

Methoden, die wir für diesen Bereich ausgewählt haben sind:

- Brainstorming
- Brainwriting
- Methode 6-3-5

Diskursive Methoden liefern in 30 Minuten zwischen 10 und 100 Ideen. Sie führen den Prozess der Lösungssuche systematisch und bewusst in einzelnen, logisch ablaufenden Schritten durch (diskursiv = von Begriff zu Begriff logisch fortschreitend). Solche Methoden beschreiben ein Problem vollständig, indem es analytisch in kleinste Einheiten aufgespalten wird, wie beim Morphologischen Kasten, dessen Kriterien und Ausprägungen ein Problem eindeutig, vollständig und präzise erfasssen. Das gilt ebenso für die Relevanzbaumanalyse, die das Problem von Ast zu Ast genauer beschreibt.

Unsere Beispielmethoden dafür sind:

- Morphologischer Kasten
- Ursache-Wirkungs-Diagramm
- Relevanzbaumanalyse

Daneben haben sich Kreativitätsansätze entwickelt, die intuitive und diskursive Elemente vereinen.

Prognosemethoden

Prognosemethoden dienen zur Darstellung und Vorhersage zukünftiger Zustände von Systemen. Dies wird erreicht durch Fortschreibung und Trendentwicklung von Ist-Daten in die Zukunft. Die Aussagen sind dann realistisch, wenn alle Annahmen über das Systemverhalten und die Änderungen der Einflussgrößen auch wirklich eintreffen. Stärkere Systemänderungen werden bei diesen Methoden im Regelfall nicht berücksichtigt. Man geht von weitgehend konstantem Systemverhalten aus. Prognosen sind denkbar bezüglich der Voraussage bestimmter Ereignisse, möglicher Entwicklungen und Trendentwicklungen.

Prognosemethoden werden vorwiegend als Hilfsmittel zur Mittel- und Langfristplanung eingesetzt, z. B. zum Entwurf alternativer Zukünfte, um darauf abgestimmte Entwicklungen bereits im Vorfeld gezielt einleiten zu können. Im Anwendungsbereich: „Frühwarnsystem" bei Planungen führt die Methode zu recht hohen Qualität der Ergebnisse. Je ferner der Planungshorizont in der Zukunft liegt, desto unsicherer werden die Ergebnisse. Man kann unterscheiden zwischen Prognosemethoden für einmalige, punktuelle Prognosen sowie Prognoseverfahren und Prognosesysteme für periodisch wiederkehrende Prognosen. Als Beispiele erläutern wir hier die Trendanalyse und in der Projektabwicklung die verschiedenen Spielarten der Trendanalysen.

Bewertungs- und Entscheidungsmethoden

Mehrere ähnliche Alternativen stehen zur Auswahl, mehrere Personen sind am Entscheidungsprozess beteiligt: Problemfelder und Randbedingungen sind oft recht komplex und unübersichtlich, Zielkonflikte müssen beachtet und Kompromisse, die für alle am Prozess Beteiligten akzeptabel sind, müssen gefunden werden. Dies macht transparente Entscheidungsprozesse und klare, verständliche Bewertungsmethoden erforderlich.

Bewertungsmethoden sind formale, systematische, standardisierte und objektive Entscheidungshilfen zum transparenten Vergleich von Alternativen. Gegenüber rein gefühlsbetonten, subjektiven Bewertungsmethoden bieten sie den Vorteil der späteren Nachvollziehbarkeit und erreichen damit eine höhere Akzeptanz bei den Beteiligten. Zu den bekanntesten Bewertungsmethoden gehören ABC-Analyse, Nutzwertanalyse, Kosten-Nutzen-Analyse, Relevanzbaum, QFD, Benchmarking, FMEA, Wirtschaftlichkeitsrechnung, und die Kosten-Wirksamkeits-Analyse. Die Fragestellung heißt: „Welche Alternative bringt uns der Gesamtheit der Ziele am nächsten?" Es gilt dann die Alternative zu ermitteln, die den maximalen Zielerreichungsgrad bei Einsatz minimaler Mittel erreicht, unter bestmöglicher Ausnutzung der verfügbaren, oft begrenzten Ressourcen.

In der Projektarbeit wird die Auswahl von Alternativen durch das Team vorbereitet. Damit werden die Betroffenen am Entscheidungsprozess indirekt beteiligt. Nach der Bewertung werden Entscheidungen von den dafür autorisierten „Machtpositionen" wie Geschäftsführung, Lenkungsausschuss, Centerleitung oder der Projektleitung getroffen.

Probleme bei Gruppenbewertungen:

- viele Einflussgrößen
- viele Bewerter, Beteiligte (Team, Gruppen etc.)
- nicht alle Beteiligte bzw. Betroffene sind Experten oder Fachleute; hier gibt es individuelle Unterschiede (aber dennoch „gesunden Menschenverstand")
- differenzierte Wertmaßstäbe der Bewerter (Präferenz)
- unterschiedliche Zielmaße (Dimensionen bzw. Einheiten), Entscheidungskriterien
- Zielkonflikte der Beteiligten
- langwieriger Bewertungs- und Entscheidungsprozess
- komplexes, nicht überschaubares Umfeld
- gedanklich nicht hinreichend bewertbar

Bei den Bewertungsprozessen muss auf die folgenden Merkmale geachtet werden: Zielträgergruppe, Bewertungsgenauigkeit, Erfolgswahrscheinlichkeit, die relevanten Präferenzen, die erforderlichen Messskalen, der Bewertungszeitraum (statisch oder dynamisch) und die Entscheidungskriterien (mathematisch oder Trial/Error).

Zielträgergruppe: Für die Wahl der richtigen Bewertungsmethode ist die Zahl der Entscheider (einer, mehrere) maßgebend. Jeder Mensch (Zielträger) hat Wünsche und damit auch Ziele und Forderungen. Hier gilt es, unterschiedliche Erwartungshorizonte und Ursachen von Meinungsunterschieden aufzeigen In der Praxis gibt es eine klare Trennung zwischen den Zielträgern (Bewertern) und den Entscheidungsträgern.

Bewertungsgenauigkeit: Die Genauigkeit von formalen Bewertungen wird tangiert durch folgende Einflussgrößen: Es gibt zu viele Skeptiker, unpräzise Begriffe und Begriffsinhalte, unvollständige Informationen, unscharfe Denkprozesse und Logik und unterschiedliche Erwartungshorizonte. Um diese Unschärfen zu reduzieren, sollte Folgendes sichergestellt werden:

Bei der Einzelbewertung	Bei der Gruppenbewertung
Begriffsinhalte genau beschreiben (Interpretationsspielraum verringern)	zum gleichen Zeitpunkt bewerten
relevante Informationen schriftlich dokumentieren	gleiche Umweltbedingungen
	kompetente Bewerter
emotionslos bewerten	unterschiedliche Wertpräferenzen festhalten
mehrfach bewerten (zur Kontrolle)	

Tabelle 1: Bewertungsgenauigkeit

Erfolgswahrscheinlichkeit: Ziele (Zielbeträge) werden oft später und mit höherem Aufwand als geplant erreicht. Unsicherheiten können bei Zielbetrag, Zieltermin oder Zielaufwand liegen. Die Frage, ob die geplante Zielerreichung bestimmbar, unsicher oder risikobehaftet ist, sollte abgeschätzt werden. Dies funktioniert über eine Wahrscheinlichkeitsverteilung oder die 3-Punkt-Abschätzung (optimistisch – unwahrscheinlich – pessimistisch).

Bewertergewichtung: Der Entscheider teilt den Bewertern, je nach deren Bedeutung, Gewichte zu. Die Gewichtung sollte von der Kompetenz der Zielträger in dem relevanten Bewertungsfall abhängig sein. Oft entscheidet aber die natürlich vorhandene Macht oder die Anzahl der Zielträger.

Bedeutungspräferenz: In der Praxis werden gleiche Ziele von unterschiedlichen Menschen oft unterschiedlich gewichtet. Interdependenzen zu anderen Zielen sind hier nicht berücksichtigt.

Förderungspräferenz: Interdependenzen werden hiermit ausgedrückt, also wie ein Ziel andere Ziele fördert oder von anderen Zielen gefördert wird.

Mess-Skalen: Bewertungsskalen können entweder nominal (0, 1, 2, 3, 4, 5, 6), ordinal (Rang: 1. / 2. / 3.) oder kardinal (Punkte: 20 / 40 / 40) formuliert sein. Indirekte Skalen werden durch mathematische Zielwertfunktionen (z. B. „Gerade") beschrieben.

Beispiele, die wir behandeln, sind:

* ABC-Analyse
* Interdependenzanalyse

- Kosten-Nutzen-Analyse
- Kosten-Wirksamkeits-Analyse
- Nutzwertanalyse
- Paarweiser Vergleich

2.2   Methoden in der Phase der Projektplanung

Projekte sind komplexe Vorhaben. Um Komplexität zu reduzieren und komplexe Systeme handhabbar zu machen, zerlegt man diese Systeme in überschaubare Einheiten oder Elemente, bestimmt die Beziehungen dieser Elemente zueinander und betrachtet sie im zeitlichen Ablauf. Auf diese Weise gewinnt man eine statische Struktur und einen dynamischen Ablauf. In der Organisationslehre kennt man dies in Form einer Aufbaustruktur und einer Ablaufstruktur.

Im Projektmanagement sind dies der Projektstrukturplan, der Projektablauf- und der Projektterminplan.

Die generelle Vorgehensweise in der Projektplanung stellt sich verkürzt dann folgendermaßen dar:

Aus der Phase der Projektklärung ist der Liefer- und Leistungsumfang festgelegt und in überschaubare Teilpakete heruntergebrochen, und zwar bis zu der Ebene, die aus pragmatischen Gründen nicht mehr weiter aufgliedert wird: die Arbeitspakete. Diese hierarchische Struktur aus Teilpaketen stellt den Projektstrukturplan dar, im Englischen auch Work Breakdown Structure (WBS) genannt. Die Blätter in dieser Struktur bilden die Arbeitspakete. Diesen Arbeitspaketen wird nun entweder nach Erfahrungswerten oder speziellen Schätzmethoden ein Aufwand zugeordnet.

Die Überleitung in eine dynamische Struktur erfolgt dadurch, dass die Arbeitspakete in eine logische Abfolge gebracht werden. Man prüft, ob und in welcher Form ein Arbeitspaket von einem anderen Arbeitspaket abhängt, ob beispielsweise ein Arbeitspaket erst dann begonnen werden kann, wenn ein anderes Arbeitspaket beendet ist.

Dann lassen sich die Arbeitspakete in einem logischen Netz anordnen.

Sind die logischen Beziehungen festgelegt, werden den Arbeitspaketen Ressourcen zugeteilt. Unter Ressourcen verstehen wir die Einsatzmittel nach DIN 69902: Personal und Sachmittel (Maschinen bzw. Werkzeuge, Materialien).

Mit der Definition der Arbeitspakete, der Festlegung des Aufwands, der Bestimmung der Ablaufbeziehungen und der Zuordnung der Ressourcen sind nun alle Parameter bekannt, um eine Terminierung durchzuführen. Diese Terminierung erfolgt in einer Vorwärts- und in einer Rückwärtsterminierung. Dies hat zur Folge, dass die frühesten und spätesten Anfangs- und Endtermine bekannt sind und daraus die verfügbaren Pufferzeiten ermittelt werden können. Der Pfad durch diesen Netzplan, der keine Pufferzeiten beinhaltet, ist der Kritische Pfad. Arbeitspakete auf diesem Pfad verdienen besondere Aufmerksamkeit, weil jede Zeitverzögerung in ihnen zur Erhöhung der gesamten Projektlaufzeit führt.

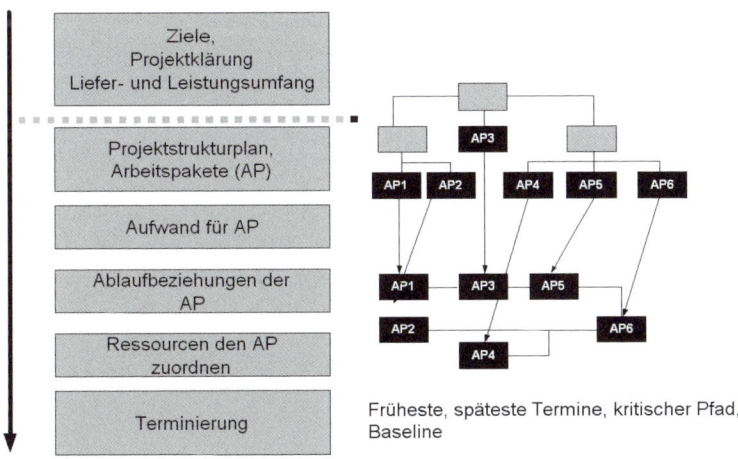

Abbildung 1: Ablauf Projektplanung

Methoden der Zielplanung

In der Projektklärung ist der Liefer- und Leistungsumfang für das Projekt bereits grob erarbeitet worden. In der Regel liegt ein Lastenheft des Kunden bzw. des Auftraggebers vor. Mit diesen Informationen werden nun die relevanten Projektbeteiligten identifiziert. Dies ist die Basis, um alle wichtigen Personen und Personengruppen frühzeitig in das Projekt und die wichtigen Prozesse einbinden zu können. Die geeignete Methode hierfür ist die Stakeholderanalyse.

Methoden der Strukturplanung

Das Ziel der Strukturplanung ist, alles zu erfassen, was in einem Projekt getan werden muss, und diese Tätigkeiten zu sinnvollen Einheiten (Strukturen) zusammenzufassen. Die Methoden der Strukturplanung unterscheiden sich einmal inhaltlich dadurch, was strukturiert werden soll und zum anderen durch die Strukturierungsmethode.

Methodisch kann man bei der Strukturierung eine Top-down- oder eine Bottom-up-Vorgehensweise wählen oder eine Kombination aus beiden. Inhaltlich spiegelt ein Strukturplan das primäre Steuerungsobjekt wider. Ein Projektstrukturplan kann dementsprechend erstellt werden gemäß:

* des zu erstellenden Produkts
* des Prozesses
* des zeitlichen Ablaufs (Phasen)
* der betrieblichen Funktionen (Einkauf, Verkauf, Produktion, usw.)
* der Standorte
* der Kommunikationsbeziehungen
* der Ziele

Die am häufigsten verwendeten Formen der Strukturierung sind die Strukturierungen gemäß des zu erstellenden Produkts (produktorientierte Strukturierung) oder die Strukturierung nach Abläufen.

- Die **Strukturierung nach Produkten** findet man vorzugsweise in den Projekten, die durch die Erstellung eines Produkts dominiert sind. Das strukturierende Moment ist die Produktstückliste, die in einen Projektstrukturplan überführt wird. [1]

- Die **Strukturierung nach Abläufen** kann danach unterteilt werden, ob man den zeitlichen Aspekt eines Ablaufs oder den strukturellen Aspekt eines Ablaufs betrachtet.

  – Gemäß des zeitlichen Aspekts erhält man eine Strukturierung nach Phasen, beispielsweise das beliebte und umstrittene Wasserfallmodell im Softwareengineering.

  – Gemäß des strukturellen Aspekts eines Ablaufs erhält man einen prozessorientierten Strukturplan. Dieser ist meist bei Organisationsprojekten anzutreffen. Das strukturierende Moment ist das Prozessmodell. Es hängt aber auch bei produktorientierten Projekten von der Philosophie ab, mit der man die Qualität des erstellten Produkts sichern möchte. Wenn ein Projektleiter der Meinung ist, dass ein Produkt nur so gut ist wie der Prozess, mit dem es erstellt wird, dann kann es durchaus sein, dass sein Projektstrukturplan in einem produktorientierten Projekt prozessorientiert aufgebaut ist.

- Die **Strukturierung nach betrieblichen Funktione**n kann bei Organisationsprojekten sinnvoll sein, wenn die Reorganisation einer Aufbauorganisation der Inhalt eines Projekts ist. Dies kann auch mit einer Strukturierung nach **Standorten** gekoppelt sein. Die Bedeutung der funktionsorientierten Betrachtungsweise geht in neuerer Zeit aber gegenüber der prozessorientierten Betrachtung zurück.

- Die **Strukturierung nach Zielen** bekommt im Rahmen des Managements by Objectives zunehmend Bedeutung in dem Maße, in dem Ziele operationalisierbar gemacht werden und Ziele und Zielvorgaben mit den dazu notwendigen Aktivitäten gekoppelt werden. Ein typisches Beispiel dafür ist die Vorgehensweise

---

[1] In letzter Zeit wurde diese Diskussion von Saynisch und anderen erneut zugunsten einer produktorientierten Vorgehensweise aufgegriffen (siehe Schwerpunktthema in projektmanagement aktuell 4/2006).

der Balanced Scorecard, die ausgehend von Zielen in ihren vier zentralen Bereichen (Finanzen, Kunden, Prozesse, Mitarbeiter) und Messgrößen die erforderlichen Aktivitäten definiert und steuert. Eine ähnliche Vorgehensweise bietet die Projektmethodik „Goal Directed Project" Management, die aus Zielen in den PSO-Dimensionen (People, System, Organisation) Meilensteine und Arbeitspakete ableitet.

- **Die Strukturierung nach Kommunikationsbeziehungen**, bei der primär die Fragen: „Wer kommuniziert mit wem, wann, worüber?" die Projektstruktur bestimmen. Die communigram®-Methode der ERMITE GmbH arbeitet mit dieser Art der Strukturierung.[2]

Die aufgeführten Formen sind Idealtypen. In der Praxis verwendet man häufig Mischformen.

Ungeachtet, nach welchen Inhalten und welcher Methode ein Projektstrukturplan erarbeitet wird, stellt er doch die Mutter aller weiteren Projektpläne dar. Ablaufpläne, Terminpläne, Aufwandspläne, Risikopläne usw. basieren auf den Elementen des Projektstrukturplans. Ebenso basieren auch die Projektsteuerung und das Projektreporting auf dem Projektstrukturplan.

Aufwandsplanung

Arbeitspakete müssen mit Aufwandsangaben versehen werden. Dies kann durch eine direkte Ermittlung des benötigten Aufwands oder abgeleitet über die Zeitdauer und die Anzahl der eingesetzten Ressourcen geschehen. Der Aufwand ist die mengenmäßige Ermittlung der Einsatzmittel in der jeweiligen gebräuchlichen Einheit. Daraus werden die Projektkosten abgeleitet.

Aufwandsplandaten im Projekt sind jedoch keine exakten mathematischen Werte, sondern Schätzungen, die nur mit einer bestimmten Wahrscheinlichkeit zutreffen. Dies muss man sich immer vor Augen

---

[2] Die ERMITE GmbH ist ein aus der französischen Elitehochschule École Nationale Supérieure de Physique de Strasbourg (ENSPS) hervorgegangenes Unternehmen (www.ermite.com).

halten, auch wenn im Rahmen von parametrischen Schätzungen eine mathematische Genauigkeit suggeriert wird.

Welche Probleme entstehen generell bei Schätzungen?

- Faktor Mensch: Es gibt Pessimisten und Optimisten, eine Schätzung kann unter externem Druck zu Stande kommen oder aus persönlichen egoistischen Motiven.
- Sicherheitsbedürfnis: Dies kann zu hohen Sicherheitszuschlägen führen (McMurphey-Prinzip).
- Unzureichende oder falsche Informationsbasis
- Völlige Neuigkeit eines Produkts oder der Vorgehensweisen
- Self fulfilling prophecies, auch bekannt unter „Parkinsongesetz". Eine Aktivität benötigt mindestens die Zeit, die für sie veranschlagt war.
- Zeitmangel

Aus der Tatsache, dass es sich bei den Aufwandsangaben um Schätzungen handelt, resultieren Konsequenzen für das Projektmanagement, die vom Risikomanagement bis hin zur Personalführung reichen.

Da man sich in einem nicht exakten Raum bewegt, ist es umso notwendiger, das Prinzip der Nachvollziehbarkeit zu gewährleisten. Es muss transparent sein, wie die Aufwandschätzungen zustande kommen, damit Abweichungen begründet nachvollzogen werden können und noch während des Projektverlaufs eine systematische Korrektur erfolgen kann.

In der Praxis haben sich dabei drei Methodenkategorien für Aufwandschätzungen herausgebildet:

- Expertenbefragung[3]
- Analogiemethoden
- Parametrische Schätzungen

---

[3] Die Expertenbefragung wurde bereits anhand der Delphi-Methode beschrieben.

Methoden der Ablaufplanung

Der Projektstrukturplan bildet das statische Gerüst eines Projekts. Die Arbeitspakete erscheinen darin als Blätter im Hierarchiebaum. Die dynamische Komponente erhält man, indem man die Arbeitspakete in ihrem logischen Ablauf zueinander in Beziehung setzt. Dies kann man in sehr einfacher rudimentärer Form tun, indem man entscheidet, welche Arbeitspakete nacheinander abgewickelt werden müssen oder welche parallel bearbeitet werden können, und dementsprechend einfache Darstellungsformen wie Balkendiagramme wählt, um die Beziehungen zu visualisieren.

Bei komplexeren Projekten lohnt es sich, die Netzplantechnik einzusetzen und mit einem Projektmanagement-Tool die Netzpläne zu erstellen und zu überwachen. Wir werden im Rahmen der Netzplanung die elementaren Ablaufbeziehungen behandeln.

Methoden der Ressourcenplanung

Im Rahmen der Ressourcenplanung werden wir uns schwerpunktmäßig mit der Planung des Mitarbeitereinsatzes befassen und diese in einer Grobplanung und einer Feinplanung darstellen.

Methoden der Terminplanung

Die Terminplanung als Abschluss der Planungsphase ermittelt die konkreten Termine sowie die zur Verfügung stehenden Puffer und zeigt den Kritischen Pfad im Projekt auf. Auf zwei Methoden werden wir eingehen:

* Terminierung mit Hilfe des Netzplanes
* Staggering mit Hilfe der Engpassplanung

Methoden der Organisationsplanung

Die Organisationsplanung plant die formale Projektorganisation. Die Standardprojektorganisation besteht aus Lenkungsausschuss, aus Projektleitung, den Fachteams und zusätzlichen beratenden und kontrollierenden Funktionen wie Qualitätssicherung, Sicherheitsbeauftragten. Besonderes Augenmerk muss der Festlegung der Rollen und Verantwortlichkeiten gewidmet werden. Eine geeignete Methode dafür ist die Verantwortlichkeitsmatrix.

Zur Organisationsplanung gehört auch die Planung der Kommunikation. Eine dedizierte Planung der Kommunikation in einem Projekt stellt sich insbesondere bei mittleren und größeren Projekten, aber auch bei kleineren Projekten, die sich in einem schwierigen Umfeld befinden. Erfolgsfaktorenforschungen belegen, dass die Kommunikation im Projekt zu einem der wichtigen Erfolgsfaktoren gehören und gute kommunikative Fähigkeiten ein sehr hilfreiches Persönlichkeitsmerkmal eines Projektmanagers ist. Wir stellen eine Planungsmethode vor, die sich an der Laswell-Formel: „Wer sagt was zu wem, über welchen Kanal/welches Medium, mit welchem Effekt?" orientiert.

2.3 Methoden in der Phase der Projektabwicklung

In der Phase der Projektabwicklung kommen diejenigen Methoden zum Einsatz, die

- den Projektstatus feststellen,
- den Projektstatus kommunizieren,
- Abweichungen von den Projektzielen managen,
- das Projekt administrieren und
- das Projekt abschließen.

Wir werden schwerpunktmäßig die Methoden zur Feststellung des Projektstatus behandeln und Controllingmethoden unterschiedlicher Reichweite und unterschiedlicher Komplexität darstellen. Daneben werden wir mit den Wikis eine einfache und vielseitige Methode vorstellen, die sowohl für das Wissensmanagement eingesetzt werden kann als auch für das Dokumentenmanagement und zusätzlich ein hervorragendes Kommunikationsinstrument ist.

Methoden des Controllings

Die Methoden des Projektcontrollings lassen sich bezüglich der Reichweite ihrer Objekte darstellen:

a) Controllingmethoden zur Steuerung des „magischen Dreiecks": Mit Hilfe dieser Methoden werden die harten Ziele im Projektmanagement (Zeit, Aufwand, Qualität) gesteuert. Diese Ziele haben direkte finanzielle Auswirkungen. Methoden dafür sind:

* Leistungsbewertung
* Aufwandstrendanalyse
* Meilensteintrendanalyse
* Earned-Value-Analyse
* Projektpuffer-Verfahren nach Goldratt

b) Methoden, die den Blick über die finanziellen Größen hinaus auf die Steuerung weiterer Einflussfaktoren richten: Als Beispiel wird die „Balanced Scorecard" behandelt.

c) Methoden, die eine multidimensionale Betrachtung der Kennzahlen in einem Projekt systematisch unterstützen: Diese sind die sogenannten OLAP-Methoden (Online Analytical Processing).

Methoden des Wissensmanagements

Wissensmanagement im Projekt hat zwei Aspekte:

1. Wie stellt man allen Mitarbeitern das Wissen so zur Verfügung, dass es jederzeit verfügbar, leicht auffindbar, überprüft und stets aktuell ist?
2. Wie bekommt man Mitarbeiter dazu, ihr Wissen anderen zur Verfügung zu stellen?

Der Umsetzung dieser beiden Aspekte standen in der Vergangenheit oft technische Hürden im Wege, sei es, dass die eingesetzten Werkzeuge teuer und aufwendig zu implementieren waren oder dass sie sich als unpraktisch erwiesen haben. Mit den „Wikis" hat sich in letzter Zeit jedoch eine Methode und Technik durchgesetzt, die sich auch sehr gut im Wissensmanagement bei kleineren Projekten einsetzen lässt.

3 Methoden in der Phase der Projektklärung

3.1 ABC-Analyse

Kurzbeschreibung der Methode

Siehe CD-ROM

Methodenart	Projektklärung / Entscheidungsfindung
geeignet für	Analyse zur Feststellung der Wichtigkeit bestimmter Elemente; Prioritäten setzen, Rangfolge bilden
Ziel	Konzentrationsschwerpunkte herausfinden, Prioritäten festlegen, das Wesentliche vom Unwesentlichen trennen
benötigte Hilfsmittel/ Beteiligte	aussagefähiges Datenmaterial über Stückzahlen, Stück-zahlumschlag je Zeiteinheit, Umsätze, Deckungsbeiträge, Lagerhaltung je nach Anwendungsfall. EXCEL-Arbeitsmappe zur Berechnung und grafischen Darstellung
Zeitaufwand	je nach Problemfeld und Menge der Teile von 2 bis 3 Stunden bis mehrere Tage
Vorteile	nachvollziehbare transparente Methode; Ergebnis der mathematischen Berechnung kann in leicht verständliche Grafik umgesetzt werden; komplexere Problemfelder sind einfach darstellbar; filtert die wesentlichen Funktionen heraus; ist vom Objekt unabhängig
Nachteile	bildet nur die IST-Situation ab; wenn das Kriterium zur Entscheidung ungünstig gewählt wurde, ist das Ergebnis nicht aussagefähig; bewertet wird nur nach messbaren, nicht qualitativen Gesichtspunkten; einseitig auf ein Kriterium ausgerichtet

Beschreibung der Methode

Die ABC-Analyse zeigt, welche der untersuchten Elemente einen großen Anteil am Gesamtwert tragen. Denn meist erbringen wenige Elemente einen hohen Wertanteil, viele andere Elemente zusammen nur einen geringen Wertanteil. Die Methode wurde 1951 vom Amerikaner Lorenz (General Electric) zur Analyse von Einkommensentwicklungen entworfen. ==Sie bildet die aktuelle Situation ab, Handlungsempfehlungen für die Zukunft können dennoch daraus abgeleitet werden.==

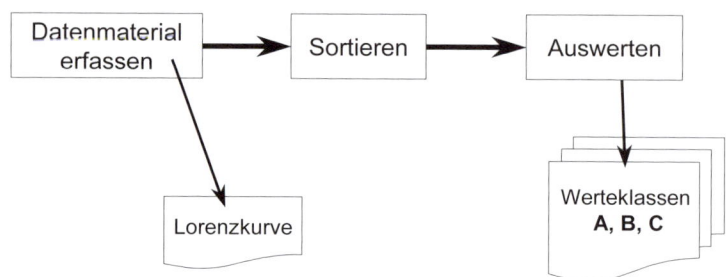

Abbildung 2: Ablauf der ABC-Analyse

Die zur Klassifizierung erforderlichen Objekte bzw. Elemente sind beispielsweise Materialgruppen, Erzeugnisgruppen, Produkte, Kunden, Lieferanten, Kostenträger oder Prozesse. Die ABC-Analyse kann große Datenmengen klassifizieren, ordnen und ==in die drei Klassen A, B und C einteilen== – dadurch erhält das Verfahren auch seinen Namen.

Die ABC-Analyse kann vielfältig eingesetzt werden. Kunden können nach ihrem anteiligen Umsatz oder Deckungsbeitrag, Produkte nach den Verkaufszahlen oder Lieferanten nach dem Einkaufsvolumen klassifiziert werden. Bezogen auf die Materialwirtschaft lassen sich die Klassen folgendermaßen charakterisieren:

Klasse	Beschreibung	Bedeutung	Mengen-anteil	Wertanteil
A	hochwertige, umsatzstarke Elemente	sehr wichtig/ interessant	ca. 10 – 20 %	ca. 60 – 80 %

B	Elemente mit mittlerem Wert/ durchschnittlichem Umsatz	durchschnittliche Bedeutung	ca. 15 – 30 %	ca. 15 – 30 %
C	niederwertige, umsatzschwache Elemente	geringe Bedeutung, uninteressant	ca. 50 – 75 %	ca. 5 – 10 %

Tabelle 2: ABC-Klassen

A-Teile sind Elemente, die hochwertig und umsatzstark sind, deren Verbrauch konstant ist und die mit einer sehr hohen Vorhersagegenauigkeit disponiert werden können. Diese Teile müssen intensiv betreut werden. A-Teile sollten mit Hilfe von Markt-, Preis-, und Kostenstrukturanalysen, durch gründliche Vorbereitung und genaue Terminierung der Bestellung, durch genaue Bestandsführung und - überwachung, exakte Festlegung der Sicherheitsbestände und mit aufwendigen Dispositionsverfahren unter Anwendung der Wertanalyse bearbeitet werden.

B-Teile unterliegen stärkeren Schwankungen. Es sind mittelwertige Materialien mit durchschnittlichem Umsatz. Man geht von einer mittleren Vorhersagegenauigkeit aus. Im Einkauf muss mit diesen Teilen differenziert umgegangen werden.

C-Teile sind niedrigwertige, umsatzschwache Materialien. Ihr Verbrauch kann nur schwer vorhergesagt werden und verläuft völlig unregelmäßig. Durch ihre große Anzahl bei relativ geringem Wert erstrecken sich Rationalisierungsmöglichkeiten vor allem auf die Vereinfachungen in der Bestellabwicklung, Lagerbuchführung, Bestandsüberwachung sowie in der Disposition.

Klasse	Kundenanteil	Umsatzanteil
A	20 %	80 %
B	30 %	15 %
C	50 %	5 %

Tabelle 3: Kundensegmentierung mit der ABC-Analyse

Typisches Beispiel hierfür ist die Pareto-Verteilung, die 80/20-Regel, benannt nach dem Italiener Vilfredo Pareto (1848–1923). In der

Realität fallen die Verteilungen jedoch nicht so gleichmäßig aus. Mit der Lorenzkurve lassen sich die Ergebnisse der ABC-Analyse grafisch hervorragend visualisieren. Die kumulierten Wertanteile werden in Relation zum Mengenanteil dargestellt. Zum Beispiel: 20 Prozent der Elemente binden 75 Prozent des Werts. Darstellungen in Säulendiagrammen sind auch üblich.

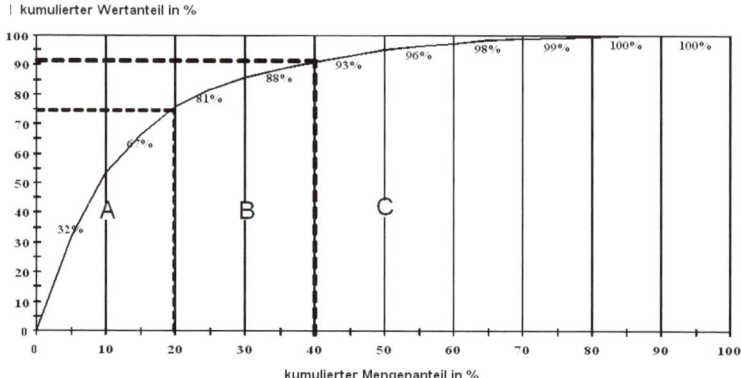

Abbildung 3: Lorenzkurve

Siehe CD-ROM

Achtung:
Auf der CD finden Sie die Musterlösung einer ABC-Analyse!

Einsatzmöglichkeiten
Die ABC-Analyse wird vor allem in der Betriebswirtschaft eingesetzt. Bei der Materialbeschaffung und -verteilung und in der Lagerhaltung müssen aufgrund der Vielzahl der zu bewirtschaftenden Materialien Schwerpunkte gesetzt werden. Die ABC-Analyse verschafft zum Beispiel einen Überblick über die Zusammensetzung des Lagers. Einzelteile werden nach ihrem Wert klassifiziert. Die Beschaffungsaktivitäten sind auf diejenigen Materialgruppen zu konzentrieren, die einen hohen Anteil am Gesamtwert haben. Die Gruppen können eingeteilt werden nach Anzahl und Wert der beschafften bzw. verbrauchten Materialpositionen, der Bestellungen, der Lieferantenrechnungen, des Umsatzwertes der Lieferanten, der Reklamationen, der Bestandswerte bzw. der Entnahmehäufigkeit.

Grundsätzlich funktioniert die Methode jedoch überall dort, wo Wertepaare sortiert und in eine Rangordnung gebracht werden müssen. Anhand dieser Einordnung kann man sich ein grobes Bild der Ist-Situation verschaffen und daraus weitere Vorgehensweisen ableiten. Die ABC-Analyse wird hauptsächlich in den folgenden Bereichen angewendet:

Materialwirtschaft	Marketing	Projektmanagement
• für Lagerhaltung und -planung • Lieferanten, bewertet nach Einkaufsvolumen • Bewertung von Baugruppen, Einzelteilen, Einkaufsvolumen, gegliedert nach Materialgruppen	• Segmentierung der Kunden nach Umsatz, Deckungsbeitrag • Produkte, gegliedert nach Verkaufszahlen	• Arbeitspakete, gegliedert nach Budgetanteil, Vorgangsarten mit den größten Verzögerungen • Projektgröße • Priorisierung der Projektaufgaben nach Dringlichkeit, Projektrisiken

Tabelle 4: Anwendungsbereiche der ABC-Analyse

	Klasse A	Klasse C
Disposition	Bestandsvermeidung	Bestellung in kostenoptimalen Losgrößen
	Exakte Disposition (Termin / Menge, u. U. JIT)	Einfache Dispositionsverfahren
	Exakte Bestandsführung	Geringer Aufwand bei Bestandsüberwachung und -führung
	Auftragsbezogene Bewirtschaftung	Vorratsbezogene Bewirtschaftung
Bestellabwicklung	Intensive Preisverhandlungen	Rahmen- / Abrufverträge
	Schneller Rechnungsdurchlauf (Einhaltung von Skontofristen)	Einfache Bestellabwicklung
Inventur	Permanente Inventur	Stichprobeninventur

Tabelle 5: Handlungsempfehlungen der Materialwirtschaft

Anwendung der Methode

Als Beispiel dient folgende Situation: Die Lagerhaltung in einem Produktionsprozess soll optimiert werden. Aufgrund der sich ergebenden Rangordnung sollen Rationalisierungsmaßnahmen geplant werden. Zur Entscheidungsvorbereitung wird eine ABC-Analyse durchgeführt.

1. Schritt: Datenmaterial erfassen

Der Datensatz besteht in der Regel aus zweidimensionalen Wertepaaren. Typische Wertepaare können sein: Kosten – Nutzen, Kunden – Umsatz, Artikel – Bestand (Anzahl), Ressourcen – Kosten. Nachdem festgelegt wurde, welche Objekte auf welches Merkmal hin untersucht werden sollen, müssen die entsprechenden Daten ermittelt und gesammelt werden. Die Daten werden tabellarisch erfasst. Die folgende Tabelle zeigt die monatlichen Abrufe der Produktionsmittel aus dem Lager.

Artikel	Verbrauch	Stückpreis	Gesamtpreis
1	100.000	3,00	300.000
2	37.500	18,00	675.000
3	180.000	1,00	180.000
4	105.000	36,00	3.780.000
5	250.000	2,80	700.000
6	10.000	20,00	200.000
7	20.000	40,00	800.000
8	55.000	5,00	275.000
9	175.000	1,40	245.000
10	97.500	38,00	3.705.000
	1.030.000		10.860.000

Tabelle 6: Monatliche Abrufe

Anschließend wird der prozentuale Anteil jedes Objekts am Gesamtwert berechnet. Bei Bedarf sollte auch der prozentuale Anteil an der Gesamtmenge berechnet werden.

Artikel	Ver- brauch	Stück- preis	Gesamt- preis	Anteil Preis	Anteil Menge
1	100.000	3,00	300.000	2,76 %	9,71 %
2	37.500	18,00	675.000	6,22 %	3,64 %
3	180.000	1,00	180.000	1,66 %	17,48 %
4	105.000	36,00	3.780.000	34,81 %	10,19 %
5	250.000	2,80	700.000	6,45 %	24,27 %
6	10.000	20,00	200.000	1,84 %	0,97 %
7	20.000	40,00	800.000	7,37 %	1,94 %
8	55.000	5,00	275.000	2,53 %	5,34 %
9	175.000	1,40	245.000	2,26 %	16,99 %
10	97.500	38,00	3.705.000	34,12 %	9,47 %
	1.030.000		10.860.000		

Tabelle 7: Mengen- und Wertanteile

2. Schritt: Sortieren

Diese Wertepaare werden zunächst nach Größe sortiert, danach kumuliert und in Klassen eingeordnet. Die Sortierung erfolgt absteigend nach dem prozentualen Anteil am Gesamtwert.

Artikel	Verbrauch	Stück- preis	Gesamt- preis	Anteil Preis	Anteil Menge
4	105.000	36,00	3.780.000	34,81 %	10,19 %
10	97.500	38,00	3.705.000	34,12 %	9,47 %
7	20.000	40,00	800.000	7,37 %	1,94 %
5	250.000	2,80	700.000	6,45 %	24,27 %
2	37.500	18,00	675.000	6,22 %	3,64 %
1	100.000	3,00	300.000	2,76 %	9,71 %
8	55.000	5,00	275.000	2,53 %	5,34 %
9	175.000	1,40	245.000	2,26 %	16,99 %
6	10.000	20,00	200.000	1,84 %	0,97 %
3	180.000	1,00	180.000	1,66 %	17,48 %
	1.030.000		10.860.000		

Tabelle 8: Nach prozentualen Wertanteilen sortiert

Der Gesamtwert wird zusätzlich in einer extra Spalte kumuliert. Die zu lagernden Artikel werden nach der Dimension Gesamtwert in die

Klassen A, B, C eingeteilt. Damit ergibt sich der erste grobe Überblick über die Werte der einzelnen Artikel.

Artikel	Verbrauch	Stückpreis	Gesamtpreis	Anteil Preis	kumuliert	Anteil Menge	kumuliert
4	105.000	36,00	3.780.000	34,81 %	34,81 %	10,19 %	10,19 %
10	97.500	38,00	3.705.000	34,12 %	68,92 %	9,47 %	19,66 %
7	20.000	40,00	800.000	7,37 %	76,29 %	1,94 %	21,60 %
5	250.000	2,80	700.000	6,45 %	82,73 %	24,27 %	45,87 %
2	37.500	18,00	675.000	6,22 %	88,95 %	3,64 %	49,51 %
1	100.000	3,00	300.000	2,76 %	91,71 %	9,71 %	59,22 %
8	55.000	5,00	275.000	2,53 %	94,24 %	5,34 %	64,56 %
9	175.000	1,40	245.000	2,26 %	96,50 %	16,99 %	81,55 %
6	10.000	20,00	200.000	1,84 %	98,34 %	0,97 %	82,52 %
3	180.000	1,00	180.000	1,66 %	100,00 %	17,48 %	100,00 %
	1.030.000		10.860.000				

Tabelle 9: Datensätze mit den kumulierten Werten

3. Schritt: Auswertung
Die sortierten Daten werden den drei Klassen A, B und C zugeteilt.

Artikel	Verbrauch	Gesamtpreis	Anteil Preis	kumuliert	Anteil Menge	kumuliert	
4	105.000	3.780.000	34,81 %	34,81 %	10,19 %	10,19 %	
10	97.500	3.705.000	34,12 %	68,92 %	9,47 %	19,66 %	A
7	20.000	800.000	7,37 %	76,29 %	1,94 %	21,60 %	
5	250.000	700.000	6,45 %	82,73 %	24,27 %	45,87 %	
2	37.500	675.000	6,22 %	88,95 %	3,64 %	49,51 %	B
1	100.000	300.000	2,76 %	91,71 %	9,71 %	59,22 %	
8	55.000	275.000	2,53 %	94,24 %	5,34 %	64,56 %	
9	175.000	245.000	2,26 %	96,50 %	16,99 %	81,55 %	C
6	10.000	200.000	1,84 %	98,34 %	0,97 %	82,52 %	
3	180.000	180.000	1,66 %	100,00 %	17,48 %	100,00 %	
	1.030.000	10.860.000					

Tabelle 10: Artikel in Werteklassen eingeteilt

Achtung:
Dabei muss beachtet werden, dass die prozentualen Anteile in der Regel nicht unbedingt der idealtypischen Verteilung entsprechen!

Expertentipp

Die grafische Aufbereitung hilft bei der Einteilung. Sie veranschaulicht die Ergebnisse. Anhand der ausgewerteten Daten können dann Handlungsempfehlungen für die verschiedenen Elemente und Objekte entwickelt werden.

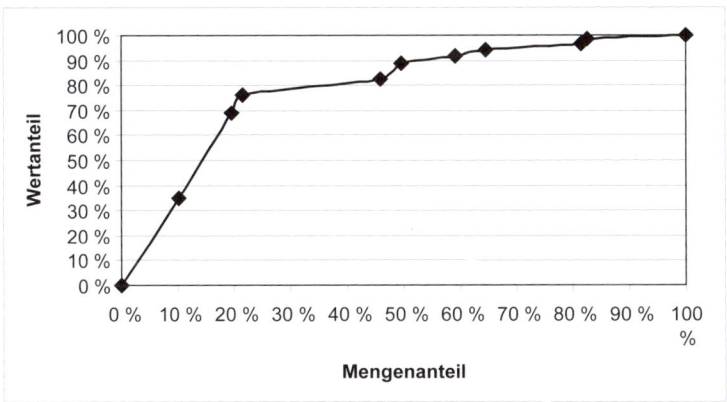

Abbildung 4: Lorenzkurve

Fazit und Erkenntnisse

Die ABC-Analyse erzeugt übersichtliche Ergebnisse und kann mit jeder Tabellenkalkulation durchgeführt werden. Sie lässt sich in Unternehmen jeder Art und Größe und in allen Funktionsbereichen anwenden. Der Methodeneinsatz ist vom Objekt unabhängig. Ergebnisse können übersichtlich und grafisch dargestellt werden. Auch lassen sich komplexe Probleme mit vertretbarem Aufwand durch Beschränkung auf die wesentlichen Faktoren analysieren.

Tipp:
Mit der ABC-Analyse ist es möglich, Rationalisierungsschwerpunkte zu setzen und unwirtschaftliche Anstrengungen zu vermeiden, um die Wirtschaftlichkeit zu steigern. Die ABC-Analyse ist deswegen eine wichtige Methode bei der Rationalisierung.

Expertentipp

Nachteilig könnte die grobe Einteilung in drei Klassen sein, die einseitige Ausrichtung auf nur ein Bewertungskriterium und die Tatsache, dass keine qualitativen Faktoren berücksichtigt werden (können).

3.2   Brainstorming

Siehe CD-ROM

Kurzbeschreibung der Methode

Methodenart	Projektklärung / Such-, Kreativitätsmethode
geeignet für	Ideenfindung zu einem vorgegebenen Thema in einer größeren Gruppe
Ziel	im Team viele neue Ideen innerhalb begrenzter Zeit finden; im Team Probleme lösen
benötigte Hilfsmittel/ Beteiligte	Metaplanwand, Moderator, Protokollführer; 5 – 15 Teilnehmer; Regeln für die Durchführung
Zeitaufwand	relativ wenig Zeitaufwand nötig: Vorbereitung, Durchführung und Aufbereitung der Ergebnisse dauern 2 bis 3 Stunden
Vorteile	Die Methode braucht wenig Aufwand zu Vorbereitung, Durchführung und Aufarbeitung der Ergebnisse. Es sind keine Experten mit speziellen Fachkenntnissen erforderlich. Quantität kommt vor Qualität.
Nachteile	Die Methode führt zu unstrukturierter Ideensammlung. Die Ergebnisqualität ist nicht besonders hoch, in der Regel unvollständig und vom Zufall bestimmt. Die Gruppenstärke sollte nicht über 15 Teilnehmern liegen. Einseitig zusammen gestellte Teilnehmerfelder können kritisch sein und zu einseitige Lösungen erbringen. Die Motivation der Gruppe zur Mitarbeit kann problematisch sein. Die Regeln des Brainstormings müssen eingehalten werden. An toten Punkten während des Brainstormings ist der Moderator gefordert, das Team durch geeignete Anregungen zu unterstützen.

Beschreibung der Methode

Die Brainstorming-Methode wurde von Alex Osborne erfunden und von Charles Clark weiterentwickelt und ist mittlerweile weit verbreitet. Osborne orientierte sich an der indischen Technik „Prai-Barshana“, die es seit etwa 400 Jahren gibt. Er benannte sie nach der Idee dieser Methode, nämlich "using the brain to storm a problem“. Brainstorming ist der Klassiker unter den Kreativitätsmethoden.

Ihre Stärke ist Nutzung der Kreativität vieler, in unterschiedlichen Bahnen denkender Menschen. Eine Gruppe ausgewählter Teilnehmer bringt innerhalb kurzer Zeit durch spontane Ideenäußerung, ohne ablehnende Kritik viele Ideen hervor. Eine gemischte Zusammensetzung der Gruppe ist positiv, gerade fachfremde Teilnehmer wirken inspirierend. Experten sehen manchmal den Wald vor lauter Bäumen nicht mehr, sehen Produkte nur auf der Ebene technischer Details. Fachfremde stoßen eher auf bisher unbeachtete, übersehene Lösungswege. Zur reinen Ideenfindung ist Fachwissen nicht unbedingt nötig. Unkonventionelle Ideen lassen sich entwickeln und möglicherweise hinderliche Denkstrukturen durchbrechen. Bereits vorhandene Ideen, bekanntes Wissen kann neu strukturiert, mit anderen Ideen kombiniert werden und zu neuen Lösungen führen.

Beim Brainstorming inspirieren sich die Teilnehmer durch ihre Beiträge gegenseitig. Assoziationen werden ausgelöst, zu neuen Ideenkombinationen verarbeitet. Bereits geäußerte Ideen beeinflussen die Überlegungen der anderen Teilnehmer, sowohl positiv als auch negativ. Durch diesen gruppendynamischen Prozess werden insgesamt mehr Ergebnisse produziert, als wenn jeder für sich alleine arbeiten würde. Durch die unterschiedlichen Sichtweisen und Hintergrundwissen der Teilnehmer ergeben sich neue Ansatzpunkte, Fragestellungen und Lösungen.

> **Tipp:**
> Die ideale Gruppengröße für ein Brainstorming liegt zwischen 5 und 15 Personen. Die Mindestzahl ist nötig, damit viele Ideen aufkommen können, die Maximalanzahl, damit auch noch Zeit zum Nachdenken, zum sich inspirieren lassen, bleibt. Ab einer gewissen Gruppengröße kann zu viel Hektik entstehen, Moderator und Protokollführer könnten den Überblick verlieren.

Expertentipp

Die Brainstorming-Methode eignet sich für Probleme geringer Komplexität, dort wo ganz einfach nur Ideen gesucht werden. Ein

Brainstorming bietet sehr gute Ergebnisse zur Findung eines Slogans, eines neuen Produktnamens oder einer Zielformulierung. Man kann davon ausgehen, dass nach der festgelegten Zeit mindestens eine funktionierende Lösung im Raum steht.

Anwendung der Methode

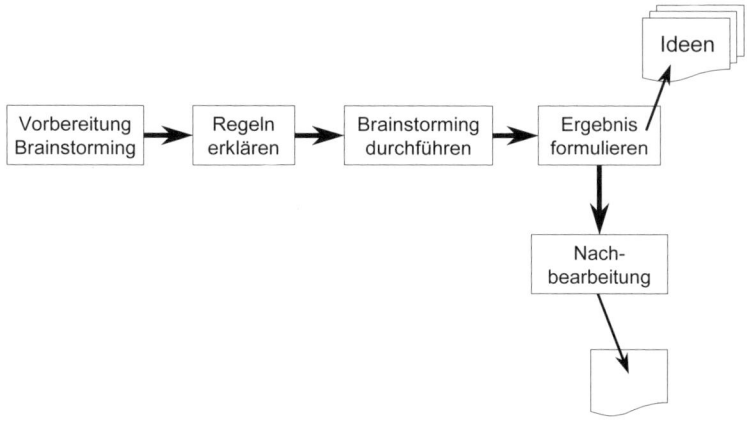

Abbildung 5: Ablauf Brainstorming

1. Schritt: Vorbereitung

Problem definieren, Thema festlegen:
Jeder Brainstorming-Sitzung geht eine Problemanalyse durch den Sitzungsleiter, der meist auch der Moderator ist, voraus. Wenn das Thema, das Problem soweit geklärt ist, wird die Fragestellung möglichst einfach und für alle Teilnehmer klar verständlich formuliert. Komplexere Probleme sollten schon im Vorfeld in übersichtliche Teilprobleme untergliedert und getrennt von einander bearbeitet werden.

Um ein praktisches Beispiel für ein Problem zu nennen: „Verpackungsbehälter von Speisequark werden nach dem Quarkverzehr in den Müll entsorgt."

Die Problemanalyse sähe dann folgendermaßen aus: „Jährlich werden 160 Millionen Speisequarkbehälter (500 ml) aus Polystyrol (PS), je 30 g, hergestellt. Dafür braucht man 5.000 t Rohpolystyrol, das die Umwelt hinterher belastet. Für die Erzeugung des Rohstoffs werden erhebliche Energiemengen benötigt. Die Fragestellung für das geplante Brainstorming heißt dann: „Was kann mit leeren Speisequarkbehältern alles gemacht werden?"

Achtung:
Auf der CD finden Sie eine Checkliste zum Brainstorming!

Siehe CD-ROM

Teilnehmer auswählen:
Ein qualitativ hochwertiges Brainstorming-Ergebnis ergibt sich am besten in einer Arbeitsgruppe, deren Mitglieder über unterschiedliche Kenntnisstände und Erfahrungshintergründe verfügen. Dann kann das Problem aus vielen verschiedenen Blinkwinkeln betrachtet werden. Experten sind nicht zwingend erforderlich, sie gehen meist zu routiniert und detailliert an die Fragestellung heran und produzieren oft nur Ideen, die bereits anerkannt sind.

Termin abstimmen:
Stimmen Sie mit den gewünschten Teilnehmern Termin und Dauer des Brainstormings ab.

Ort festlegen:
Reservieren Sie für das Brainstorming einen passenden, genügend großen Raum. Eine Anfahrtbeschreibung kann nützlich sein.

Teilnehmer einladen:
Teilen Sie den ausgewählten Teilnehmern mit der Einladung im Vorfeld Thema und Problem sowie den erwarteten Verlauf des Brainstormings mit. Manchmal ist es jedoch vorteilhaft, die Fragestellung nicht vor der Brainstorming-Sitzung bekannt zu geben, damit die Spontaneität und Unvoreingenommenheit der Teilnehmer nicht beeinflusst wird.

Moderator festlegen:

Für den Ablauf des Brainstormings spielt der Moderator eine wichtige Rolle. Er sollte ein erfahrener Brainstormer sein und sich mit den Problemen der Gruppendynamik auskennen. Er ist für den Ablauf zuständig, überwacht die Einhaltung der Regeln, verschiebt bei Bedarf Detailaspekte, unterstützt zurückhaltende Menschen, inspiriert und motiviert die Gruppe durch zusätzliche Fragen, Bilder, Videos oder Erzählungen.

Er hilft außerdem der Gruppe, tote Punkte zu überwinden. Hin und wieder muss der Moderator eingreifen um die Diskussion nicht entgleisen zu lassen oder weniger redegewandte Teilnehmer zu Wort kommen zu lassen. Der Moderator muss durchsetzungsstark sein, aber auch Einfühlungsvermögen besitzen. Der Moderator bereitet das Arbeitsmaterial vor. Er sollte jedoch nicht das Protokoll führen.

Protokollführer bestimmen:

Qualitativ hochwertige Brainstormings brauchen unbedingt einen Protokollführer. Der Protokollführer darf nicht aktiv am Brainstorming teilnehmen. Seine Aufgabe ist es, sämtliche Vorschläge und Ideen mittels Flipchart oder Metaplankarten zu visualisieren.

Hilfen zur Anregung des Ideenflusses erarbeiten:

Zu Beginn der Brainstorming-Sitzung wird allen Teilnehmern Thema und Fragestellung ausführlich ebenso erläutert wie ggf. die Regeln des Brainstormings. Die Effizienz des Brainstormings kann darunter leiden, wenn die Regeln nicht eingehalten werden.

Hilfsmittel vorbereiten:

Brainstorming braucht übliche Hilfsmittel, wie z. B. Flipchart, Metaplantafeln, Kärtchen, Stifte bzw. Overheadprojektor und Overhead-Folie. Dies Material ist bereit zu stellen. Bei Computer, Beamer, Mikrophon sollte die Funktion vorher überprüft und Probleme müssen einkalkuliert werden. Ersatzlösungen sollten bereit stehen.

Den Raum vorbereiten:
Der Raum sollte eine angenehme und ungestörte Atmosphäre haben. Das Raumklima muss stimmen, die Beleuchtung angemessen sein. Auch Bilder sowie Hintergrundmusik können anregend wirken und die Kreativität fördern. Bauarbeiten, Lärm oder starke Gerüche können den Verlauf des Brainstormings erheblich stören.

2. Schritt: Durchführung

Achtung:
Auf der CD finden Sie eine Liste mit Regeln für ein Brainstorming!

Siehe CD-ROM

Regeln erklären:
Dies sind die Regeln des Brainstormings: Jede Idee ist willkommen, gleichgültig wie verrückt oder realistisch. Jede „Spinnerei" kann bei anderen wertvolle Ideen auslösen. Gerade die verrückten, absurden, revolutionären, phantastischen Einfälle sind gewünscht. Es kommt auf die Menge der Vorschläge an, nicht auf deren Qualität. Jede Idee wird protokolliert. Ideenklau ist erwünscht. Fremde Gedankengänge dürfen aufgegriffen, ergänzt und weiterentwickelt werden. Keine Idee darf unter den Tisch fallen. Es gibt keinen Urheberschutz. Kritik und Selbstkritik an den vorgebrachten Ideen sind streng verboten. In der Phase des Idensammelns wird nicht diskutiert.

Tipp:
„Das haben wir noch nie so gemacht", „Das haben wir schon immer so gemacht", "Das geht doch gar nicht", „Das geht doch überhaupt nicht" sind Killerphrasen, die in einem Brainstorming nichts verloren haben!

Expertentipp

Selbst offensichtlicher Unfug, unkonventionelle Vorgehensweisen können zu tollen neuen Ideen inspirieren. Verstöße gegen Brainstorming-Regeln beeinflussen das Ergebnis meist negativ. Das Brainstorming-Ergebnis ist eine echte Teamleistung.

Brainstorming durchführen:

Die Brainstorming-Sitzung läuft moderiert ab. Die Teilnehmer nennen spontan Ideen zur Lösungsfindung, wobei sie sich im optimalen Fall gegenseitig inspirieren und untereinander Gesichtspunkte in neue Lösungsansätze und Ideen einfließen lassen. Die Ideen werden protokolliert. Während der Brainstorming-Sitzung hat der Moderator die Aufgabe, die Gruppe zu stimulieren und zu ermutigen. Er sollte unsichere oder zögernde Teilnehmer unterstützen und darauf achten, dass alle zu Wort kommen. Dies kann zum Beispiel durch einen Wechsel der Perspektive geschehen. Das Problem wird umformuliert, vergrößert, verkleinert oder mit anderen Fragestellungen in Verbindung gebracht. Der Moderotor sollte dafür sorgen, dass nicht schon zu Begin Detailfragen angesprochen werden, sondern dass eher aus einer breit angelegten Sichtweise auf das Problem eingegangen wird. Und schließlich sollte der Moderator auch mit eigenen Worten zusammenfassen und Pausen bestimmen.

Das Ergebnis könnte dann folgendermaßen aussehen:

Trinkbecher
Eingefrierbehälter
Aufbewahrungsbehälter
Sortierbehälter für Schrauben
Spielzeug für Kindergarten
Wandisolation
Hochwasserschutz (Dammbau)
Auftriebskörper im Bootsbau
Gartenkäfernest

Abbildung 6: Brainstorming-Ergebnisse

Ergebnis formulieren, zusammenfassen:

Abschließend werden die im Brainstorming erarbeiteten Ideen thematisch sortiert. Der Moderator liest sämtliche Ideen vor und die Teilnehmer machen Vorschläge zur Klassifizierung: in „Heiße Ideen", die sofort verwertbar und bearbeitbar sind; in „Gute Ideen" mit Entwicklungspotential, die im Ideenspeicher zur späteren Verwendung archiviert werden; und in „Unbrauchbare Ideen", die wahrscheinlich keine guten Lösungen bringen und aussortiert werden können.

3. Schritt: Abschluss

Nachbereitung:

Nach dem Brainstorming werden die in der Sitzung gesammelten Ideen geordnet und protokolliert. Das Protokoll wird an die Teilnehmer des Brainstormings und an Fachleute verteilt, die eine finale Entscheidung treffen und Ideen zur Weiterarbeit aufgreifen müssen. Die finale Auswertung der Ergebnisse wird in der Regel nicht in dieser Sitzung durchgeführt, sondern getrennt durch Fachleute.

Fazit und Erkenntnisse

Die Methode braucht relativ einfache Vorbereitung und ist nicht aufwendig in der Durchführung. Durch die Gruppendynamik und gegenseitige Anregungen entstehen in kurzer Zeit viele Ideen. Die Ergebnisqualität der Gruppenarbeit wird geprägt von den Teilnehmern und ihrem Zusammenspiel.

Wenn die Gruppe zu viele Teilnehmer hat, dann sollten Vorarbeiten in mehreren kleineren Gruppen geleistet werden. Die Ideen aus diesen Kleingruppen-Brainstormings können anschließend im Plenum weiterentwickelt werden.

Tipp:

Expertentipp

Bei heiklen Problemstellungen kann das Brainstorming auch schriftlich, als "Brainwriting" durchgeführt werden. Die Teilnehmer tragen ihre Ideen nicht öffentlich vor, sondern schreiben auf Kärtchen, die der Moderator anonymisiert vorträgt. Mögliche Kritik kann dann nicht auf persönlicher Ebene erfolgen. Diese Methode ist allerdings nicht so erfolgreich, da nicht spontan und dynamisch neue Ideen entwickelt werden können.

Im Brainstorming können auch negative gruppendynamische Konflikte auftreten. Neue Ideen werden blockiert, spontane und kreative Einfälle gehemmt. Der Moderator muss solche Konflikte rechtzeitig erkennen und bei der Lösung unterstützen oder die Brainstorming-Sitzung sogar abbrechen.

Jede Gruppe wird hin und wieder vom Thema abschweifen. Hier muss dann der Moderator regulieren. Zurückhaltende Menschen äußern ihre Vorschläge nicht immer sofort – wenn ihnen die Idee zu verrückt scheint oder sie vermuten, dass die Idee von den anderen nicht akzeptiert oder belächelt wird. Hier ist wieder der Moderator gefragt.

Expertentipp

Achtung:
Eine ungezwungene Atmosphäre ist für ein erfolgreiches Brainstorming sehr wichtig. Auch hierarchisch höher gestellte Teilnehmer haben gleiche Priorität bei Wortmeldungen und die gleiche Redezeit.

Wenn viele Ideen entwickelt wurden, kann die Nachbearbeitung sehr aufwendig werden. Die Mehrzahl der geäußerten Ideen ist nicht brauchbar. Von ihnen muss man sich trennen können.

3.3   Brainwriting

Kurzbeschreibung der Methode

Methodenart	Projektklärung / Such-, Kreativitätsmethode
geeignet für	Ideenfindung zu einem vorgegebenen Thema in einer größeren Gruppe
Ziel	im Team viele neue Ideen innerhalb begrenzter Zeit finden; im Team Probleme lösen
benötigte Hilfsmittel/ Beteiligte	Moderator, Protokollführer, Metaplanwand, Regeln für die Durchführung

Zeitaufwand	je 2 bis 3 Stunden für die Vorbereitung, Durchführung und Aufbereitung der Ergebnisse
Vorteile	Die Methode kann über (große) räumliche Entfernungen hinweg durchgeführt werden. Gruppendynamische Spannungen können damit vermieden werden. Die Teilnehmer können sich an das Thema herantasten. Gegenüber dem mündlichen, direkten Brainstorming bietet Brainwriting mehr Anonymität. Impulsiv geäußerte Kritik unterbleibt (Körpersprache, kritisches Gemurmel o. Ä.). Ein individuelles Arbeitstempo ist möglich.
Nachteile	weniger Spontaneität als beim Brainstorming

Beschreibung der Methode

Brainwriting ist die schriftliche Variante des Brainstorming und diesem in sehr vielen Punkten ähnlich und kann für die Lösung gleicher Aufgaben eingesetzt werden. Die Methode hat zusätzlich den Vorteil, auch über (große) räumliche Entfernungen durchgeführt werden zu können. Es wird ebenfalls in der Gruppe gearbeitet, um unkonventionelle Ideen zu entwickeln, Erfahrungen und Gedankengänge vieler Personen mit einzubeziehen, assoziieren, neu zu strukturieren und zu kombinieren. Wie beim Brainstorming kann man auch hier davon ausgehen, dass nach der festgelegten Zeit mindestens eine funktionierende Lösung gefunden wird.

Der Einsatz von Brainwriting ist auch dann sinnvoll, wenn die Gruppe noch nicht für ein direktes, mündliches Brainstorming bereit ist. Damit können gruppendynamische Spannungen vermieden werden, die Teilnehmer können sich an das Thema herantasten.

> **Tipp:**
> Brainwriting kann auch übers Internet (via E-Mail, Chat, Konferenzschaltung, Webformular) durchgeführt werden. Es ist allerdings damit zu rechnen, dass die Beteiligung geringer ausfällt, die Resonanz verzögert erfolgt.

Expertentipp

Gegenüber dem mündlichen, direkten Brainstorming bietet Brainwriting mehr Anonymität. Das ist wichtig bei heiklen Themen, wenn sich die Teilnehmer z. B. aus unternehmenspolitischen oder Rivalitätsgründen heraus zurückhalten. Ein wichtiger, gruppendynamischer Vorteil ist, dass impulsiv geäußerte Kritik unterbleibt (Körpersprache, kritisches Gemurmel o. Ä.), gerade bei schüchternen Menschen kann auch solche unbeabsichtigte Kritik zu Unsicherheit führen. Die Teilnehmer werden in ihren Gedankengängen nicht gestört oder unterbrochen, es ist ein individuelles Arbeitstempo möglich, ohne von fremden Ideen beeinflusst zu werden. Das Brainwriting bietet die Möglichkeit, rationell Ideen zu sammeln.

Anwendung der Methode

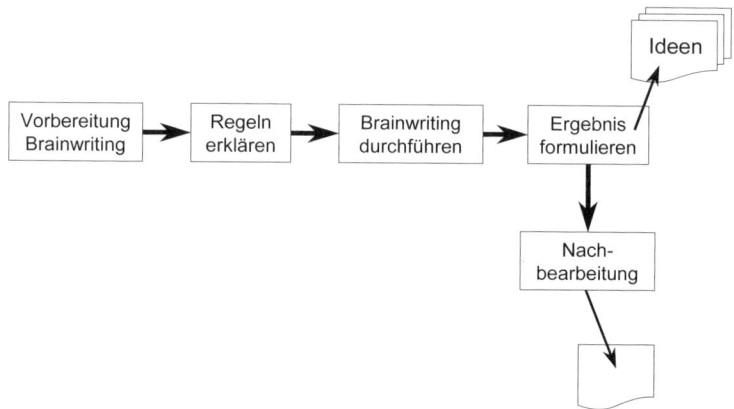

Abbildung 7: Ablauf Brainwriting

1. Schritt: Vorbereitung
Das Brainwriting wird wie ein gewöhnliches Brainstorming vorbereitet. Den Teilnehmern muss ausreichend und geeignetes Material zum Notieren der Einfälle zur Verfügung gestellt werden. Dies kann sein: Papier, Kärtchen, Folien, Stifte, Overheadprojektor, Pinwand, Flipchart o. Ä.

2. Schritt: Durchführung
Brainwriting wird so ähnlich wie Brainstorming durchgeführt. Das Thema, Problem bzw. die Fragestellung wird definiert und jedem Teilnehmer mitgeteilt. Eine aktuelle Aufgabe wäre z. B.: „Wie können wir die Dauer unseres Projekts verkürzen?" Die Ideen werden

zunächst schriftlich gesammelt. Das Brainwriting besteht nun darin, dass die Teilnehmer ihre Lösungsvorschläge schriftlich festhalten, pro Kärtchen eine Idee, und diese dann an den Moderator weiterreichen. Dieser nummeriert die Vorschläge um den Überblick zu erleichtern, wenn später auf die geäußerten Vorschläge Bezug genommen wird.

Die Lösungsvorschläge werden anschließend für alle Teilnehmer frei zugänglich auf Metaplanwänden visualisiert – je nach Bedarf in die Mitte eines Tisches gelegt, an eine Pinwand geheftet oder auf einer Gruppenhomepage veröffentlicht werden. Nun kann eine gewohnte Brainstorming-Diskussion um die hervorgebrachten Vorschläge stattfinden. Das Ergebnis könnte folgendermaßen aussehen:

Mitarbeiter besser schulen
Die richtigen Mitarbeiter
Optimale Kommunikation zulassen
Optimale Tools einsetzen
Störungen vermeiden
Lieferanten wechseln
CAD-Arbeitsplätze erhöhen
Patent kaufen
mehr Lob vom Projektleiter
Pufferzeiten nutzen
Leistung reduzieren
Keine Änderungen akzeptieren
Mehr Ressourcen einsetzen
Arbeitspakete nach extern verlegen
Mehrarbeit / Überstunden erledigen
Teilprodukte zukaufen
GF sollte sich um das Projektteam stärker kümmern

Abbildung 8: Brainwriting-Ergebnisse

3. Schritt: Nachbereitung

Wie beim gewöhnlichen Brainstorming werden auch hier viele unbrauchbare Ideen entwickelt. Die „heißen Ideen" müssen von den uninteressanten getrennt werden. Auch das Konzept des „Ideenspeichers" kann beim Brainwriting übernommen werden.

Einige Varianten

Aus der Brainwriting-Methode wurden bisher einige Variationen abgeleitet. Jede Variante hat ihre spezifischen Stärken und speziellen Einsatzbereiche; die wichtigsten: „Methode 6-3-5", „Kartenabfrage" und „Galeriemethode".

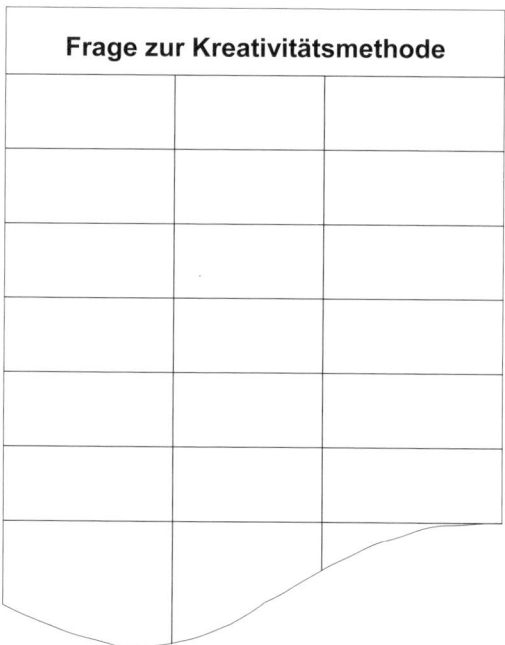

Abbildung 9: Brainwriting-Beispiel

a)   **Methode 6-3-5**: 6 Personen verfassen (auf einer Seite) je 3 Ideen, die von den 5 anderen weiterentwickelt werden. Mit dieser Methode erhält man schnell eine große Zahl hoch entwickelter Vorschläge (s. Kapitel 3.11)

b) **Kartenabfrage:** Die Ideen werden auf Kärtchen geschrieben und an einer Pinwand (Metaplan) befestigt. Alle Vorschläge sind auf einen Blick sichtbar und können logisch gruppiert werden.

c) **Galeriemethode:** Die Teilnehmer entwickeln ihre Ideen auf großformatigen Blättern. Diese werden für alle sichtbar an Pinwänden/Raumwänden befestigt. Die Teilnehmer können sich so eingehender mit den Ideen beschäftigen, als dies bei der Kartenabfrage möglich ist.

d) **Collective Notebook:** Die Ideen werden in einer von einem Koordinator angelegten „Ideensammelstelle" zentral, frei zugänglich und über eine konkrete Zeitdauer gesammelt. Die Dauer kann von wenigen Stunden bis zu mehreren Tagen reichen. Das Medium kann ein Notizbuch, ein Webformular oder ein E-Mail-Verteiler sein. So kann ein Brainwriting über große Entfernungen durchgeführt werden oder „nebenher laufen". Jeder Teilnehmer hat die Möglichkeit, länger zu überdenken und zu optimieren.

Fazit und Erkenntnisse

Durch die hohe Ähnlichkeit mit der Brainstorming-Methode ergeben sich auch ähnliche Erfahrungen. Vieles kann deshalb direkt vom Brainstorming abgeleitet werden. Durch die schriftliche Durchführung ist eventuell weniger Spontaneität als beim mündlichen Brainstorming möglich. Die Teilnehmer haben mehr Zeit, ihre Einfälle zu überdenken und werden nicht so direkt durch die Gruppe angeregt und beeinflusst.

Achtung:
Die Beeinflussung ist beim normalen Brainstorming auf jeden Fall wesentlich stärker. Wie beim Brainstorming kann die Nachbearbeitung sehr aufwendig werden, wenn nämlich sehr viele Vorschläge geäußert wurden.

Expertentipp

3.4   Delphi-Methode

Kurzbeschreibung der Methode

Methodenart	Projektklärung / Prognosemethode; Projektplanung / Aufwandsplanung
geeignet für	Zielbildung, Kosten- und Aufwandschätzungen, systematische mehrstufige schriftliche Meinungsbildung mit Expertenteams, technologische Prognosen zukünftiger Möglichkeiten, Forschungs-/Entwicklungsplanung.
Ziel	Abstimmung von Expertenmeinungen über die Wahrscheinlichkeit vorsehbarer zukünftiger Ereignisse bzw. Entwicklungen
benötigte Hilfsmittel/ Beteiligte	exakt definiertes Problemfeld; Experten mit entsprechendem Erfahrungshintergrund
Zeitaufwand	hoher Zeit- und Kostenaufwand, wenn das Verfahren über mehrere Stufen bzw. Runden läuft; zusätzlicher Aufwand für kontrollierte Rückkopplung und Bekanntgabe der Ergebnisse aus den jeweiligen Vorrunden
Vorteile	Die Zahl der beteiligten Experten steigert die Ergebnisqualität, ebenso die Anonymität der Experten. Mehrstufige Befragung mit statistischer Auswertung der Antworten und kontrollierter Rückkopplung der Expertenaussagen an die Befragten führt zu hohem Lerneffekt und Know-how-Bildung und dadurch auch leichterer Annäherung an gemeinsamen Konsens zur Meinungsbildung.
Nachteile	Die Mittelwertbildung täuscht eine hohe Aussagegenauigkeit vor. Die Ergebnisqualität hängt von der Zusammensetzung des Expertenkreises ab. Zu starke Einzelpersönlichkeiten können Meinungsfokussierung beeinflussen. Überzeugende Argumente werden sich durchsetzen. Fehlende Reflektion und Hinterfragen der Ergebnisse können sich nachteilig auswirken. Das Interesse der Befragten nimmt nach einigen Befragungsrunden ab.

Beschreibung der Methode

Die Delphi-Methode ist genauso wie auch die Delphi-Studie oder Delphi-Befragung ein strukturiertes, systematisches, mehrstufiges Verfahren zur Befragung von Experten. Sie ist eine Methode zur

Schätzung und Prognostizierung und dient dazu, zukünftige Ereignisse, Trends oder technische Entwicklungen möglichst gut einschätzen zu können.

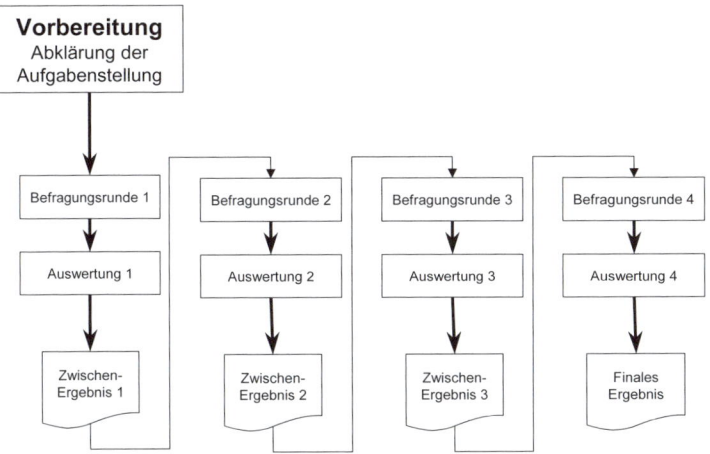

Abbildung 10: DELPHI-Methode

Dieses Befragungsverfahren wurde von der RAND-Corporation ca. 1964 entwickelt und wird seitdem häufig, wenn auch in variierter Form, für die Ermittlung von Prognosen/Trends sowie für Meinungsbildungen angewendet, vor allem für technologische Prognosen bei der Forschungs- und Entwicklungsplanung. Im Projektplanungsprozess wird es zur Zielbildung und Prognose von Alternativen eingesetzt. Die Methode ist besonders geeignet bei Projekten deren Aufwand unklar ist.

Hauptmerkmale der Methode sind:

- Anonymität der Befragten
- Teilnehmer haben keinen Kontakt zueinander
- Mehrstufigkeit der Befragung
- statistische Auswertung der Antworten
- kontrollierter Rückfluss von Informationen und neue Bewertung

Die Delphi-Methode kann in zwei Ausprägungen durchgeführt werden:

- als Standard-Delphi, wenn die Experten völlig unabhängig voneinander ohne Abstimmungsprozesse schätzen (ungewollte Meinungsbildungen sollen damit verhindert werden);
- als Breitband-Delphi, wenn sich die Experten im Verlauf des Prognoseprozesses durch zusätzliche Diskussionen und Abstimmungsrunden miteinander abstimmen.

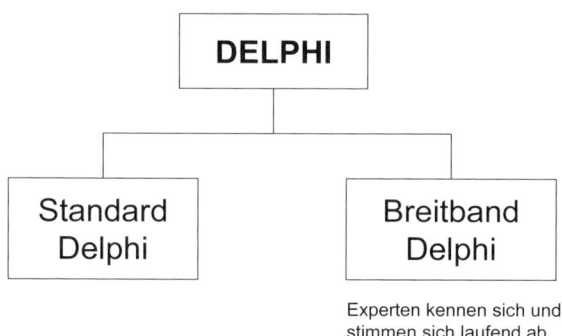

Abbildung 11: DELPHI-Methodenarten

Breitband-Delphi-Methode

Breitband-Delphi bietet folgende Vorteile: Durch Kommunikation, diverse Interaktionen der Experten untereinander, können Defizite im Know-how ausgeglichen werden. Die Gefahr von Fehleinschätzungen ist geringer. Realistische Schätz- und Prognosewerte dürften eher erzielt werden. Die Konsensbildung wird durch die gruppendynamischen Prozesse beschleunigt. Die Ergebnisqualität der Konsenswerte ist mitunter höher. Die Breitband-Delphi-Methode eignet sich besonders zum Schätzen großer komplexer Projekte bzw. Aufgaben.

Anwendung der Methode

Einer Gruppe von Experten wird ein Fragenkatalog vorgelegt. Die schriftlichen Antworten, Schätzungen, Ergebnisse etc. werden aufgelistet und mit Hilfe einer speziellen Mittelwertbildung zusammenge-fasst und den Fachleuten anonymisiert erneut für eine weitere Dis-kussion, Klärung und Verfeinerung der Schätzungen vorgelegt. Dieser kontrollierte Prozess der Meinungsbildung erfolgt gewöhn-lich über mehrere Stufen. Das Endergebnis ist eine aufbereitete Gruppenmeinung, die die Aussagen selbst und Angaben über die Bandbreite vorhandener Meinungen enthält.

Der Meinungsbildungsprozess besteht aus den Elementen: Genera-tion, Korrektur, teilweise Anpassung oder Verfeinerung, Mittelwert-bildung bzw. Grenzwertbildung. Störende Einflüsse werden durch die Anonymisierung, den Zwang zur Schriftform und der Individualisierung eliminiert. Die Strategie der Delphi-Methode besteht aus: Konzentration auf das Wesentliche, mehrstufiger, teilweise rückgekoppelter Editierprozess, sicherere, umfassendere Aussagen durch Zulassen statistischer fuzzyartiger Ergebnisse. Ein häufiges Problem: Die Experten wechseln ihre einmal geäußerte Meinung in den folgenden Runden trotz Anonymität nicht, so dass der Zusatznutzen weiterer Runden oft klein ist.

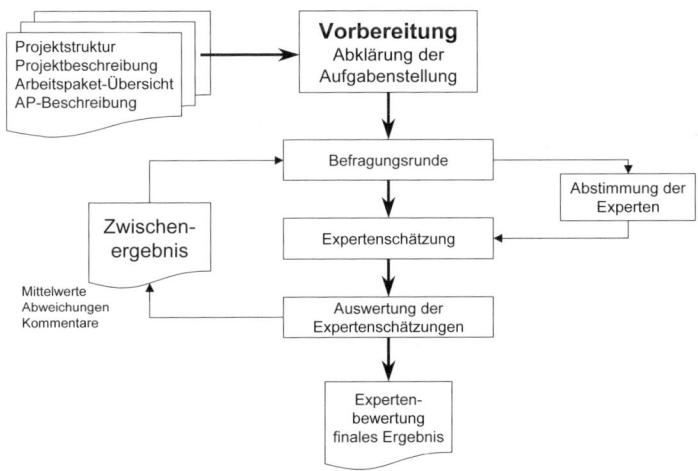

Abbildung 12: Ablauf DELPHI-Methode

1. Schritt: Vorbereitung

Beschreiben Sie das Problemfeld. Definieren Sie die Beurteilungskriterien. Wählen Sie Experten aus und stimmen Sie die Befragung mit ihnen ab; ebenso Ablauf und Termine.

2. Schritt: Befragung

Erstellen Sie einen Fragebogen und verteilen diesen nach einem Test an die Teilnehmer der ersten Befragungsrunde. Die Verteilung selbst läuft meist elektronisch ab, per E-Mail oder auch direkt über eine Internetseite. Dadurch kann der Verlauf recht zügig abgewickelt werden. Normalerweise haben die am Delphi beteiligten Experten keinen Kontakt untereinander.

3. Schritt: Auswertung

Analysieren Sie die Befragungsergebnisse, werten Sie sie statistisch aus und verteilen sie diese zur Information wieder an die Teilnehmer. Wesentlicher Bestandteil der Ergebnisse ist das erreichte Konsensmaß, beschrieben durch Median und Quartilsabstand. Damit können die Teilnehmer ihre vorangegangenen Schätzungen überprüfen und für die folgende Runde überarbeiten.

4. Schritt: Ergebnis

Nach einigen Runden wird sich der Konsensprozess stabilisiert, sich die überzeugendsten Argumente und Prognosen durchgesetzt haben und die Expertenmeinungen fokussiert sein. Ein „gemeinsames" Ergebnis lässt sich darstellen.

Beispiel: Delphi: Project Excellence Award der GPM

Ein bekanntes Beispiel für die aktuelle Anwendung von Delphi ist der Project Excellence Award der GPM, der jährlich durchgeführt wird. Ein Team, bestehend aus 5 Assessoren, bewertet die Leistung des Projekts. Es geht darum nach vorgegebenen Kriterien die durchlaufenen Projektmanagement-Prozesse und die erreichten Projektziele zu bewerten. Dieses Assessmentverfahren läuft nach den Kriterien der Breitband-Delphi-Methode ab: Einzelassessments der Experten, dazwischen Abstimmungsschritte der Assessoren, um Konsens und ein gemeinsames Bewertungsergebnis zu erreichen.

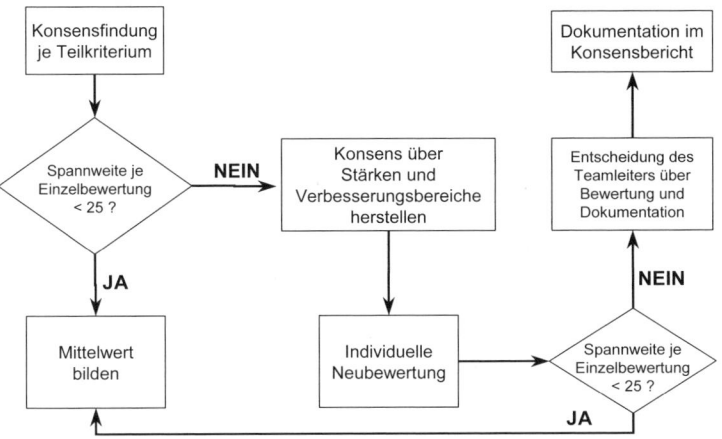

Abbildung 13: Ablauf Konsensbildung

Beispiel: Aufwandsplanung von Arbeitspaketen

- Aus Projektbeschreibung und Projektstrukturplan werden Delphi-Arbeitsunterlagen, Projektplanungsunterlagen für einzelne Teilprojekte und die Arbeitspakete erstellt.

- Den Experten werden die Ziele von Projekt, Teilprojekten und Arbeitspaketen erläutert.

- Experten schätzen auf Arbeitspaketebene; Abstimmung untereinander ist nicht zulässig (Ausnahme bei Breitband-Delphi).

- Auswertung der Schätzwerte: Mittelwerte, Abweichungen, Kommentare. Die erreichten Werte werden an die Experten verteilt.

- Experten überdenken die ursprünglichen Schätzungen. Abstimmung untereinander ist nicht zulässig (Ausnahme bei Breitband-Delphi).

- Finale Wertebildung nach dem letzten Schätzdurchgang

Beispiel: Prognose über zukünftige Sensoranwendung im PKW

- *Befragungsrunde 1.* Die Experten werden gebeten, Entwicklungen zu benennen, die nach ihrer Meinung innerhalb der nächsten 20 Jahre möglich sind.

- *Auswertung der Befragungsrunde 1.* Es wird eine Liste der in der ersten Befragungsrunde genannten Entwicklungen zusammengestellt.

- *Befragungsrunde 2.* Der Katalog, der in der ersten Befragungsrunde genannten Entwicklungen, wird den Teilnehmern zugesandt, mit der Bitte anzugeben, wann ihrer Meinung nach diese Entwicklungen mit fünfzigprozentiger Wahrscheinlichkeit eintreten werden.

- *Auswertung der Befragungsrunde 2.* Für jede Entwicklung werden durch Verwertung der Antworten der zweiten Befragungsrunde der Median und der Quartilsabstand errechnet.

- *Befragungsrunde 3.* Die Teilnehmer der Befragung erhalten den Katalog der Entwicklungen und für jede Entwicklung Angaben über Median und Quartilsabstand und werden gebeten, ihre Aussagen im Lichte dieser Ergebnisse zu überprüfen. Wenn sie nach dieser Überprüfung weiterhin der Meinung sind, dass der Eintrittszeitpunkt außerhalb des Quartilsabstandes liegt, werden sie aufgefordert, Begründungen für ihr Urteil abzugeben.

- *Auswertung der Befragungsrunde 3.* Es erfolgt wieder eine Berechnung des Medianes und des Quartilsabstandes für jede Entwicklung. Die Entwicklungen, für die ein genügender Konsens festgestellt werden kann oder bei denen die Erreichung eines befriedigenden Konsens nicht wahrscheinlich ist, können aus der weiteren Befragung herausgenommen werden.

- *Befragungsrunde 4.* Hier werden den Teilnehmern die Ergebnisse der 3. Runde (Median und Quartilsabstand) und die Gründe der Teilnehmer, die bei bestimmten Entwicklungen nicht mit der Mehrheitsmeinung übereinstimmen, mitgeteilt.

- *Auswertung des finalen Ergebnisses könnte sein:* Abstandsmessung, Solar, Regensensor, Luftdruck, Fahrerzustand, Individuelle Fahrerkennung, Diebstahlsicherung, Luftdruck, Straßenbeschilderung.

Fazit und Erkenntnisse

Das Verfahren durchläuft in der Regel mehrere Iterationsschleifen bis zur Konsensbildung. Abnehmendes Interesse der Befragten nach einigen Befragungsrunden kann öfter festgestellt werden. Beantwortungsschwierigkeiten durch die Abhängigkeiten zwischen den Problembereichen können vorkommen. Oftmals ist es auch recht schwierig, die richtige Zusammensetzung der Delphi-Gruppe zu finden.

3.5 Entscheidungsbaum

Kurzbeschreibung der Methode

Siehe CD-ROM

Methodenart	Projektklärung / Suchmethode, Prognosemethode
geeignet für	Prognose von Lösungen und Lösungsmöglichkeiten
Ziel	beste Strategie aus einer Zahl möglicher Strategien herausfinden, mit deren Hilfe ein vorgegebenes Ziel am ehesten erreicht werden kann
benötigte Hilfsmittel/ Beteiligte	Kenntnis über Entscheidungspunkte; Daten über die Eintrittswahrscheinlichkeit von Entscheidungen
Zeitaufwand	gering; systematische Analysen brauchen je nach Umfang des Problemfeldes erheblich mehr Zeit
Vorteile	Die Methode führt zu übersichtlicher grafischer Darstellung der alternativen Lösungswege (Strategien). Bei günstig abgeschätzten Eintrittswahrscheinlichkeiten kann die Ergebnisqualität sehr hoch sein.
Nachteile	Die Ergebnisqualität ist sehr stark abhängig von den abgeschätzten Eintrittswahrscheinlichkeiten. Umfangreiche Entscheidungsbäume werden durch die vielen Knotenpunkte unübersichtlich.

Beschreibung der Methode

Entscheidungsbäume sind eine spezielle Form, Entscheidungsregeln grafisch darzustellen. Sie zeigen in hierarchischen Netzen aufeinander folgende Entscheidungen.

Normalerweise werden die Entscheidungsbaumdiagramme „top-down" erstellt. Die Entscheidungsabfragen beginnen oben mit einem einzelnen „Stamm" und verzweigen sich durch die darauf folgenden Entscheidungsmöglichkeiten permanent weiter nach unten. Sie bilden dabei ein „Wurzelnetzwerk" aus, an deren unteren Endpunkten schließlich alle relevanten Entscheidungen getroffen sind und das fertige Konzept als „Wurzelspitze" klar ersichtlich ist.

Beim binären Entscheidungsbaum wird an jedem Knotenpunkt, an jeder „Wurzelverzweigung", eine eindeutige Entscheidung abgefragt. Diese Fragestellung wird auch als „Entscheidungsregel" bezeichnet. „Ja oder Nein", „A oder B": Diese klaren Entscheidungen, die von den Teilnehmern von Stufe zu Stufe des Baumes getroffen werden müssen, führen letztlich zum Ergebnis des Entscheidungsbaums.

Die Methode lässt sich recht einfach und mit geringem Aufwand durchführen. Die Diagramme lassen sich schnell generieren. Man setzt diese Methode ein, um Entscheidungen besser und mit weniger Fehlern behaftet treffen zu können. Die gewählten Entscheidungswege sind leicht verständlich, gut präsentierbar, klar, übersichtlich und ihr gesamter Berechnungsgang ist einfach nachvollziehbar. Die grafische Darstellung der alternativen Lösungswege und Strategien hilft, selbst den Überblick zu behalten und auch Problemfremden schnell einen Überblick vermitteln zu können.

Siehe CD-ROM

Achtung:
Auf der CD finden Sie eine Checkliste zu den Entscheidungsbäumen!

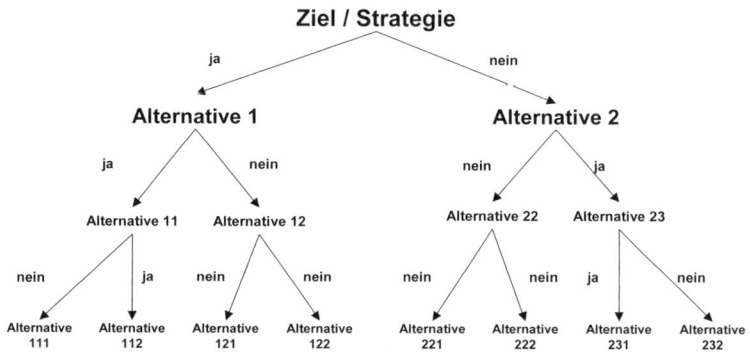

Abbildung 14: Entscheidungsbaum

Alle wichtigen Entscheidungen sind auf dem Weg von der „Wurzelspitze" (fertiges Konzept) bis hoch zum „Stamm" (Problemstellung) gelistet und ablesbar. Man kann auch leicht erkennen, durch welche

Entscheidung(en) sich die verschiedenen Lösungen unterscheiden, indem man den Baum von den jeweiligen Wurzeln bis zu deren Knotenpunkt nach oben verfolgt. Fragestellungen des gleichen Themengebiets liegen nahe beieinander, der Baum besteht aus verschiedenen Regionen, die leicht von einander getrennt und verschieden gut aufgelöst werden können. Das ist vor allem hilfreich bei großen Bäumen, die von vielen Leuten mit unterschiedlichen Interessen bearbeitet werden.

Anwendung der Methode

Entscheidungsbäume finden ihre Anwendung in der Berechnung von Wahrscheinlichkeiten und der Entscheidungsfindung. Mögliche Fragen wären: „Welche Strategie sollte unser Unternehmen bezüglich des Aktienkurses durchführen? Wie wirken sich diese Entscheidungen aus?" oder „Welche Erste-Hilfe-Maßnahmen muss ich in einer speziellen Situation durchführen? Welche Auswirkungen können diese Maßnahmen haben? Wie reagiere ich im weiteren Verlauf am besten?"

Häufig werden Entscheidungsbäume auch als Basis zur Bildung neuronaler Netze verwendet.

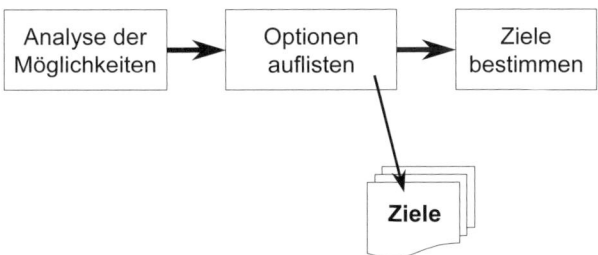

Abbildung 15: Ablauf Entscheidungsbaum

Achtung:
Auf der CD finden Sie eine Musterlösung zur Entscheidungsbaum-Methode!

Siehe CD-ROM

1. Schritt: Analyse der Möglichkeiten

Zuerst sollten Sie systematisch analysieren, welche Strategien überhaupt zur Verfügung stehen, um die Aufgabenstellung zu lösen. Diese Strategien sind dann zu beschreiben und übersichtlich darzustellen. Sie benötigen dazu die Kenntnis über die möglichen Entscheidungspunkte.

2. Schritt: Optionen auflisten

Als nächstes beschreiben Sie die möglichen Ereignisse, die beim Verfolgen dieser Strategien auftreten können, genauso wie die Ereigniswerte und Eintrittswahrscheinlichkeiten. Welche Möglichkeiten gibt es, und mit welcher Wahrscheinlichkeit können diese eintreten? Der Erwartungswert E eines Ereignisses ist das Produkt des Ereigniswertes W mit seiner Eintrittswahrscheinlichkeit P (also: $E = W * P$).

3. Schritt: Ziele bestimmen

Bestimmen Sie das bzw. die Ziele. Was soll überhaupt erreicht werden? Ein Entscheidungsbaum ist im Prinzip ein Computerprogramm/Skript, das von Menschen abgearbeitet wird. Für einen reibungsfreien Ablauf müssen sämtliche Entscheidungen definiert sein. Dann kann man überlegen, welcher Lösungsweg beschritten werden soll?

Expertentipp

Tipp: Hilfsmittel Entscheidungsbaum

Einfache Entscheidungsbäume kann man hinreichend gut mit einem Tabellenkalkulationsprogramm, z. B. MS-Excel, erstellen und berechnen. Für umfangreichere Problemfelder sollten Sie jedoch spezielle Anwendungsprogramme wie z. B. „GNU-R", „SPSS" oder „SAS" verwenden. Bei diesen professionellen Anwendungen ist bereits die Berechnung für die bekanntesten Entscheidungsbaumtypen implementiert. Die wichtigsten Baumtypen sind nach den ihnen zugrunde liegenden Algorithmen bezeichnet: „CART" = Classification and Regression Tree; „CHAID" = Chi-Square Automative Interaction Detectors. Gebräuchliche Tools wie „MindMapping" oder „GAMMA" können Entscheidungsbäume unter gewissen Einschränkungen modellieren und teilweise auch berechnen.

Beispiel: Entscheidungsbaum

In der nächsten Abbildung sehen Sie ein Beispiel für einen Entscheidungsbaum.

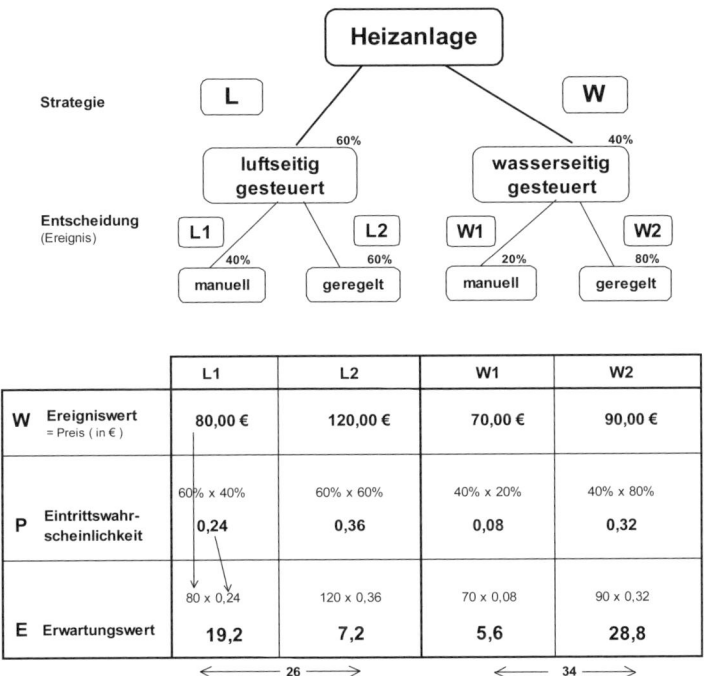

Abbildung 16: Beispiel Entscheidungsbaum

Fazit und Erkenntnisse

Voraussetzung für eine sinnvolle Entscheidungsbaumdarstellung ist die genaue Kenntnis der möglichen Entscheidungspunkte (Knotenstellen im Baumdiagramm). Darüber hinaus müssen zuverlässige Daten über die Eintrittswahrscheinlichkeiten der einzelnen Entscheidungen vorliegen.

Die Qualität der Ergebnisse ist stark abhängig von den – unter Umständen nur geschätzten – Eintrittswahrscheinlichkeiten der im

Entscheidungsbaum aufgenommenen Elemente. Sie kann sehr hoch sein.

Umfangreiche Entscheidungsbäume können durch ihre vielen Knotenpunkte unübersichtlich wirken. Bei einem logisch strukturierten Baum stellt dies jedoch kein Problem dar. Man erkennt lediglich beim ersten Anblick die große Menge erforderlicher Entscheidungen. Der Baum dokumentiert sämtliche möglichen Entscheidungswege, auch jene, die von anderen Gruppen getroffen werden, im Hintergrund ablaufen oder eventuell schon als Sackgassen bekannt und nur zur Fehlervermeidung dokumentiert sind.

Dank des logisch strukturierten und hierarchischen Aufbaus können Entscheidungsbaumdiagramme individuell übersichtlich gemacht werden. Der gesamte Baum für die Funktion eines PKW beschreibt neben den Daten für den Motor auch die für die Innenausrüstung. Der Motorentwickler kann einen übersichtlichen Teilentscheidungsbaum „Motor" herausgreifen. Dieser beinhaltet alles für ihn relevante und verwirrt ihn nicht durch unnötige Detailinformationen. Der Innenausrüster erhält den Teilentscheidungsbaum „Innenausrüstung" mit allen für ihn relevanten Informationen.

Expertentipp

| Tipp:

Als Faustregel gilt, dass sich die steigende Baumgröße negativ auf das Ergebnis auswirkt. Der Baum sollte also möglichst schlank gehalten bzw. individuell für den Anwender zurechtgeschnitten werden.

3.6   Fehlerbaumanalyse

Siehe CD-ROM

Kurzbeschreibung der Methode

Methodenart	Projektklärung / Analyse und Darstellung von Prozessen, Risikoanalyse
geeignet für	Darstellung der Wahrscheinlichkeit eines Ausfalles in einem Prozess bzw. Schritt; Vergleich alternativer Systeme
Ziel	Risikoanalyse zur rechtzeitigen Erkennung und Beseiti-

	gung von Schwachstellen sowie zum Vergleich alternativer Systeme
benötigte Hilfsmittel/ Beteiligte	Produktstruktur, Systemelemente, Kenntnis über Abhängigkeiten und Prozesse; spezielle Rechenprogramme für die Wahrscheinlichkeitsbestimmung sind vorteilhaft
Zeitaufwand	je nach Problemumfeld von gering (für Teilbereiche) bis sehr hoch (für komplette Systemumfänge)
Vorteile	Die Ergebnisse können transparent und nachvollziehbar visualisiert und grafisch dokumentiert werden
Nachteile	Diese Methode ist nicht geeignet, um Prozesse und Strukturen fest zu stellen; diese müssen bekannt sein. Die Ausfallwahrscheinlichkeit eines kompletten Bauteiles muss in der Regel bekannt sein, die der einzelnen Ausfallarten oft nicht. Steigende Baugröße wirkt sich negativ auf die Übersichtlichkeit des Ergebnisses aus.

Beschreibung der Methode

Mit dieser von H. Watson 1961 entwickelten Methode kann die Wahrscheinlichkeit des Auftretens von Systemausfällen und deren mögliche Folgen ermittelt werden. Sie ist eine Sicherheits- bzw. Zuverlässigkeitsanalyse zur Identifizierung von Fehlverhalten an Systemen und Anlagen, die durch unterschiedlichste Störgrößen verursacht werden können. In der englischsprachigen Literatur ist die Methode als „Fault Tree Analysis (FTA)" bekannt. Sie hat auch Eingang in die DIN gefunden und wird in DIN 25424, Teil 1 beschrieben. Die wichtigsten Begriffe werden dort erläutert: Ausfall/Versagen, Ausfallart/Versagensart, unerwünschtes Ereignis und Ausfallkombination. Für die grafische Darstellung des Fehlerbaumes definiert die Norm spezielle Bildzeichen, z. B. für Verknüpfungen, Kommentare, Eingang und Ausgang. Weiterhin gebräuchlich ist die Bezeichnung „Gefährdungsbaumanalyse".

Die Fehlerbaumanalyse ermittelt die logischen Verknüpfungen von Komponenten- oder Teilsystemausfällen, die zu einem unerwünschten Ereignis führen und stellt sie übersichtlich grafisch dar. Man kann mit ihr nicht nur die Ausfallursachen, sondern auch deren funktionale Zusammenhänge visualisieren. Ein Risiko wird beschrieben als Eintrittswahrscheinlichkeit eines Ereignisses und den daraus resultierenden Konsequenzen, zum Beispiel den Folgen eines

Systemausfalls. Das Zusammenwirken dieser beiden Größen wird im Fehlerbaum visualisiert. Die Fehlerbaumanalyse ist universell einsetzbar. Sie kann sowohl präventiv als auch zur Dokumentation und Visualisierung bereits vorhandener Probleme genutzt werden.

Die Fehlerbaumanalyse wird häufig bei der Planung von Industrieanlagen, vor allem in der Verfahrenstechnik und im vorbeugenden Brandschutz eingesetzt. Die Automobilindustrie nutzt Fehlerbäume während der Produktentwicklung zur Vorbereitung der FMEA (Failure Mode and Effects Analysis). Aber auch die Flugsicherung nutzt die Methode, um die definitive Sicherheit zu bestimmen und zu sichern. In der Softwareentwicklung wird sie eingesetzt, um Programmfehler zu analysieren.

Anwendung der Methode

Für die Erstellung eines Fehlerbaums sind folgende Arbeitsschritte durchzuführen:

Abbildung 17: Ablauf Fehlerbaumanalyse

1. Schritt: Systemanalyse durchführen

Zuerst machen Sie sich einen Überblick über die Funktionsabläufe, die Umgebungsbedingungen und die Abhängigkeiten. In unserem Beispiel „Projektarbeit" sind die folgenden Elemente feststellbar:

1	Kunde
2	Lieferant
3	Projektleiter
4	Teammitarbeiter
5	Lenkungsausschuss

Von allen vorhandenen Elementen sollten Sie die Leistungsziele und Eigenschaften kennen und die Schnittstellen beschreiben.

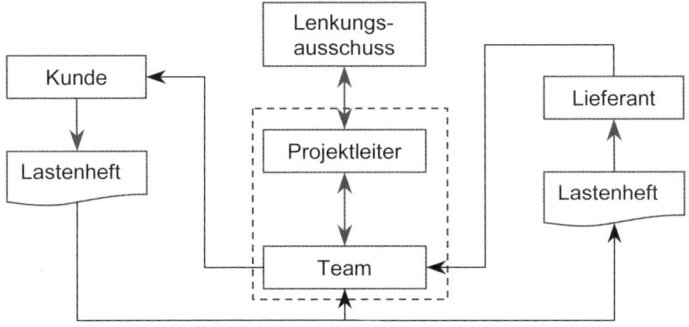

Abbildung 18: Systemanalyse „Projektarbeit"

2. Schritt: Definition des unerwünschten Ereignisses und der Ausfallskriterien

Definieren Sie nun das unerwünschte Ereignis und beschreiben Sie die Ausfallkriterien. Dabei sollten Sie eher globaler, allgemeiner, übergeordneter beschreiben. Für unser praktisches Beispiel wäre das: „Projektarbeit stoppt". „Phasenfreigabe wird nicht erteilt" als unerwünschtes Ereignis hätte dagegen eine ganz andere Qualität. Diese Beschreibung wäre detaillierter und würde bereits eine Lösungsrichtung festlegen und ist deshalb als TOP-Ereignis weniger geeignet.

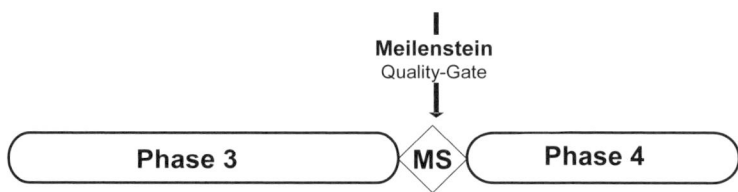

Abbildung 19: LA-Freigabe am Quality Gate

3. Schritt: Bestimmen von Zuverlässigkeitskenngrößen und Zeitintervallen

Bei einer quantitativen Fehlerbaumauswertung wird zwischen der Ausfallwahrscheinlichkeit über eine definierte Zeitspanne und der Nichtverfügbarkeit zu einem beliebigen Zeitpunkt unterschieden. Will man solche quantitativen Aussagen für das „TOP-Ereignis" ableiten, so sind die entsprechenden Daten über die Basisereignisse erforderlich.

Bei dem Beispiel „Projektarbeit stoppt" müssen Sie nun die relevanten Daten beschaffen. Dies könnten sein:

* Ausfallwahrscheinlichkeit
* Nichtverfügbarkeit
* Lieferverzug
* Nichtlieferung

Was heißt überhaupt „Projektarbeit stoppt"? Gilt der Stopp für eine begrenzte Zeit, z. B. für vier Wochen? Oder sogar mit unbegrenzter Dauer, da es für einen Teilschritt im Moment keine Lösung gibt?

Siehe CD-ROM

Achtung:
Auf der CD finden Sie die Musterlösung einer Fehlerbaumanalyse!

4. Schritt: Ausfallarten der Komponenten bestimmen

Erfassen Sie sämtliche Ausfallarten der Komponenten. Für eine detaillierte Fehlerbaumanalyse reicht es nicht aus, verschiedene Ausfallarten untergeordneter Bauteile auszuwählen. Ausfallarten von Bauteilen können völlig unterschiedliche Auswirkungen auf das „TOP-Ereignis" haben und müssen an den relevanten Stellen im Fehlerbaum eingetragen werden. Wenn keine genauen Daten verfügbar sind, kann man auch vom „worst case" ausgehen und die gesamte Ausfallswahrscheinlichkeit eines Bauteils für alle seine Ausfallarten annehmen. In unserem Beispiel könnten dies sein:

- Lastenheft Kunde nicht termingerecht abgeliefert
- Kundenfreigaben nicht termingerecht
- Projektleiter ist krank geworden
- Teammitarbeiter stehen nicht zur Verfügung
- Lenkungsausschuss steht nicht zur Verfügung
- Projektwirtschaftlichkeit nicht gegeben
- geforderter Projektfortschritt ist nicht erreicht
- Lieferanten liefern nicht termingerecht
- Projektstopp
- Lieferausfall
- Lieferverzug/-verzögerung

5. Schritt: Erstellen des Fehlerbaums

Starten Sie die Darstellung des Fehlerbaumes mit dem unerwünschten Ereignis („TOP-Ereignis"). Gehen Sie bei der grafischen Darstellung vom unerwarteten Ereignis aus. Untersuchen Sie, ob sich das beschriebene Ereignis auf den Ausfall eines Systemelements zurückführen lässt. Ein Beispiel: Das unerwartete Ereignis ist „die Projektarbeiten sind gestoppt". Das TOP-Ereignis heißt dann: „Projektarbeit stoppt".

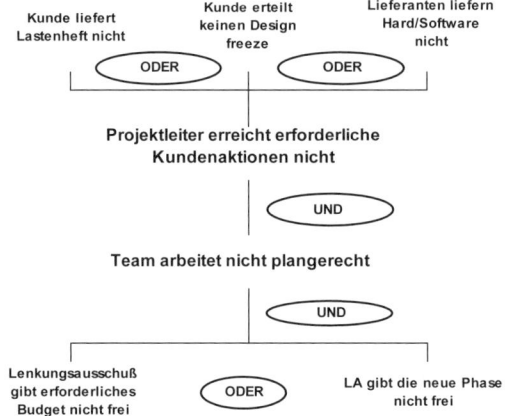

Abbildung 20: LA Fehlerbaum

6. Schritt: Funktionen erkennen und negieren

Ein unerwünschtes Ereignis wird also impliziert, und im Anschluss wird nach allen kritischen Auslösern gesucht. Visualisieren Sie die Funktionsstruktur und die erforderlichen Nebenfunktionen.

Dann negieren Sie alle erkannten Funktionen nacheinander. Es wird angenommen, sie könnten nicht erfüllt werden. Unter Verwendung allgemeiner Leitlinien mit den Hauptmerkmalen Funktion, Wirkprinzip, Haltbarkeit, Formänderung und Sicherheit sammeln Sie nun mögliche Ursachen eines Fehlverhaltens oder Störgrößeneinflüsse: „Welche Bedingungen, Ereignisse führen zum Stopp der Projektarbeiten?"

		Funktionen erkennen	Funktionen negieren
1	Kunde	Lastenheft liefern	LH wird nicht termingerecht geliefert
		Entwicklungsstand freigeben (Design freeze)	Design freeze wird nicht termingerecht erteilt
2	Lieferanten	Musterteile liefern	Musterteile werden nicht termingerecht geliefert
		Werkzeuge liefern	Werkzeuge werden nicht termingerecht geliefert
3	Projektleiter	Kunde und Team führen	erreicht nicht die erforderlichen Kundenaktionen
4	Teammitarbeiter	Projektaufgaben erledigen	Team arbeitet nicht nach Plan
5	Lenkungsaus-schuss	Budget freigeben	gibt erforderliches Budget nicht frei
		neue Phase freigeben	nimmt den Projektstand nicht ab; gibt die zukünftige Phase nicht frei

Abbildung 21: Funktionen erkennen/negieren

7. Schritt: Gründe für Nichterfüllung suchen

Jetzt erfassen Sie alle Möglichkeiten, weshalb eine Funktion nicht erfüllt sein könnte. Das kann z. B. eine nicht eindeutige Funktions-struktur, nicht optimale Haltbarkeit oder nicht ideale Gestalt sein.

		Funktionen erkennen	Funktionen negieren	Gründe für Nichterfüllung
1	Kunde			Zu wenig Kapazität; Prioritäten zu gering
				Interne Abstimmungen aufwendig, langwierig
2	Lieferanten			Prioritäten zu gering
				Kapazitäten reichen nicht aus
3	Projektleiter			Kann Wichtigkeit / Dringlichkeit von Entscheidungen nicht klar machen
4	Teammitarbeiter			Kapazitäten und Prioritäten nicht o.k.
5	Lenkungsaus-schuss			akzeptiert nicht mangelnde Wirtschaftlichkeit / Budgeterhöhung
				erreichte Projektergebnisse erfüllen nicht die Kundenvorstellungen

Abbildung 22: Gründe für Nichterfüllung

8. Schritt: Voraussetzungen für Fehlverhalten identifizieren
Nun müssen Sie feststellen, welche Bedingungen und Ereignisse das Fehlverhalten auslösen. Diese Erkenntnisse werden mittels logischer UND- bzw. ODER-Verknüpfungen und den Gesetzen der Booleschen Algebra kombiniert.

Die folgenden Bedingungen und Ereignisse sind notwendig und ausreichend, damit ein Projekt gestoppt werden kann. Trifft eine „UND-Bedingung" zu, so kann die Projektarbeit u. U. trotzdem weiter gehen. „ODER-Bedingungen" dagegen führen zum Stopp des Projekts.

		Funktionen erkennen	Funktionen negieren	Gründe für Nichterfüllung	Voraussetzungen für Fehlverhalten
1	Kunde				mangelnde Einsicht bezogen auf Wichtigkeit
					fehlender Druck
2	Lieferanten				fehlende Informationen bezüglich Wichtigkeit / Dringlichkeit
					fehlende Informationen bezüglich Wichtigkeit / Dringlichkeit
3	Projektleiter				Kommunikation gestört
4	Teammitarbeiter				Fachabteilungen (Linien) machen eigene Terminpolitik
5	Lenkungsausschuss				sieht sich als Controller, nicht als Entscheider / Unternehmer
					erhält Druck von Kunden und Geschäftsführung

Abbildung 23: Voraussetzungen für Fehlverhalten

9. Schritt: Lösungsverbesserungen suchen
Erarbeiten Sie Maßnahmen, Lösungen oder zusätzliche Kontrollmaßnahmen, mit deren Hilfe man dem Eintreten des „TOP-Ereignisses" wirkungsvoll vorbeugen kann.

		Funktionen erkennen	Funktionen negieren	Gründe für Nichterfüllung	Voraussetzungen für Fehlverhalten	Lösungsverbesserungen
1	Kunde					Lastenheft durch Team und Kunden gemeinsam entwickeln
						Zeitlich begrenzte Risikoübernahme durch den Kunden
2	Lieferanten					Offene Kommunikation mit dem Lieferanten
						Offene Kommunikation mit dem Lieferanten; Kunde trägt Risiken
3	Projektleiter					Offen mit Kunde über Problemfelder sprechen und in Risiken einbinden
4	Teammitarbeiter					PL erhält mehr Verantwortung und Durchsetzungevermögen auf Team / Linie
5	Lenkungsaus-schuss					zusätzliche Kapazitäten zur Kostenoptimierung freigeben
						Druch rechtzeitig auf Linienabteilung bezogen auf Kapa und Priorität

Abbildung 24: Lösungsverbesserungen

Fazit und Erkenntnisse

Wie auch beim Entscheidungsbaum kann sich eine steigende Baumgröße durch ihre vielen Knotenpunkte ungünstig auf das Ergebnis auswirken. Wegen des hohen Arbeitsaufwands für vollständige komplexe Analysen wird die Fehlerbaumanalyse in der Praxis meist nur auf die wichtigen Zonen und kritischen Abläufe beschränkt.

Tipp:

Wichtig ist, dass die Denkweise der Methode von den bearbeitenden Personen verinnerlicht und auch ohne formalen Aufwand angewandt wird.

Expertentipp

Durch die grafische Darstellung des Ergebnisses im „Fehlerbaum" entsteht eine transparente, nachvollziehbare Dokumentation.

Bei der Bestimmung von Zuverlässigkeitskenngrößen für Basisereignisse kommt oft erschwerend hinzu, dass zwar die Ausfallwahrscheinlichkeiten des kompletten Bauteils, jedoch nicht die der einzelnen Ausfallarten bekannt sind.

3.7   Fehlermöglichkeits- und Einflussanalyse

Siehe CD-ROM

Kurzbeschreibung der Methode

Methodenart	Projektklärung / Analysemethode, Risikoanalyse
geeignet für	Entwicklung neuer Produkte, Prozesse und Dienstleistungen; Beurteilung der Sicherheit von Bauteilen, Prozessen und Dienstleistungen.
Ziel	frühzeitig potentielle Fehlerquellen in einem System oder Produkt erkennen; diese Fehler vermeiden, Risiken minimieren und Entwicklungszeiten und –kosten verringern
benötigte Hilfsmittel/ Beteiligte	4–7 Experten (Team); Formulare und eventuell spezielle FMEA-Software; Erfahrungswerte aus der Vergangenheit
Zeitaufwand	abhängig von der Komplexität des Systems; Teilbereiche und einzelne Fragestellungen können schnell bearbeitet werden; umfangreiche Problemstellungen brauchen einige Tage im Expertenteam
Vorteile	Das Verfahren kann relativ gute, verwertbare Ergebnisse produzieren. Die sehr gute Ergebnisdokumentation macht es transparent, übersichtlich und stets nachvollziehbar.
Nachteile	Erfolge hängen vom Erfahrungsstand und der Kreativität bzw. der offenen Zusammenarbeit des Teams ab. Mit steigender Zahl potentieller Fehlerquellen wird die Methode unübersichtlich.

Beschreibung der Methode

Mit der FMEA sollen mögliche Schwachstellen und Fehlerursachen vorausschauend erahnt werden. Die Methode ist universell anwendbar und nicht an spezielle Produkte, Branchen oder Anwendungen gebunden. Im Fokus stehen dabei nicht nur Produkte, sondern auch Dienstleistungen und Fertigungsprozesse.

Potentielle Fehler, deren mögliche Ursachen und Auswirkungen werden systematisch analysiert und bewertet. Dazu wird im Vorfeld simuliert, was alles schief laufen kann, welche Auswirkungen dies haben kann und wie dies nach Möglichkeit verhindert werden kann. Die FMEA begleitet den gesamten Entwicklungszyklus von Produkten, Prozessen oder Dienstleistungen und versteht sich so als „mitwachsendes" Dokument.

Konstruktions-/Prozess-FMEA

Merkmal System Prozess	Potentielle Fehler	Potentielle Folgen des Fehlers	Potentielle Fehler ursache	Risikobeurteilung				Empfohlene Abstell- maßnahme /	verbesserter Zustand			
Qualifiz. Merkmal	denkbare Fehler	denkbare Fehleraus- wirkung	denkbare Fehlerur- sachen	Auf- treten	Bedeu- tung	Entdek- kung	Risiko- Prioritäts- zahl	Verantwortlich, Termin	Auf- treten	Bedeu- tung	Ent dek- kung	Risiko- Prioritäts- zahl
				A	B	E	RPZ		A	B	E	RPZ

Abbildung 25: FMEA-Formular-VDA86

FMEA-Dokumente dienen der Information des Managements und werden auch oft an Kunden weiter gegeben. Wichtig ist, dass alle Beteiligten den „wahren" Sinn der FMEA verstanden haben und auch danach handeln. Das FMEA-Formular alleine, ohne den tatsächlich gelebten Prozess, hat nur geringen Wert. Der tatsächlich gelebte Prozess ist das wichtige und entscheidende Element.

Als Methodenwerkzeug in den 60er Jahren in den USA für die ersten Projekte der NASA entwickelt, stellt die FMEA das zentrale Werkzeug im Bereich von Produkt- und Prozessentwicklung dar. Die Methodik wurde Ende der 70er Jahre bei FORD / USA zuerst im Automobilbau eingesetzt. In Deutschland wurde diese Methode erstmals 1980 als „Ausfall-Effekt-Analyse" in der DIN 25 448 genormt. Heute wird sie in der Automobilindustrie standardmäßig bei der Produktentwicklung, insbesondere bei sicherheitskritischen Bauteilen und zur Qualitätssicherung eingesetzt. Die Methode ist dort unter den aktuellen Standards der VDA, QS 9000, HACCP sowie ISO 9000ff. beschrieben.

Die Automobilindustrie hat festgestellt, dass der Einsatz der FMEA zu spürbar reduzierten Störungen bei Produktionsanläufen führt und Produktionsanlaufkosten deutlich senkt. Beteiligt man den

Kunden aktiv bei der Erstellung einer FMEA, so steigt die Kundenzufriedenheit, die Zahl möglicher Kundenreklamationen sinkt um ein Vielfaches.

Bei Entwicklung, Fertigung und Montage neuer Produkte sind zurzeit die Methoden System-FMEA-Produkt sowie System-FMEA-Prozess üblich. Der ursprüngliche Methodenansatz, bestehend aus Konstruktions-, Prozess- und System-FMEA wird kaum noch angewandt. Außer diesen bereits genannten FMEA-Arten können jedoch beliebige weitere formuliert werden, So z. B. eine FMEA für das ganze Projekt, die von etlichen Anwendern zur Risikovorsorge bezogen auf das Gesamtprojekt eingesetzt wird, oder eine spezielle FMEA für Logistikabläufe.

Fehler	die Einschränkung, Nicht-Erfüllung einer Funktion
Folge	Die Fehlerfolge beschreibt die Auswirkung des Fehlers
Ursache	beschreibt die Erzeugung des Fehlers
Maßnahmen	Maßnahmen werden unterteilt nach Prüfmaßnahmen (P) und Vermeidungsmaßnahmen (V). Sie beziehen sich auf die jeweilige Fehlerursache
A = Auftreten	A = U – d (V) Wie wahrscheinlich ist es, dass die Fehlerursache unter Berücksichtigung der Vermeidungsmaßnahme auftritt?
B = Bedeutung	welche Bedeutung hat die Fehlerfolge, wenn der Fehler aufgetreten ist?
E = Entdeckungswahrscheinlichkeit	E = 10 – d (P) Angenommen der Fehler ist aufgetreten, mit welcher Wahrscheinlichkeit kann die Fehlerursache falls nicht möglich) der Fehler entdeckt werden?

Tabelle 11: Wesentliche Begriffe zur FMEA

System-FMEA

Die System-FMEA (ab 1996) ist die konsequente Weiterentwicklung von Konstruktions-FMEA und Prozess-FMEA, mit dem Ziel vorhandene Schwachstellen kompletter Produkte und nicht nur einzelner Bauteile zu verbessern. Mit System-FMEA-Produkt und System-FMEA-Prozess wird das funktionsgerechte Zusammenwirken einzelner Komponenten eines komplexen Systems untersucht. Dabei werden Sicherheit und Zuverlässigkeit des geplanten Systems sowie die Einhaltung von gesetzlichen Vorschriften überprüft. In einer

System-FMEA werden Schnitt- und Verbindungsstellen insbesondere auch externe Schnittstellen zu Kunden und Lieferanten untersucht.

Die System-FMEA kann darüber hinaus für einen Systemvergleich sowie zur Entscheidung bezüglich einer Systemauswahl herangezogen werden. Alle Systemelemente werden konsequent strukturiert; funktionale Zusammenhänge aller Elemente aufgezeigt und beschrieben; mögliche Fehlfunktionen aus den geforderten Funktionen abgeleitet (simuliert); logische Verknüpfungen von Fehlfunktionen unterschiedlicher Elemente erkannt und beschrieben.

K- und P-FMEA

K- und P-FMEA waren ab Mitte der 80er Jahre bis etwa 1996 im Einsatz. Ursprüngliche Mängel dieser Methodik sind mit Einführung der System-FMEA behoben.

Mit der Konstruktions-FMEA (K-FMEA, Produkt- bzw. Design-FMEA) werden alle denkbaren und möglichen Ausfälle eines Bauteils, eines Produkts untersucht und bewertet.

Tipp:

Die Konstruktions-FMEA ist besonders wirkungsvoll bei neuen Bauteilen bzw. Werkstoffen, die noch im Entwurfsstadium sind. Es sind für alle risikobehafteten Bauteile des Produkts geeignete Maßnahmen zur Vermeidung potentieller Fehler zu planen.

Expertentipp

Mit der Prozess-FMEA (P-FMEA) werden alle denkbaren potenziellen Fehler in den einzelnen Prozessschritten, bereits während der Produktentwicklung untersucht und bewertet. Spezifische Prozesse in Fertigung, Montage, sowie Prüfung werden im Rahmen der Produktionsplanung analysiert. Aufgabe der Prozess-FMEA sind Eignung und Sicherheit der Herstellverfahren, deren Qualitätsfähigkeit sowie Prozessstabilität und die Ermittlung von Prozesssteuerungsmerkmalen zu untersuchen. Sie baut auf den Ergebnissen der K-FMEA auf. Mit geeigneten Maßnahmen ist die Prozessfähigkeit zu optimieren.

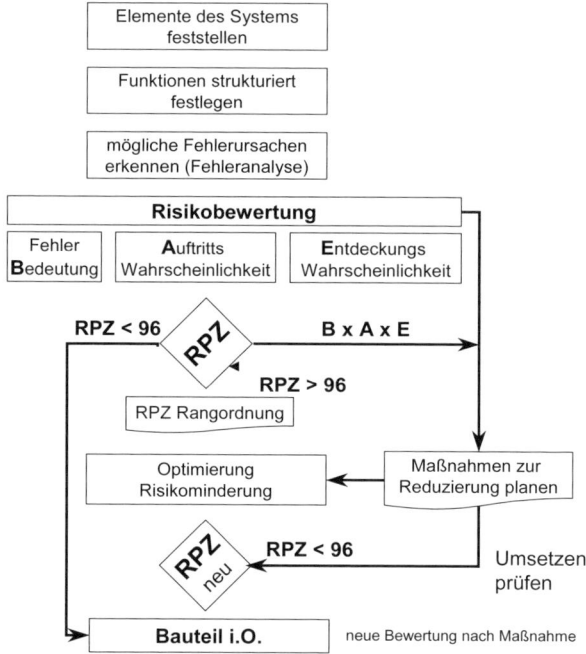

Abbildung 26: FMEA-Ablauf-VDA86

Anwendung der Methode

Siehe CD-ROM

Achtung:
Auf der CD finden Sie FMEA-Musterlösungen und –Begriffe!

Die FMEA wird üblicherweise in interdisziplinären Teams bearbeitet. Schlagkräftige Teams setzen sich aus vier bis maximal sieben Fachleuten zusammen. Diese Spezialisten kommen, je nach Aufgabenstellung und Produkt bzw. dem Inhalt des Projekts, fachlich aus Entwicklung (Produkt- und Prozessentwicklung), Qualitätssicherung, Einkauf, Fertigung oder Vertrieb und bringen jeweils ihre Erfahrungen in die Methode ein. Damit fördert die FMEA auch die Zusammenarbeit der an einer Entwicklung beteiligten unterschiedlichen Fachdisziplinen. Außerdem bietet sie eine ideale Basis zur Dokumentation von Expertenwissen im Unternehmen. Treibendes Instrument der Methode ist das FMEA-Formular.

mögliche Fehlerfolgen	B	▽ CC ?= SC	Mögliche Fehler	Mögliche Fehlerursachen	Vermeidungs-maßnahmen	A	Entdeckungs-maßnahmen	E	RPZ	Status	Verantwortlich	Termin

Fehler-Möglichkeits- und Einfluss-Analyse

☐ System-FMEA Produkt / Design-FMEA   ☐ System-FMEA Prozess / Process-FMEA

Typ/Modell/Fertigung: Zeichnungs-Nr.   Team: erstell

Änderungsstand:

FMEA-Systemelement: Zeichnungs-Nr. Kunde   freigegeben:

Änderungsstand:

Abbildung 27: FMEA-Formular

1. Schritt: Elemente des „Systems" feststellen

Als erstes ist es nötig, dass das Team das zu betrachtende System abgrenzt und eine übersichtliche Struktur für das Ganze findet: Am besten wird es top-down gegliedert, vom Gesamtsystem zu den Teilsystemen, bis zu den kleinsten austauschbaren Einheiten. Alle wesentlichen zu untersuchenden Elemente sollten systematisch, möglichst grafisch dargestellt werden. Das Team untergliedert das Produkt systematisch, nach Bauteilen und nach Forderungen. Input hierfür kommt aus der Bauteileliste, der Stückliste, kundenspezifischen Forderungen, Lastenheft, aus dem aktuellen Konstruktionsstand, CAD-Modell, Produktstruktur, aus der virtuellen Zerlegung in Teile und Elemente sowie aus Erfahrungen ähnliche FMEAs.

2. Schritt: Funktionen strukturiert erfassen

Das Team untergliedern das Produkt systematisch nach den geforderten Funktionen bzw. Schnittstellen und beschreibt die Prozesse bis zu jeder einzelnen Tätigkeit, z. B. einem Montageprozess, ebenso das Zusammenwirken der Teilsysteme, Schnittstellen und die Wechselwirkungen, aber auch die Funktionen des Gesamtsystems. Außerdem erstellt es strukturierte Prozessbäume.

3. Schritt: Mögliche, potentielle Fehlerursachen erkennen

Die Teilnehmer sammeln systematisch alle denkbaren Fehlerursachen, listen sie konsequent auf und untersuchen mögliche Auswirkungen und Ursachen. Sie führen eine Fehler- und Risikoanalyse durch. Bekannte Kreativitätsmethoden wie z. B. Brainstorming, MindMapping, Metaplanmethodik und andere helfen bei der Suche. Die Fehlermöglichkeiten werden konsequent strukturiert, damit anschließend übersichtlicher und effizienter weiter gearbeitet werden kann. Dazu werden dann mögliche Folgen und Ursachen erörtert und grob analysiert. Fehlerursachen oder auch Maßnahmen sind sehr oft für mehrere Bauteile oder Prozesse relevant. Kontrollmaßnahmen, die zur Entdeckung potentieller Fehler beitragen und deren Auswirkungen verringern können, werden im Formular vermerkt.

4. Schritt: Risikobewertung durchführen, das Risikopotenzial feststellen

Die folgenden Fragen sind nun detailliert mit Werten zwischen 1 und 10 zu bewerten.

		1	2 bis 5	6 bis 8	10
Auftretenswahr-scheinlichkeit des Fehlers	A	unwahr-scheinlich	sehr gering	mäßig	hoch
Bedeutung = Auswirkung des Fehlers auf den Kunden	B	kaum wahr-nehmbar	unbedeu-tend, geringe Belästigung	schwere Auswirkung, Verärgerung	äußerst schwere Auswirkung
Wahrscheinlichkeit der Entdeckung, vor Auslieferung an den Kunden	E	hoch	mäßig	gering	unwahr-scheinlich

Tabelle 12: Bewertungsschema B / A / E

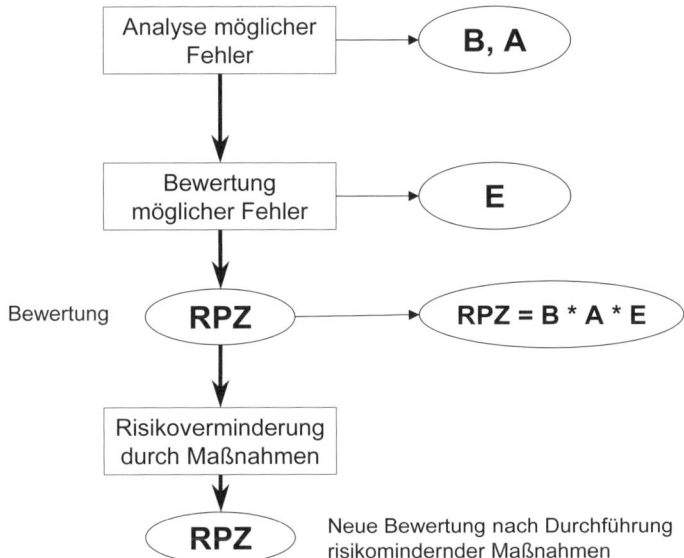

Abbildung 28: FMEA-Prozesschritte

Die Multiplikation dieser drei Werte führt zur Risikoprioritätszahl RPZ = A * B * E. Die RPZ-Werte können zwischen 1 = kein Risiko und 1.000 = hohes Risiko liegen. Sie ist eine dimensionslose Größe, und ein Maß für das mit einer möglichen Fehlerursache verknüpfte Risiko. Entsprechend der RPZ wird nun eine Auswahl der potentiellen Fehlerursachen getroffen, für die unbedingt Abstellmaßnahmen überlegt werden müssen.

Achtung:
Auf der CD finden Sie eine Musterlösung!

Siehe CD-ROM

5. Schritt: Optimierung/Risikominimierung

Für die besonders risikoreichen Fehler werden zu deren Vermeidung geeignete Maßnahmen formuliert. Üblicherweise werden die Abstellmaßnahmen entsprechend der Bedeutung des möglichen Fehlers, also nach der RPZ, in eine Rangordnung gebracht. In den nächsten Schritten arbeiten die Teilnehmer potentiell geeignete

Abstellmaßnahmen aus, legen Verantwortlichkeiten fest und schließlich die Aktivitäten, Prozessschritte und Maßnahmen zur Verringerung der RPZ.

Diese Simulation kann auch an einem „Virtuellen Prototyp" durchgeführt werden. Hierbei sind auf jeden Fall fehlervermeidende Maßnahmen den fehlerentdeckenden Maßnahmen vorzuziehen. RPZ = 96 ist zunächst der Richtwert. RPZ > 96 müssen mit Maßnahmen und Aktivitäten für Termin und Durchführung versehen werden. Danach sind Maßnahmen zur Vermeidung zu beschreiben und zu untersuchen (virtuell, durch Simulation).

Risikokomponentenliste

			Ablage	erstellt / Datum		bearbeitet / Datum	

Projekt/Typ/Model: _____ Model-/Zeichnungs-Nr.: _____

Nr.	Komponente / Schnittstelle	Beschreibung Produkt / Prozess / Einsatz	Risiko	Risiko-Bew. Urspr.	Risiko-Bew. Neu	Massnahme	Verantw.	Termin	Stand

Abbildung 29: Risikokomponentenliste

6. Schritt: Erneute Bewertung nach fiktiver Umsetzung der Maßnahmen

Die Teilnehmer setzen einzelne Verbesserungsmaßnahmen fiktiv um. Danach nehmen sie eine erneute Beurteilung der Fehlerbedeutung, der Auftretens- sowie der Entdeckungswahrscheinlichkeit des verbesserten Zustandes vor und berechnen die RPZ neu. Mit der Differenz zwischen den Risikoprioritätszahlen für den derzeitigen und den verbesserten Zustand kann der Erfolg der eingeführten Maßnahmen quantifiziert werden. Falls das Restrisiko noch nicht akzeptabel erscheint, muss durch Planung zusätzlicher präventiver Abstellmaßnahmen weiter optimiert werden.

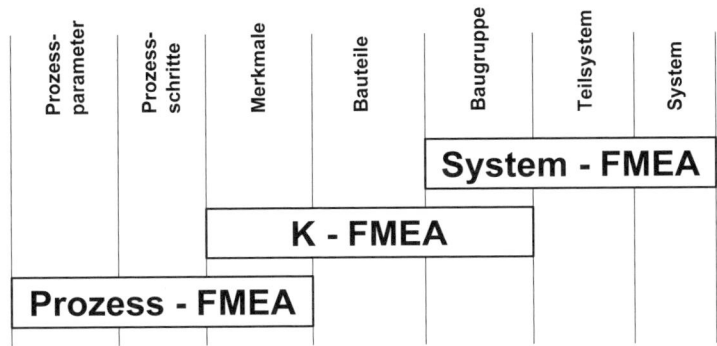

Abbildung 30:Aufbau FMEA-Systematik

Fazit und Erkenntnisse

Der Erfolg einer FMEA hängt vom Erfahrungsstand und der Kreativität bzw. der offenen Zusammenarbeit des Teams ab. Die FMEA fördert systematisches Vorgehen, den Informationsfluss und die Kommunikation im Team. Durch die Dokumentation ist der Weg stets nachvollziehbar und prüfbar. Früher musste die FMEA komplett von Hand berechnet werden. Multiplikation mit Faktoren zwischen 1 und 10 macht eine manuelle Berechnung einfach möglich.

Unübersichtlichkeit kommt lediglich durch größere Mengen potentieller Fehlerquellen ins Spiel. Inzwischen stehen einige ausgefeilte Softwaretools zur Verfügung. Damit kann dann komfortabler gearbeitet werden, einzelne Standardbausteine aufgebaut werden. Das Rad muss also nicht immer wieder neu erfunden werden. Trotzdem wickeln aber auch noch heute viele versierte Fachleute den gesamten FMEA-Prozeß per MS-EXCEL-Arbeitsmappe ab.

Tipp:

Basisstruktur für die methodische Vorgehensweise der FMEA ist die Fehlerbaumanalyse (Fault Tree Analysis).

3.8 Interdependenzanalyse

Kurzbeschreibung der Methode

Methodenart	Projektklärung / Planungsmethode, Zielplanung
geeignet für	Planung von Projektzielen und Maßnahmen
Ziel	Beziehungen zwischen Zielen untereinander feststellen
benötigte Hilfsmittel/ Beteiligte	Team; Fachleute und deren Fachkenntnisse
Zeitaufwand	je nach Komplexität und Detailtiefe; im Team 2 Stunden bis 2 Tage
Vorteile	Verbessert das Ergebnis des Paarweisen Vergleichs durch die Berücksichtigung der Beziehungen untereinander.
Nachteile	Die Bewertung durch den Paarweisen Vergleich erweckt den Eindruck von Objektivität. Die paarweise Bewertung ist jedoch subjektiv geprägt.

Beschreibung der Methode

Eine Interdependenz ist eine wechselseitige Abhängigkeit zwischen Zielen. Die Interdependenzanalyse macht Beziehungen zwischen Zielen untereinander transparent. Fördert eine Maßnahme das Ziel 1 positiv, so wird Ziel 1 selbst direkt oder indirekt Ziel 2 beeinflussen. Die Interdependenzanalyse macht diese Beziehungen transparent. Sie zeigt sowohl die Richtung an, also fördernd oder behindernd, aber auch die Wirkungsstärke. Die Abhängigkeit zwischen den Zielen 1 und 2 kann nun sein: Ziel 1 fördert oder behindert Ziel 2 oder umgekehrt, Ziel 1 wird von Ziel 2 gefördert.

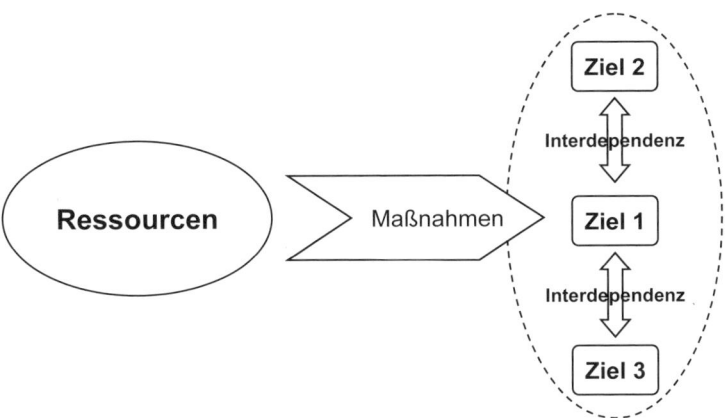

Abbildung 31: System von Zielen und Maßnahmen

In einer Gemeinschaft, z. B. einer Gemeinde existieren immer viele unterschiedliche Ziele. Um Maßnahmen zur Förderung dieser Ziele umzusetzen, stehen aber nur endliche Personalressourcen und das begrenzte Haushaltsbudget zur Verfügung.

Normale Systeme haben einen hohen Komplexitätsgrad. Auf der einen Seite existieren immer viele Ziele und Unterziele. Auf der anderen existieren aber auch viele Aufgaben, Maßnahmen und Aktivitäten. Will man einen Bereich mit Maßnahmen fördern und verbessern, so werden zwangsläufig andere Bereiche negativ beeinflusst, sogar behindert.

In der Regel beeinflussen sich Ziele immer. Dies kann direkt als auch indirekt geschehen. Kosten-Nutzen-Analyse, Kosten-Wirksamkeits-Analyse oder die Nutzwertanalyse können nur „eindirektionale" Beziehungen bewerten. Sie können nur feststellen, wie eine Maßnahme bezogen auf ein Ziel wirkt. Ob sich die Förderung eines Zieles jedoch auf andere Ziele ebenfalls auswirkt, kann nicht bewertet werden.

Hier setzt die Interdependenzanalyse an und beleuchtet die unterschiedlichen Interdependenzen, Beziehungen der Ziele untereinander. Mit der Analyse lassen sich die stärker fördernden Ziele (=starke

Sender) sowie stärker empfangenden Ziele (=starke Empfänger) erkennen.

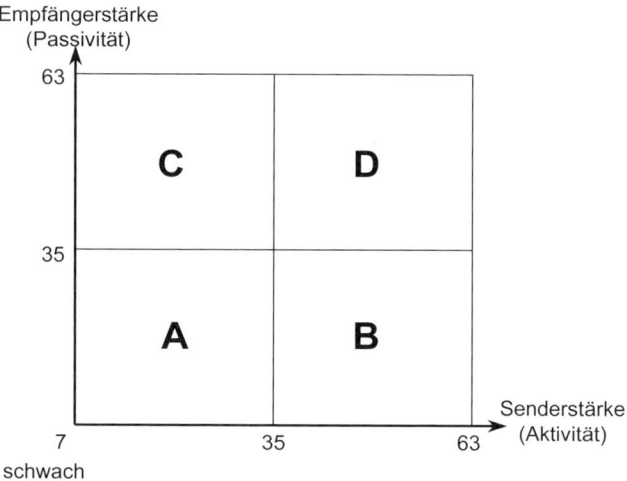

Abbildung 32: Wirkungsrichtung von Maßnahmen

Muss man nun den Einsatz von Ressourcen optimieren, dann sollten nur die Maßnahmen umgesetzt werden, die selbst direkt andere Ziele fördern und dabei möglichst geringe Umfänge negativ beeinflussen. Ziel ist es, mit geringem finanziellen Aufwand ein Maximum an positiver Leistung zu erreichen, das Gesamtergebnis optimal zu gestalten, den Zufriedenheitsgrad insgesamt zu maximieren.

Hauptelement der Interdependenzanalyse ist der „Paarweise Vergleich" mit dem die Wirkungen der Maßnahmen auf Ziele untersucht werden (s. Kapitel 3.14).

1. Schritt: Ausgangssituation beschreiben

Bevor eine Interdependenzanalyse durchgeführt werden kann, muss die Situation klar, die Problematik beschrieben sein. Alternativen, Ziele, Zielelemente und Einflussfaktoren müssen bekannt sein, die relevanten Elemente benannt sein.

Paarweiser Vergleich

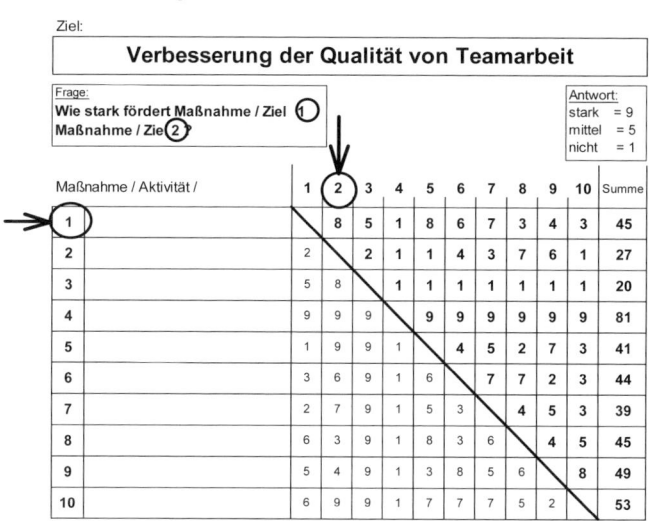

Abbildung 33: Ergebnis des einfachen Paarweisen Vergleichs

2. Schritt: Interdependenzen der einzelnen Ziele untereinander

Mit der Interdependenzanalyse werden nun die Wirkungsbeziehungen, Intensitäten und Rückkoppelungen festgestellt. Die aussagefähigen Indikatoren werden benannt. Mit Hilfe eines <u>weiteren</u> Paarweisen Vergleichs können die Interdependenzen der Ziele untereinander festgestellt werden. Die Abfrage der direkten Abhängigkeiten lautet dann:

„Wie stark fördert Ziel 1 das Ziel 2?"

Als Bewertungsskalen stehen zur Auswahl:

0	1	2	3	4	5	6	7	8	9
-9	-8 -7	-6 -5	-4 -3	-2 -1	0 1	2 3	4 5	6 7	8 9
-3		-2		-1	1		2		3
0	0	1	1	1	2	2	2	3	3

Abbildung 34: Bewertungsskalen

Die Bewertungsskalen mit positiven Anteilen z. B. von „0" bis „3"
oder von „0" bis „9" lassen sich bei der Auswertung besser summie-
ren als andere, gemischte Skalen, z. B. von „–9" bis „+9".

behindert stark				weder noch				fördert stark
0	1	2	3	4	5	6	7	8	9

Abbildung 35: Bewertungsskala für Beispiel

Die Stärke der Sender und Empfänger wird mit der Analyse bestimmt. Hierbei gibt es alle möglichen Schattierungen.

	Sender	Empfänger
A	–	–
B	+	–
C	–	+
D	+	+

Abbildung 36: Sender-/Empfängerstärke von Zielen

Die Aufgabe soll sein, diejenigen Ziele, Elemente oder Maßnahmen
zu finden, die sehr stark senden, ohne dabei andere Ziele zu blockie-
ren. Der Charakter von Zielen und Maßnahmen kann theoretisch
von schwachem Sender + Empfänger bis hin zu starkem Sender +
Empfänger reichen.

Ziele, die zwar fördern, aber andere Ziele auch stärker behindern,
werden mit einem Malus belegt und rutschen damit in der Rangfolge nach unten. Man kann also durch Bonus-/Malus-Vergabe die
objektive Punktvergabe so steuern, dass eine Rangfolge entsteht, die
den Förderer, den stärkeren Sender bevorzugt und die die reinen
Empfänger bzw. die blockierenden Ziele aussortiert.

3. Schritt: Auswahl der relevanten Alternativen

Es werden nun Szenarien aufgebaut. „Was passiert. wenn ...?" Strategien werden entwickelt und geeignete Maßnahmen festgelegt. Mit ihnen werden die starken Ziele gegenüber den fördernden und den behinderten Aufgaben, bezogen auf die anderen Ziele, abgefragt und bewertet. Es ergibt sich dadurch eine Art Zufriedenheitsindex für das Gesamtsystem. Damit kann entschieden werden, dass z. B. nur Ziele ausgewählt werden, die starke Sender sind, und andere Ziele gefördert werden.

Die festgestellten Interdependenzen können in einem mathematischen Simulationsmodell (Rechenmodell) abgebildet werden. Werden nun bestimmte Zielbeiträge z. B. um 50 Prozent geändert, so werden sich alle anderen ebenfalls verändern. Mit dem mathematischen Modell können die Interdependenzen berechnet werden. Damit wird deutlich, wie sich eine gezielte Änderung des einen Zielbeitrags auf alle anderen auswirkt.

Es können gezielt diejenigen Zielelemente festgestellt werden, die mit wenig Aufwand und Mitteleinsatz ein Maximum an Zielerreichungsgrad bzw. Zufriedenheit für das gesamte System erzielen.

Fazit und Erkenntnisse

Die Vorteile der Interdependenzanalyse sind: Sie verbessert das Ergebnis des einfachen Paarweisen Vergleichs um die Aspekte der jeweiligen wechselseitigen Abhängigkeiten bzw. Beziehungen der Ziele untereinander.

Im Paarweisen Vergleich kann z. B. eine Maßnahme in der Rangfolge als weitaus beste bewertet worden sein. Betrachtet man nun das gesamte System, so könnte diese Maßnahme auch andere Ziele negativ beeinflussen und die Lage des Gesamtsystems sogar verschlechtern. Mit der methodischen Vorgehensweise bekommen solche Maßnahmen einen Malus.

Tipp:

Zur Feststellung von Interdependenzen ist auch die „Ganzheitliche Problemlösungsmethode" von Prof. Frederic Vester zu nennen. Erlaubt sei hier auch der Hinweis auf das PC-Werkzeug "GAMMA" von „TATA Interactive Systems" / Tübingen (ehemals TOPSIM) sowie die Literatur zum „Vernetzten Denken".

Nachteile der Interdependenzanalyse: Die Bewertungen im Paarweisen Vergleich, die Abfrage der beiden Wertepaare ist absolut subjektiv. Entscheidungen trifft der Bewertende selbst. Modelle, Funktionen bzw. mathematische Formel unterstützen objektiv bei der Bewertung. Die Entscheidung danach erfolgt wieder objektiv durch eine Entscheidungsregel. Das Endergebnis erweckt den Eindruck einer absolut objektiven genauen methodischen Vorgehensweise. Ein exakter Zahlenwert gibt die Rangfolge der verschiedenen Elemente an. Durch die subjektive Abfrage auf der Paarebene erhält man jedoch starke subjektive Einflüsse.

3.9   Kosten-Nutzen-Analyse

Kurzbeschreibung der Methode

Methodenart	Projektklärung / Bewertungsmethode
geeignet für	Teil der Investitionsrechnung
Ziel	aus einer Vielzahl verschiedener Alternativen (Maßnahmen, Prozesse) diejenige mit dem günstigsten Verhältnis aus Kosten und Nutzen herausfinden; Vorteilhaftigkeit einer Alternative darstellen/beweisen; Rangfolge alternativer Maßnahmen entsprechend dem Verhältnis aus Gesamtnutzen zu Gesamtkosten feststellen
benötigte Hilfsmittel/ Beteiligte	in Geldeinheiten bewertete alternative Maßnahmen bzw. Kosten und Nutzen der einzelnen Maßnahmen; definierte Diskontierungs- und Investitionsregeln
Zeitaufwand	relativ geringer Zeitaufwand
Vorteile	Das Rechenmodell ist transparent und nachvollziehbar. Qualitative und quantitative Entscheidungskriterien werden in einem Rechenmodell verarbeitet. Direkte Kosten können klar und transparent abgebildet werden.

Nachteile	Es können nur Kostenwerte miteinander verglichen werden. Nicht alle Nutzenarten sind immer klar darstellbar und in Geld bewertbar. Das Ergebnis ist durch die subjektive Nutzenbewertung des Entscheiders subjektiv geprägt. Monetäre Aspekte werden in der Regel zu hoch bewertet. Der vermutlich zu erreichende Nutzen ist schwierig zu prognostizieren. Zielkonflikte zwischen den einzelnen Kriterien können auftreten.

Beschreibung der Methode

Die Kosten-Nutzen-Analyse (KNA) ist eine Bewertungsmethode. Aus einer Vielzahl verschiedener Alternativen (Maßnahmen, Prozesse oder Projekte) soll diejenige mit dem günstigsten Verhältnis zwischen Kosten und Nutzen herausgefunden werden. Mit der KNA werden die Kosten von Alternativen in einem Rechenmodell ins Verhältnis zu den Nutzenanteilen, die durch diese Maßnahmen ausgelöst werden, gesetzt und bewertet.

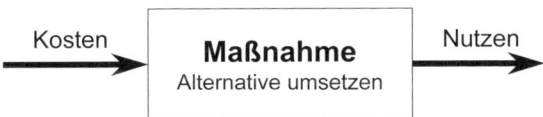

Abbildung 37: Bewertungsmodell Kosten-Nutzen-Analyse

Das Ergebnis ist eine Rangfolge der Alternativen, entsprechend dem Verhältnis aus Gesamtkosten zu Gesamtnutzen. Damit der Kosten-Nutzen-Vergleich in einem Rechengang ausführbar ist, müssen sowohl die Kosten als auch der Nutzen unbedingt in Geldeinheiten bewertet werden. Dadurch können nur die Nutzenanteile ausgewählt und berücksichtigt werden, die auch sinnvoll in Geldwerten messbar sind. In diesem Fall ist der Nutzen „positiv" als „Einnahme", die auszugebenden Kosten „negativ" als Ausgaben zu deklarieren. Bei der Bewertung kann sowohl die Wirkung einzelner Maßnahmen als auch die Wirkung ganzer Maßnahmenbündel auf ein System berücksichtigt werden.

Anwendung der Methode

Die Vorgehensweise der Kosten-Nutzen-Analyse entspricht der der Kosten-Wirksamkeits-Analyse, mit einer Ausnahme: Bei der KNA müssen alle Werte in Geld ausgedrückt werden. Im Beispiel (s. u.) sollen die künftigen Kosten des laufenden Betriebs mit den derzeitigen Betriebskosten verglichen werden. Das neue System soll kostengünstiger arbeiten. Dafür muss eine gemeinsame Bezugsgröße festgelegt werden. In diesem Fall wäre es die Zahl der Einscannformate DIN A4. Man geht von der aktuellen Zahl der Scandokumente pro Tag aus und prognostiziert z. B. ohne Zuwachs in die Zukunft. Damit kann die derzeitige manuelle Abwicklung mit einem verbesserten zukünftigen Prozess bewertet werden.

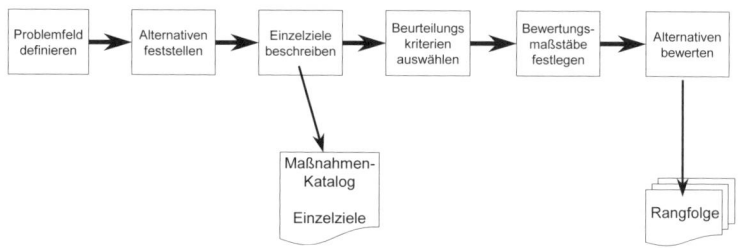

Abbildung 38: Ablauf Kosten-Nutzen-Analyse

1. Schritt: Problemfeld definieren

Beschreiben Sie im ersten Schritt die zur Entscheidung vorliegende Situation, das Problemfeld, ausreichend genau. Dies könnte z. B. sein: „Dokumente scannen"

Siehe CD-ROM

> **Achtung:**
> Auf der CD finden Sie Formulare zur Kosten-Nutzen-Analyse!

2. Schritt: Alternativen feststellen

Danach suchen Sie die zur Auswahl anstehenden Alternativen und legen diese fest. Bei dem oben geschilderten Problemfeld „Dokumente scannen" könnten dies z. B. die folgenden Alternativen sein: „manuell, automatisch, ..."

3. Schritt: Einzelziele beschreiben

Dann müssen die einzelnen Ziele des Zielsystems konkretisiert und bei Bedarf auch gewichtet werden. Bezogen auf das Beispielproblemfeld „Dokumente scannen" wäre dies dann z. B.: „800 Dokumente, DIN A4, einseitig, pro Tag scannen".

4. Schritt: Beurteilungskriterien auswählen

Um die Alternativen nach den Einzelzielen bezogen auf Kosten und Nutzen bewerten zu können, müssen die relevanten Messkriterien die dieses „System" hinreichend gut beschreiben und bewerten lassen, bestimmt werden. Beim „Dokumente scannen" könnten dies z. B. sein: Maschineninvestitionen, Zinsaufwand, Platzbedarf, Fläche, Rohstoffkosten, Personalaufwand, Personalkosten, Gemeinkosten, Betriebskosten, Auslastung, Gewährleistungskosten, Versicherungskosten, Anwaltskosten, Gerichtskosten, Patentkosten, usw. Auch zukünftige Entwicklungen und Kostenentwicklung sollten Sie bei Bedarf mit einbeziehen.

5. Schritt: Bewertungsmaßstäbe festlegen

Für die konkrete Messung brauchen Sie nun Bewertungsmaßstäbe, die auf alle Kriterien anwendbar sind. Außerdem sollten Sie das Rechenmodell, die Berechnungsformel zur Feststellung der Kosten-Nutzen der einzelnen Alternativen, bestimmen. Direkte Nutzen können meist in Kosten erfasst und in Kostendifferenzen (Erhöhungen, Reduzierung) ausgedrückt werden. Das Gleiche gilt auch für relative Nutzenarten, die zum Beispiel erst durch Einsparung zukünftiger Kosten ausgelöst werden, wie etwa eine Kostenreduzierung aufgrund späteren Wachstums in der Branche oder Rohstoffpreiserhöhungen.

Bei den sekundären Nutzenarten wird es dagegen oftmals schwer, geeignete Kostenwerte zu finden. Immaterielle Vorteile können meist nicht quantifiziert werden. Hier muss eine Transformation in Kostenwerte stattfinden. Es müssen also nichtmonetäre Werte wie zum Beispiel „Schönheit, Lebensqualität, Bedienerfreundlichkeit, Umweltfreundlichkeit, Wartungsfreiheit, Servicefreundlichkeit" in

Kostenwerte umgesetzt werden. Gelingt dies nicht, so muss die Nutzwertanalyse (NWA) angewendet werden (s. Kapitel 3.13).

6. Schritt: Alternativen bewerten

Anschließend bewerten Sie die Alternativen einzeln. Für jede Alternative muss die Frage beantwortet werden, wie hoch die Kosten zur Realisierung sind und wie der Nutzen nach der Umsetzung ausfällt. Der Vergleichszeitraum ist eine wesentliche Randbedingung bei der Kosten-Nutzen-Betrachtung. Oft muss die gesamte Lebenszyklusdauer angesetzt werden, da kürzere Zeiträume die Vergleichsrechnung verfälschen würden. Übliche Lebenszyklen von Automobilteilen liegen z. B. bei 25 Jahren. Verzinsungen und Abschreibungen spielen bei der Betrachtung eine wesentliche Rolle.

Wichtig ist, dass Sie sowohl die direkten Kosten und Nutzenwirkungen in der näheren und ferneren Zukunft als auch die Nebeneffekte verschiedenster Art bewerten. Sehr oft werden Maßnahmen zur Änderung von Prozessen oder ganzen Systemen in Projekten realisiert. Dann sollten Sie auch die Projektkosten zur Realisierung in die KNA mit einbeziehen. Welche Abschnitte müssen berücksichtigt werden? Sind z. B. Kosten für Akquisition, Realisierung, Entwicklung im Projekt, Betriebsdauer, Außerdienststellung, Entsorgung des Systems relevant für die Kostenkalkulation? Aufgrund der Ergebnisse ergibt sich eine Rangfolge zwischen den „wertigen" und „ungeeigneten" Alternativen.

Beispiel: Kosten-Nutzen-Analyse

Prozess: Dokumente einscannen (800 A4-Dokumente je Tag)	
A1 (manuell):	A2 (automatisch):
Personalaufwand: 2 Min. je DIN A4 = 1600 Min / Tag = 27 Std./Tag = 4 Mitarbeiter , je 6,7 Std./Tag	Personalaufwand: 1 Min. je DIN A4 = 800 Min / Tag = 13,5 Std./Tag = 2 Mitarbeiter , je 6,7 Std./Tag

4 Scanner / 4 PC = 6.000 € Invest 24 qm Bürofläche		2 Scanner / 2 PC = 6.000 € Invest 12 qm Bürofläche	
Kostenrechnung p.a.			
Maschineninvest	1.500,00	Maschineninvest	1.500,00
Zinskosten	75,00	Zinskosten	75,00
Gemeinkosten, Büro	2.880,00	Gemeinkosten, Büro	1.440,00
Personalkosten	140.000,00	Personalkosten	70.000,00
	144.455		73.015
Kostenreduzierung:			71.440

Tabelle 13: Beispiel Kosten-Nutzen-Analyse

Bei unserem Beispiel ist rechnerisch gesehen die Alternative A2 wesentlich günstiger als A1, womit allerdings noch nichts automatisch entschieden ist. Der Anwender selbst muss am Ende des Bewertungsprozesses mit Sachverstand entscheiden.

Achtung:
Auf der CD finden Sie die Musterlösung einer Kosten-Nutzen-Analyse!

Siehe CD-ROM

Fazit und Erkenntnisse

Die KNA kann nur Kostenwerte miteinander vergleichen. Direkte Kosten können in der Regel klar und transparent in Geldwerten abgebildet werden. Nutzenarten sind nicht immer klar darstellbar. Zum Vergleich müssen sie aber in Geldwerten abgebildet sein. Nun können nicht alle Nutzenanteile sinnvoll in Geldwerten gemessen werden. Bei der Abschätzung der einzelnen Nutzenanteile können Schwierigkeiten auftreten. Ideelle Werte wie beispielsweise Qualität, Image, Betriebsgeräusch, Kundenzufriedenheit oder Durchlaufzeit machen Probleme bei der monetären Bewertung. An dieser Stelle geben wir Ihnen noch den Hinweis auf die verschiedenen Nutzenarten:

Nutzenarten		
Nutzenkategorie	Kostenarten	Differenzkosten
direkt	Materialeinsparung, Personaleinsparung, Zinsminderung, ...	können direkt errechnet werden
relativ	Kosten aus Wachstum, Änderungen, Anpassungen, ...	können über Umwege berechnet werden
schwer erfassbar	Immaterielle Vorteile bzw. Sekundärnutzen	können in der Regel nicht berechnet werden

Tabelle 14: Nutzenarten

Hier muss man sich mit fingierten Preisen oder durch Zuordnung von Geldwerten behelfen. Durch den Zwang, monetäre Größen zur Bewertung heranzuziehen, werden oft die quantifizierbaren „festen" Größen, die monetären Aspekte, zu hoch bewertet und die „weichen" Größen unterbewertet. Manchmal ist die Bewertung und Beurteilung sogar zweifelhaft. Damit ist diese Methode nur beschränkt einsetzbar, denn viele Nutzenanteile sind eben nur ideell und nicht monetär bewertbar.

Expertentipp

Tipp:

In der Regel kann die KNA nur „stationäre" Situationen sinnvoll vergleichen. Sind zeitlich variierende Zu- und Abflüsse von Einnahmen, Ausgaben, Verzinsungen, Abschreibungen, kalkulatorischen Kosten wichtiger Einflussgrößen jedoch entscheidend, dann müssen dynamische Investitionsrechnungen wie z. B. die Kapitalwertmethode, die Annuitätenmethode oder die Methode des inneren Zinssatzes genutzt werden.

Der Rechengang innerhalb der Kosten-Nutzen-Analyse ist recht einfach und überschaubar. Die Bewertung einer Nutzengröße in Geld ist jedoch immer subjektiv. Damit wird auch das Ergebnis der Analyse subjektiv gefärbt. Der Vergleich von Kosten und Nutzen führt auf die Rangfolge der Alternativen zwischen „wertig" und „ungeeignet".

Wenn bei der Analyse außer den Kosten auch Eigenschaften bewertet werden müssen, deren Nutzenanteile nicht monetär bewertet und verglichen werden können, dann müssen andere Methoden wie z. B. die Nutzwertanalyse herangezogen werden. Mit der NWA (s. Kapitel 3.13) können sowohl monetäre als auch nicht-monetäre Werte in einem einzigen Rechenansatz verarbeitet werden.

3.10 Kosten-Wirksamkeits-Analyse

Kurzbeschreibung der Methode

Methodenart	Projektklärung / Bewertungsmethode
geeignet für	Vergleich einzelner Alternativen, Maßnahmen oder gesamter Maßnahmenbündel (Projekte); Bewertung von Alternativen und übersichtliche Darstellung
Ziel	Ermittlung der besten Alternative oder des besten Maßnahmenbündels (auch Projekts) herausfinden, und zwar im Hinblick auf die günstigsten Kosten und maximale Wirksamkeit; außerdem die Maximierung des Ertrags oder der Wirksamkeit einzelner Maßnahmen oder eines Projekts bei vorgegebenem Budget/Kosten
benötigte Hilfsmittel/ Beteiligte	Beschreibung von Alternativen, Maßnahmen, Zielsystem; Wichtigkeit der einzelnen Ziele, Kosten der einzelnen Maßnahmen ist bekannt; relevante Daten über deren Wirksamkeit (Nutzen) liegen vor
Zeitaufwand	je nach Problemfeld und Zahl der zu bewertenden Alternativen
Vorteile	Mathematische Rechenmodelle zur Bewertung der einzelnen Maßnahmen sind einfach zu handhaben; gute Visualisierung der Ergebnisse im Kosten-Wirksamkeits-Diagramm.
Nachteile	Es werden nur Kosten mit den daraus resultierenden Wirkungen (Nutzen) verglichen. Quantitative Effekte können direkt nicht berücksichtigt werden.

Beschreibung der Methode

Die Kosten-Wirksamkeits-Analyse ist eine Bewertungsmethode zum Vergleich von Alternativen. Verglichen werden die Kosten einzelner Maßnahmen oder ganzer Maßnahmenbündel mit der damit erreichten Wirksamkeit (Erträgen). Oft heißt das Ziel, diejenige Alternative herauszufinden, die mit dem geringsten einzusetzenden volkswirtschaftlichen Aufwand (Kosten) den größten Nutzen (Wirksamkeit, Zielerreichungsgrad) erzielt.

Die einzelnen Alternativen werden bezogen auf Kosten und Wirksamkeit jeweils getrennt analysiert. Die Messwerte müssen dabei nicht unbedingt alle in Geldwerten gemessen werden, können also unterschiedlich sein. Meist werden die Alternativen bezogen auf die verursachenden Kosten monetär bewertet; bezogen auf die Wirksamkeit wird in der Regel ein nicht-monetärer Wert ermittelt.

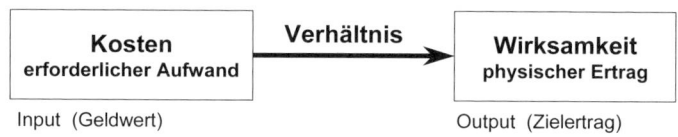

Abbildung 39: Wirksamkeitsmodell

Zum Beispiel können damit vorgegebene Budgets, bezogen auf ihre Wirksamkeit (Ertrag), maximiert werden. Voraussichtliche Kosten und Zielerträge der einzelnen Alternativen werden mit einfacher mathematischer Formel erfasst. Die Kosten-Wirksamkeits-Analyse ist allerdings nur eine Voranalyse. Die Methode führt nicht direkt zu einem abschließenden Ergebnis. Die finale Entscheidung kann nur vom Anwender getroffen werden, der Kosten und Wirksamkeiten gegeneinander abwägt und dann aufgrund des Verhältnisses zwischen Input und Output entscheidet.

Anwendung der Methode

Die KWA lässt sich in den sechs unten abgebildeten Schritten abwickeln.

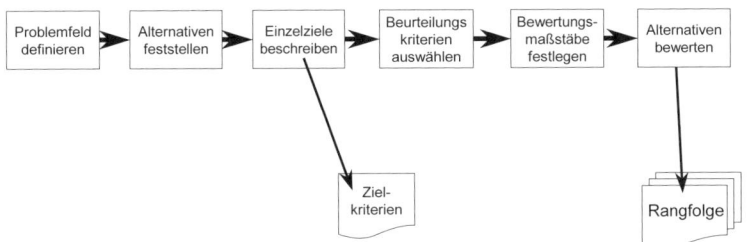

Abbildung 40: Ablauf Kosten-Wirksamkeits-Analyse

1. Schritt: Problemfeld definieren

Im ersten Schritt beschreiben Sie die zur Entscheidung vorliegende Situation, das Problemfeld, ausreichend genau. Im Projekt könnte sich z. B. die folgende Forderung, ausgelöst durch den Kunden, ergeben: Aus Kostengründen und Markteintrittstermin muss die Projektdauer von 35 auf 29 Monate (ca. 15 Prozent), der Personalaufwand um 5.000 Stunden (ca. 10 Prozent) reduziert werden. In der Engpassanalyse sind die folgenden Elemente identifiziert worden:

1	Dauerprüfstand	Kapazität nicht ausreichend
2	CAD-Arbeitsplätze	Kapazität nicht ausreichend
3	Fach-Entwickler	Engpassressource
4	Teamzusammenarbeit	zeitintensiv, umständlich

2. Schritt: Alternativen feststellen

Danach sollten Sie die zur Auswahl anstehenden Alternativen suchen und festlegen. Bei dem oben geschilderten Problemfeld könnten dies z. B. die Alternativen sein:

	Element	Alternative
1	Dauerprüfstand	zusätzlichen Prüfstand anschaffen
		Prüfungen extern durchführen lassen
2	CAD-Arbeitsplätze	zusätzliche CAD-Arbeitsplätze anschaffen
		Mehrschichtbetrieb einführen

		Leistungsprämie
3	Fach-Entwickler	Know-How einkaufen
		Mehrarbeit anordnen
4	Teamzusammenarbeit	Projektteam zusammenführen
		über Geld anspornen
		Kommunikation verbessern

3. Schritt: Einzelziele beschreiben

Dann müssen die einzelnen Ziele des Zielsystems konkretisiert und bei Bedarf auch gewichtet werden. Bezogen auf das Beispielproblemfeld wäre dies dann z. B.:

	Element	Zielbeschreibung	
1	Dauerprüfstand	zusätzlichen Prüfstand anschaffen	
		Prüfungen extern durchführen lassen	
2	CAD-Arbeitsplätze	zusätzliche CAD-Arbeitsplätze anschaffen	2 CAD-Arbeitsplätze
		Mehrschichtbetrieb einführen	
		Leistungsprämie	
3	Fach-Entwickler	Know-How einkaufen	Patent kaufen
		Mehrarbeit anordnen	
4	Teamzusammenarbeit	Projektteam zusammenführen	gemeinsamen Projektraum einrichten
		über Geld anspornen	Leistungsprämie einführen
		Kommunikation verbessern	spezielles Tool für Datenablage und Information nutzen

4. Schritt: Beurteilungskriterien auswählen

Um die Alternativen nach den Einzelzielen bezogen auf Kosten und Wirksamkeit bewerten zu können, müssen Sie nun Messkriterien bestimmen. Beim aktuellen Beispiel sind jedoch keine Formeln zum Transfer von nichtmonetären Werten in Geldwerte erforderlich.

5. Schritt: Bewertungsmaßstäbe festlegen

Damit gemessen werden kann, braucht man nun für alle Kriterien geeignete Bewertungsmaßstäbe. Mit der Auswahl des Rechenmodells wird die Berechnungsformel zur Feststellung der Kosten-Wirksamkeit der einzelnen Alternativen bestimmt.

Alternativen			Wirksamkeit	Aufwand in Stunden	Aufwand / Kosten	Kosten in €
10	Dauer-prüfstand	Zusätzlichen Prüfstand anschaffen	Zeitersparnis	150	Zusatzkosten fürs Projekt	12.000
		Prüfungen extern durchführen lassen	Zeitersparnis	1.000	Keine Mehrkosten	0
20	CAD-Arbeitsplätze	Zusätzliche CAD-Arbeitsplätze anschaffen	Mehrleistung	2.400	Systempreis für 6 Monate	10.000
		Mehrschichtbetrieb bei 3 Arbeitsplätzen, über 6 Monate einführen	Mehrleistung	2.200	Zusatzkosten über 6 Monate	18.000
		Leistungsprämie für 6 Mitarbeiter, 6 Monate lang	Mehrleistung	1.200	Zusatzkosten	4.800
30	Fach-Entwickler	Know-How einkaufen	Zeitersparnis	3.000	Patentkosten	500.000
40	Team-zusammen-arbeit	Projektteam zusammenführen	Zeitersparnis	600	Umzugs- und Einrichtungskosten	18.000
		Über Geld anspornen	Zeitersparnis	600	Zusatzkosten	28.000
		Kommunikation verbessern	Zeitersparnis	300	Systempreis für 12 Monate	5.000

6. Schritt: Alternativen bewerten:

Anschließend bewerten Sie die Alternativen einzeln. Aufgrund der Ergebnisse ergibt sich eine Rangfolge zwischen den „guten" (Kosten-Wirksamkeit 0) und den „schlechten" (Kosten-Wirksamkeit 167) Alternativen. Der Anwender muss am Ende des Bewertungsprozesses entscheiden und nicht die Methode.

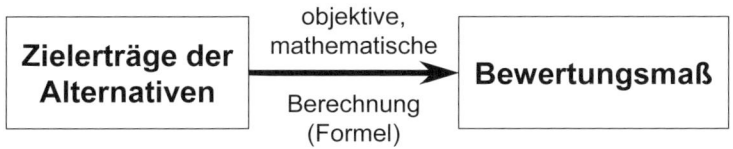

Abbildung 41: Bewertungsmodell

Hier sehen Sie das Bewertungsergebnis der Kosten-Wirksamkeits-Analyse:

Rang	Alternativen		Aufwand Stunden	Kosten in €	Kosten/ Wirksamkeit
1	Dauerprüfstand	Prüfungen extern durchführen lassen	1.000	0	0,0
2	CAD-Arbeitsplätze	Leistungsprämie für 6 Mitarbeiter, 6 Monate lang	1.200	4.800	4,0
3	CAD-Arbeitsplätze	Zusätzliche CAD-Arbeitsplätze anschaffen	2.400	10.000	4,2
4	CAD-Arbeitsplätze	Mehrschichtbetrieb bei 3 Arbeitsplätzen, über 6 Monate einführen	2.200	18.000	8,2
5	Teamzusammenarbeit	Kommunikation verbessern	300	5.000	16,7
6	Teamzusammenarbeit	Projektteam zusammenführen	600	18.000	30,0
7	Teamzusammenarbeit	Über Geld anspornen	600	28.000	46,7
8	Dauerprüfstand	Zusätzlichen Prüfstand anschaffen	150	12.000	80,0
9	Fach-Entwickler	Know-How einkaufen	3.000	500.000	167,0

Tabelle 15: Bewertungsbeispiel Kosten-Wirksamkeits-Analyse

Fazit und Erkenntnisse

Wenn viele mögliche Alternativen zur Auswahl stehen, dann lässt sich das Ergebnis der Kosten-Wirksamkeits-Analyse am besten im Kosten-Wirksamkeits-Diagramm visualisieren. Die auf der x-Achse dargestellten Kosten werden begrenzt durch das Maximalbudget, die auf der y-Achse dargestellte Wirksamkeit durch die Mindestwirksamkeit.

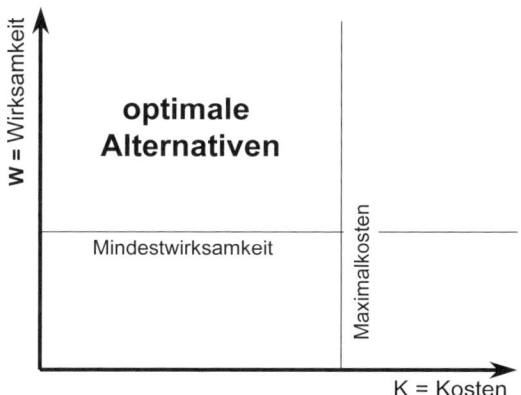

Abbildung 42: Kosten-Wirksamkeits-Diagramm

Bei der Kosten-Wirksamkeits-Analyse werden die Werte für Kosten und Wirksamkeit zu einem einzigen Punktwert, entsprechend vorgegebener Wertigkeiten, zusammengeschmolzen. Die einzelnen Bestandteile sind nicht mehr feststellbar. Das Verhältnis aus K (Kosten) und W (Wirksamkeit, Nutzen) zeigt die günstigen Alternativen auf.

Die Alternativen, welche die höchste Wirksamkeit (Nutzen) erreichen, also bei der Kostenbetrachtung günstig abschneiden, kommen in die nähere Auswahl. Die Methode zeigt die günstigen Alternativen auf, bietet jedoch unmittelbar keine Entscheidung. Die finale Entscheidung muss der Auftraggeber treffen.

3.11   Methode 6-3-5

Kurzbeschreibung der Methode

Siehe CD-ROM

Methodenart	Projektklärung / Kreativitätsmethode
geeignet für	Problemfelder mit geringer bis mittlerer Komplexität; kann auf ein Brainstorming folgen, um bestimmte oberflächliche Themen und Ideen zu vertiefen
Ziel	viele neue, ungewöhnliche Ideen in einer Gruppe, in

	relativ kurzer Zeit gewinnen
benötigte Hilfsmittel/ Beteiligte	Moderator, maximal 6 Teilnehmer, Regeln müssen der Gruppe bekannt sein
Zeitaufwand	je ca. eine Stunde für Vorbereitung, Durchführung und Auswertung der Ergebnisse
Vorteile	Ideen können nicht wie beispielsweise beim Brainstorming zerredet und wegdiskutiert werden. Zwischen den Teilnehmern besteht Chancengleichheit. Inspiration durch Ideen anderer. Es können viele Ideen in kurzer Zeit entwickelt werden und die Grundideen lassen sich vor-teilhaft weiter entwickeln.
Nachteile	Direktes Feedback ist nicht möglich. Starrer Ablauf durch Flussrichtung und Regeln. Die geringe Bearbeitungszeit kann die Kreativität stören. Die Qualität der Ergebnisse hängt von den Teilnehmern ab. Es werden auch sehr viele unbrauchbare Ideen entwickelt.

Beschreibung der Methode

Die Methode 6-3-5 ist eine Kreativitätstechnik um neue Ideen, Lösungsvorschläge in der Gruppe zu erarbeiten. Mit 6-3-5 können in kurzer Zeit sehr viele Ideen erarbeitet werden. 6-3-5 wurde 1968 von Prof. Bernd Rohrbach entwickelt. Basis hierzu bildet die Brainwriting-Technik, also das schriftlich durchgeführte Brainstorming. Der Name „Methode 6-3-5" ist abgeleitet aus den 6 Teilnehmern der Arbeitsgruppe, von denen jeder einzelne 3 eigene Ideen bzw. Lösungsvorschläge entwickelt, die von den 5 nachfolgenden Gruppenteilnehmern ergänzt oder weiterentwickelt werden. Mit dieser Methode entstehen innerhalb von ca. 30 Minuten maximal 108 Ideen (6 Teilnehmer x 3 Grundideen x 6 Bearbeitungsschritte).

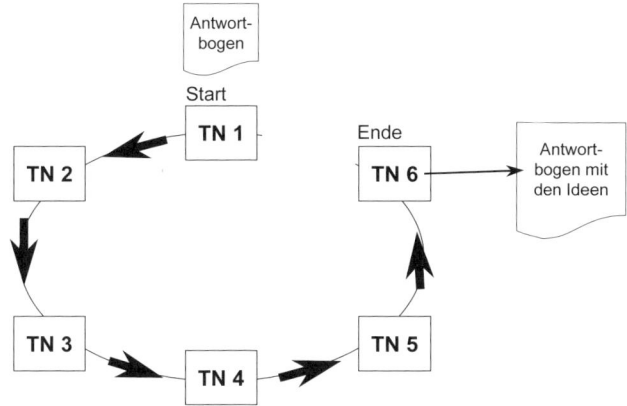

Abbildung 43: Methode 6-3-5

Die optimale Gruppengröße beträgt 6 Teilnehmer. Bei den Ideen handelt es sich um originale, ursprüngliche und um abgeleitete, weiterentwickelte Ideen. Jeder Teilnehmer kann sich mit den Ideen der anderen ungestört und unbeeinflusst auseinandersetzen. Es gibt auf dieser Stufe keine Kommentare. Es können unterschiedlichste Sichtweisen und Ansätze in die Problemlösung mit eingearbeitet werden.

Anwendung der Methode

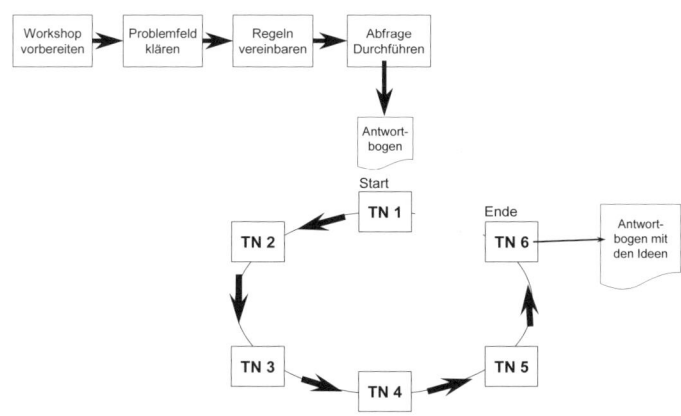

Abbildung 44: Ablauf Methode 6-3-5

1. Schritt: Workshop vorbereiten

Zu den vorbereitenden Schritten gehört es, die Fragestellung für die Kreativitätssitzung klar, einfach und verständlich zu formulieren. Bei einem praktischen Beispiel wäre dies: „Wie können wir unsere Teamarbeit verbessern?"

Suchen Sie 6 geeignete Teilnehmer mit möglichst unterschiedlichem Wissens- und Erfahrungshintergrund aus und vereinbaren Sie deren Teilnahme. Suchen Sie den Raum für den Workshop aus, der einen großen, wenn möglich runden Tisch mit 6 Sitzplätzen hat. Der Moderator notiert auf das Flipchart lesbar und verständlich die Fragestellung des Ideenfindungsprozesses. Für jeden Teilnehmer ist ein Antwortbogen DIN-A4 vorbereitet. Das Blatt erhält ein Raster aus vertikal 3 Spalten und horizontal 6 Zeilen, also insgesamt 18 Kästchen.

2. Schritt: Problemfeld klären

Die eigentliche Methode „6-3-5" beginnt damit, dass den Teilnehmern die Ziele der Ideenfindung erläutert werden. Die Fragestellung muss allen Teilnehmern verständlich sein, etwaige Unklarheiten sollten zuvor ausdiskutiert werden.

Bei dem aktuellen Beispiel muss allen Teilnehmern klar sein, dass die Arbeit im Team nicht optimal läuft und dass es Verbesserungspotentiale gibt. Diese sollten aufgespürt werden um z. B. Doppelarbeiten zu vermeiden, schneller zu werden oder weniger Fehler zu machen.

3. Schritt: Regeln vereinbaren

Danach werden die Regeln des Kreativitätsprozesses besprochen und mit den Teilnehmern vereinbart. Legen Sie die generelle Vorgehensweise fest und vereinbaren Sie die Bearbeitungsdauer je Schritt. Je nach Schwierigkeitsgrad des Problems sollte je Bearbeitungsschritt etwa drei bis fünf Minuten Zeit gewährt werden. Das muss ausreichen, um in Ruhe jeweils drei Ideen zu formulieren und zu notieren. Die Richtung zur Weitergabe der ausgefüllten Antwortbogen muss vereinbart werden.

4. Schritt: Abfrage durchführen

Der eigentliche Kreativitätsprozess startet mit der Verteilung der vorbereiteten DIN-A4-Antwortbögen an die Teilnehmer. Jetzt hat jeder Teilnehmer die Aufgabe, seine ersten drei Ideen in die erste Zeile des Antwortbogens zu notieren. Nach der vereinbarten Bearbeitungszeit gibt jeder Teilnehmer seinen Antwortbogen in der vereinbarten Richtung an den Nachbarn weiter. Im nun folgenden Schritt sind weitere Ideen zu notieren oder die bereits genannten Grundideen der Vorgänger aufzugreifen, zu ergänzen und weiterzuentwickeln. Die Methode wird beendet, sobald jeder Teilnehmer jedes Blatt einmal bearbeitet hat.

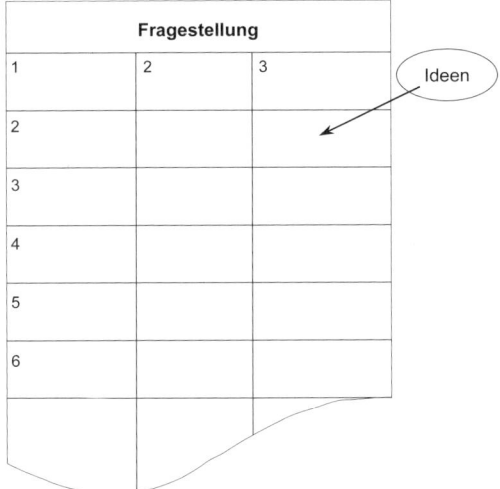

Abbildung 45: Antwortbogen

5. Schritt: Ergebnis des Workshops

Auf den 6 Antwortbögen finden sich nun je 3 Grundideen mit 15 Erweiterungen. Innerhalb kurzer Zeit sind nun ca. 108 Ideen entstanden. So sieht nun z. B. ein ausgefüllter Antwortbogen aus:

Was können wir in unserer Teamarbeit verbessern?		
Kritik konstruktiv und offen äußern	Aufgaben klarer verteilen	Job rotation
Wissen besser austauschen	Prozesse dokumentieren	Konflikte ausleben
Prozesse aktualisieren	Teamarbeiter stärker fördern	Vertreterregelung definieren + leben
Termine konkret vereinbaren	Alle Teammitarbeiter einbeziehen	Übergreifende Urlaubsplanung einführen
Projektleiter sollte stärker ausgleichen	Meinungsverschieden-heiten zulassen	Loyalität zum Team stärker erkennen lassen
Kein Sieger- / Verlierer-Denken im Team	Selbstorganisation des Teams zulassen	Aktiver Zuhören

Abbildung 46: Ergebnisbogen „Verbesserung der Teamarbeit"

Fazit und Erkenntnisse

6-3-5 lässt sich recht einfach handhaben. Die Methode eignet sich besonders bei Problemen mit geringer bis mittlerer Komplexität. Grundideen, die zuvor mittels Brainstorming bzw. Brainwriting entwickelt wurden, lassen sich hiermit systematisch vertiefen.

Bedingt durch die Vorgehensmethodik werden sehr viele, auch ungewöhnliche Ideen entwickelt. Direktes Feedback auf Ideen ist nicht vorgesehen und auch nicht möglich. Der starre Ablaufmechanismus in Reihenfolge und Bearbeitungsdauer kann die Kreativität behindern. Dadurch dass die Ideen schriftlich, also fast anonym erfasst werden, können außergewöhnliche Ideen nicht kaputt diskutiert werden. Oft werden die Ideen durch Hinzufügen weiter ausgereift.

Tipp:	
Damit die ursprünglichen Grundideen nicht korrigiert werden, ist nur ein Durchgang vorgesehen. Jeder Teilnehmer sieht sein eigenes Blatt nur einmal, und zwar am Anfang. Die Entscheidung, welche dieser Ideen geeignet sind, welche die besten und welche ungeeignet sind, muss mittels nachgeschalteter Bewertungsmethoden beantwortet werden.	Expertentipp

3.12 Morphologie

Kurzbeschreibung der Methode

Siehe CD-ROM

Methodenart	Projektklärung / Such-, Kreativitätsmethode, Ideenfindungstechnik
geeignet für	systematische Erfassung aller möglichen alternativen Konzepte (Kombinationen) für ein System
Ziel	fehlende Lösungsmöglichkeiten identifizieren und generieren
benötigte Hilfsmittel/ Beteiligte	Unterstützung durch Moderator; exakt definierter Problembereich; von einzelnen und Teams anwendbar
Zeitaufwand	je nach Problem 30 Minuten bis zu 2 Stunden; je mehr Lösungsmöglichkeiten, desto zeitintensiver ist die Auswertung der Ergebnisse
Vorteile	Mit der Methode wird eine umfassende Übersicht aller denkbaren, möglichen und unmöglichen Lösungsmöglichkeiten (Kombinationen) entwickelt. Ein hoher Aufwand führt zu hoher Qualität der Ergebnisse.
Nachteile	Die Methode bringt eine sehr hohe Lösungsvielfalt. Darunter finden sich auch viele unsinnige „Lösungen". Mit der Zahl der Lösungsmöglichkeiten steigt der Aufwand zur Bewertung. Für die Bewertung ist Erfahrung und Fachwissen erforderlich.

Beschreibung der Methode

Die Morphologie ist eine Kreativitätstechnik. Sie hilft bei komplexen Problembereichen, viele mögliche Lösungen vorurteilslos zu identifizieren und dabei neuartige Lösungswege zu generieren. Die Morphologie wird intensiv bei der Entwicklung von Produkten eingesetzt. Die wichtigste Aufgabe heißt hierbei: neue Ideen, neue Lösungswege für Produkte finden. Die Methode geht ursprünglich auf den Autor J. Arnold und den Schweizer Astrophysiker Fritz Zwicky (1898–1974) zurück.

Alle Lösungsvorschläge werden vorurteilslos erfasst, visualisiert und entsprechend der Merkmale eingeordnet. Das Ergebnis wird als Matrix, bestehend aus Kombinationen im „Morphologischen Kasten" abgebildet. Die Matrix bildet das Kernstück der mehrdimensionalen morphologischen Analyse. Komplexe Problembereiche lassen sich systematisch erfassen und nahezu vollständig beschreiben. Alle möglichen Lösungskombinationen eines Problemfeldes lassen sich darstellen. Aus der großen Zahl von Lösungsmöglichkeiten müssen die unsinnigen Kombinationen ausgeschieden werden. Die identifizierten Lösungskombinationen müssen auf Schlüssigkeit und Realisierbarkeit hin bewertet werden. Die Ergebnisqualität ist dann hoch, wenn die Spezialisten sorgfältig und lückenlos recherchiert haben.

Anwendung der Methode

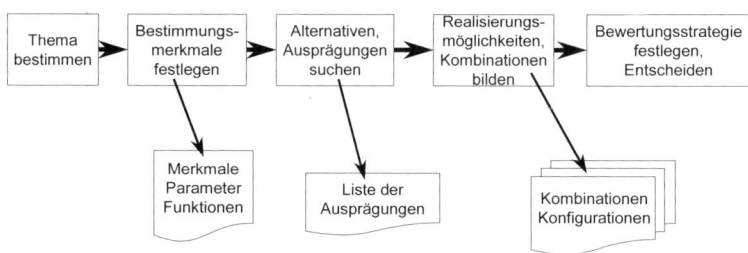

Abbildung 47: Ablauf Morphologie

Siehe CD-ROM

Achtung:
Auf der CD finden Sie Checklisten und Formulare zur Morphologie!

1. Schritt: Thema bestimmen
Der Problembereich muss allen klar sein. Die Fragestellungen sind möglichst allgemein und verständlich zu beschreiben. Offene, allgemein formulierte Fragestellungen zu Beginn erweitern das Problem-

feld. Dabei fördert ein breiter Fokus der Abfrage eher origineller Ideen und Lösungen aus den Grenzbereichen als zu enge Fragestellungen. System, Systemzweck und die vorhandenen Elemente (Teile) bzw. Funktionen, die das System ausreichend genug beschreiben, müssen definiert werden. Die wesentlichen Strukturelemente müssen bekannt sein.

Beispiel:
Das Projektteam muss die Projektlaufzeit verkürzen. Im Wesentlichen geht es darum, Ideen zu finden, die geeignet sind die Effizienz der Mitarbeiter zu steigern. Das Thema heißt: „Anreize zur Motivation des Teams finden".

2. Schritt: Bestimmungsmerkmale festlegen

Im nächsten Schritt werden die Merkmale (Parameter), die das System ausreichend beschreiben, festgelegt. Die Identifikation der prägenden Parameter bzw. der einzelnen Elemente oder Funktionen ist die schwierigste Aufgabe im Morphologieprozess. Hier ist die Kreativität des Teams gefordert. Dieser Teilschritt lässt sich am besten innerhalb einer separaten Brainstorming-Sitzung bearbeiten. Die identifizierten bestimmenden Merkmale (Parameter) werden in der Matrix links, in die erste Spalte, untereinander geschrieben. Die Merkmale müssen unabhängig voneinander und im Hinblick auf die Aufgabenstellung auch umsetzbar (operationalisierbar) sein.

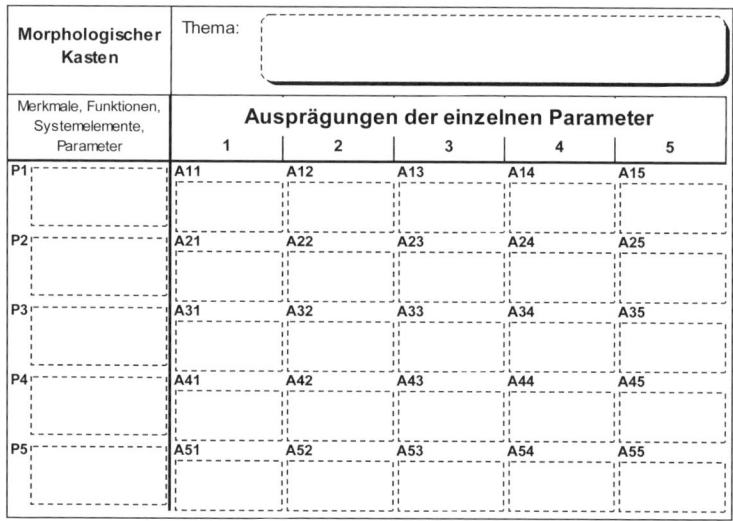

Abbildung 48: Morphologischer Kasten

Die verschiedenen Bestimmungsmerkmale werden in einem ersten Brainstorming erarbeitet. Mit dem Team wurden die folgenden Merkmale festgestellt:

Bestimmungsmerkmale
Führung
Wertschätzung
Kompetenz
Kultur
Arbeitsumfeld
Geld
Tools

3. Schritt: Alternativen / Ausprägungen suchen

In diesem Teilschritt geht es darum, für alle Merkmale (Elemente) möglichst viele Alternativen und Realisierungslösungen zu suchen. Hierzu werden die Ideen bzw. Alternativen ungefiltert und unbewertet gesammelt. Die Ergebnisse dieser Gruppenarbeit werden dann in einer Rechteckmatrix visualisiert. Diese Matrix wird „Morphologischer Kasten", „Morphologisches Tableau" oder auch „Zwicky-Box" genannt.

In einem zweiten Brainstorming werden mögliche Alternativen für die Bestimmungsmerkmale gesucht:

Merkmale	Anreize zur Motivation des Teams					
Führung	Gleichbehandlung aller im Team	Transparenz der Prozesse	gemeinsame Unternehmungen	Engpassressourcen erkennen und entlasten		
Wertschätzung	Lob und Anerkennung	Verantwortung übertragen	Erfolge öffentlich anerkennen			
Kompetenz	Weiterbildung on the job					
Kultur	starke Firmenkultur	ausgeprägte Teamkultur	Selbstverständnis des Teams	Informationen	ausgeprägte Kommunikation im Team	
Arbeitsumfeld	sicherer Arbeitsplatz	optimale Auslastung	interessante Aufgaben	fordernde Aufgaben	schöner effektiver Arbeitsplatz	
Geld	Erfolgsprämie, Bonus	Mehrarbeitsprämie	Weiterbildungsseminar			
Tools	effiziente Tools für die tägliche Projektarbeit					

4. Schritt: Realisierungsmöglichkeiten kombinieren

Aus der Ergebnismenge können nun alle möglichen Kombinationen gebildet werden. Wenn bei der Ideensuche systematisch und absolut ungefiltert und ohne Bewertung kombiniert wird, dann ergibt sich eine große Anzahl von Kombinationen. Sehr viele davon sind jedoch keine wirklichen Realisierungsmöglichkeiten. Es sind rein theoretische „Lösungsmöglichkeiten" die nicht umsetzbar sind. Gründe dagegen können sein: Physik, Kultur, Kenntnisstand, Stand der Technik, Normen usw. Eine Konfiguration ergibt sich dadurch, dass aus jeder Zeile (zu jedem Merkmal) eine Lösungsvariante ausgewählt wird. Die einzelnen Lösungsvarianten verbindet man durch einen Linienzug. Dieser Linienzug markiert dann eine ganzheitliche, alternative Lösungskonfiguration.

5. Schritt: Bewertungsstrategie festlegen

Geeignete Bewertungsstrategien sollen die wirklichen, interessanten Kombinationen bzw. Konfigurationen sowie möglichst optimale Lösungen herausfiltern, die auch realisierbar sind. Dabei wird nach Machbarkeit, Funktionalität und Durchführbarkeit bewertet. Unverträgliche Kombinationen werden ausgeschlossen. Bewertet wird zum Beispiel mit Hilfe der Nutzwertanalyse oder der Kosten-Nutzen-Analyse. Dieser recht zeitintensive Prozess kann beschleunigt werden, wenn die Fachleute bewusst schon beim Bilden der Kombinationen von oben nach unten die jeweiligen Ausprägungen je Schritt auf Realisierbarkeit hin beurteilen.

6. Schritt: Kombinationen analysieren

Die Analyse der erzeugten Kombinationen gehört nicht mehr zur Morphologie. Sie soll die beste Lösungskombination herausfiltern. Die festgelegte Bewertungsstrategie durchleuchtet die Lösungskombinationen in gegenseitigem Vergleich und bewertet Realisierbarkeit, Durchführbarkeit, Nutzen und Kosten-Nutzen-Verhältnisse. Damit können die unsinnigen Lösungswege aussortiert werden.

Morphologischer Kasten	Thema:	Menüzusammenstellung				
Merkmale, Funktionen, Systemelemente,		Ausprägungen der einzelnen Parameter				
		1	2	3	4	5
P1 Aperitif		A11 Sherry	A12 Bier	A13 Sekt	A14 Tomatensaft	A15 Campari
P2 Vorspeise		A21 Krabben	A22 Salat	A23 Pastete	A24 Wurstplatte	A25
P3 Suppe		A31 Spargelcreme	A32 Tomaten	A33 Bouillon	A34 Nudelsuppe	A35 Kartoffelsuppe
P4 Fleischgericht		A41 Rostbraten	A42 Gulasch	A43 Kotelett	A44 Fisch	A45 Hähnchen
P5 Beilagen		A51 Kartoffeln	A52 Reis	A52 Pommes frites	A54 Nudeln	A55 Klöse
P6 Gemüse / Salat		A61 Bohnen	A62 Möhren	A63 Lauch	A64 Spargel	A65 Sauerkraut

Abbildung 49: Beispiel Morphologie

Fazit und Erkenntnisse

Die Morphologie kann auch von Einzelpersonen angewendet werden. Dies funktioniert bei der Bildung sinnvoller Kombinationen noch eher als bei der Ideenfindung. Bei komplexen Problemen ist es zweckmäßig, in einer Gruppe zu arbeiten, um die Vielseitigkeit der Lösungen zu fördern. Die günstigste Gruppenstärke liegt bei bis zu 7 Personen. Ein Moderator steuert den gesamten Gruppenprozess. Eine Morphologiesitzung dauert, je nach Problemstellung etwa 30 Minuten bis zu 2 Stunden.

Im Ablauf wechseln sich analytische und kreative Methodenschritte ab. In den kreativen Methodenschritten z. B. mittels Brainstorming sollte die Gruppe mit breitem, ausgewogenem Hintergrundwissen ausgestattet sein. Die gute Mischung aus Spontaneität, Erfahrung und Ideenreichtum, steigert das Ideenpotential und führt damit zu qualitativ besseren Ergebnissen. Es passiert häufig, dass Lösungen, die besonders ausgefallen wirken, auf den ersten Blick nicht machbar erscheinen, sich aber nach eingehender Betrachtung als durchaus erfolgversprechend entpuppen. Die Beurteilung der Alternativen sollte also in jedem Fall erst nach der Ermittlung aller Konfigurationen vorgenommen werden.

Expertentipp

> **Tipp:**
>
> Im Gesamtprozess können sich auch mehrere Gruppen die einzelnen Schritte aufteilen. Dies kann Denkbarrieren vermeiden und originelle Lösungen hervorbringen. Problematisch und zeitintensiv ist die Bewertung wenn eine sehr große Anzahl von Lösungen entstanden ist. Wenn es zur Auswahlentscheidung kommt, passiert es häufig, dass große Gruppen ineffizient arbeiten.

Durch die besondere Vorgehensweise wird eine Vielzahl von Lösungsmöglichkeiten produziert. In der Menge von Kombinationen müssen die brauchbaren erkannt werden. Diese brauchbaren Lösungen werden dann mit Bewertungsmethoden weiter untersucht.

3.13 Nutzwertanalyse

Siehe CD-ROM

Kurzbeschreibung der Methode

Methodenart	Projektklärung / Bewertungsmethode, Alternativenvergleich
geeignet für	Vorbereitung von Entscheidungssituationen, wenn mehrere, nicht unbedingt monetär messbare Kriterien relevant sind; Vergleich unterschiedlicher Alternativen, die nicht unbedingt mit Skalen direkt messbar sein müssen
Ziel	Ermittlung der besten Alternative aus einer Zahl vorhandener Lösungen; Vorbereitung der Entscheidung
benötigte Hilfsmittel/ Beteiligte	genau beschriebene alternative Maßnahmen; System von Zielen mit festgelegten Gewichten; festgelegte und gewichtete relevante Zielkriterien (z. B. Kosten, Personalaufwand)
Zeitaufwand	hoher zeitliche Aufwand (vor allem, wenn viele alternative Ziele und Lösungen bewertet werden müssen und die Methode exakt ausgeführt werden soll)
Vorteile	Diese Methode ist ein transparenter Bewertungs- und

	Entscheidungsprozess für komplexe, mehrdimensionale Alternativen. Die Ergebnisschritte der Methode werden exakt dokumentiert und sind dadurch nachvollziehbar. Es kann von einzelnen und mehreren Personen bewertet werden. Die Rangfolge der alternativen Maßnahmen (nach Präferenzvorgabe des Entscheiders) erfolgt durch Angabe der Nutzwerte (= Zielerfüllungsgrad) der einzelnen Maßnahmen.
Nachteile	Das Messen mit Skalen signalisiert den Anschein hoher (Rechen-)Genauigkeit und Exaktheit. Starke subjektive Einflüsse kommen durch die festzulegenden Faktoren und Gewichtungen in den Rechengang. Jedoch werden alle Kriterien gleichmäßig subjektiv, verhältnismäßig bewertet.

Beschreibung der Methode

Die Nutzwertanalyse ist eine Bewertungsmethode. Sie dient der systematischen Entscheidungsfindung, wenn zwischen mehreren komplexen Alternativen ausgewählt werden muss. Dabei werden sowohl messbare, objektive als auch nicht messbare, subjektive, gefühlsbetonte Kriterien wie z. B. die „Kundenzufriedenheit" in einem Rechenansatz verarbeitet.

Die NWA ist das Mittel der Wahl, wenn mehrere Alternativen zur Auswahl stehen und eine einfache Entscheidung aufgrund komplexer Zusammenhänge nicht möglich ist.

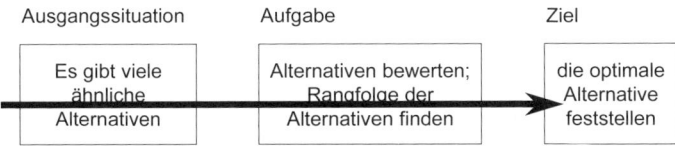

Abbildung 50: Aufgabe der Nutzwertanalyse

Die Wahl des nächsten Urlaubsortes oder der Ersatz einer defekten Digitalkamera stellen uns regelmäßig vor Entscheidungen, die oftmals nur recht schwer zu lösen sind: Es gibt einfach zu viele gleichwertige Alternativen zur Auswahl. Erschwerend kommt hinzu, dass die Unterschiede zwischen den einzelnen Produkten oder Möglichkeiten oft kaum wahrnehmbar sind. Trotzdem muss eine klare Ent-

119

scheidung getroffen werden. Wie soll man nun aus dieser unübersehbaren Vielfalt die optimale Lösung erkennen? Professionelle Produktbewertungen in Verbraucherzeitschriften, wie z. B. der „Stiftung Warentest", versuchen uns bei der Auswahl zu unterstützen. Um zu brauchbaren Entscheidungsempfehlungen zu kommen, setzen die Verbraucherberater hierfür die Nutzwertanalyse (NWA) ein.

Bewertung auch der weichen Faktoren

Die verschiedenen Investitionsrechenverfahren können monetäre, tatsächlich messbare „harte", objektive Kriterien wie z. B. Entwicklungskosten, Ausgaben, Erträge, Umsatz, Preis, Instandhaltungskosten, Unterhaltungskosten, mit nur einem quantifizierbaren monetären Zielkriterium hinreichend gut erfassen und bewerten. Nichtmonetäre „weiche", subjektive, gefühlsbetonte Nutzenarten wie z. B. Image, Qualität, Kundenzufriedenheit, Schönheit, Handhabung, die jedoch meist eine wesentlich höhere Bedeutung haben als die monetären Merkmale, können mit diesen gängigen Bewertungsverfahren nicht bewertet werden.

Messbare Kriterien	z. B.
„harte", objektive Kriterien	„Entwicklungskosten in €"
Nicht messbare Kriterien	z. B.
"weiche", subjektive, gefühlsbetonte Kriterien	„Kundenzufriedenheit"

Tabelle 16: Kriterien der Nutzwertanalyse

Die Nutzwertanalyse löst diese Problemstellung, indem sie bei der Beurteilung alle entscheidungsrelevanten (Ziel-)Kriterien in einem Rechenansatz berücksichtigt, über Messskalen in dimensionslose Zahlenwerte umsetzt und so zu einer Gesamtbewertung kommt. Die Zielerträge der einzelnen Alternativen werden zu einem dimensionslosen Punktwert (Scoring) zusammengefasst. Das Ergebnis der Nutzwertanalyse ist eine Rangordnung der Alternativen, entsprechend deren Nutzwerten, bezogen auf die Erreichung des (Gesamt-)Zieles. Die Nutzwertanalyse ist durch den strukturierten Ablauf sehr transparent und auch noch nach Jahren nachvollziehbar.

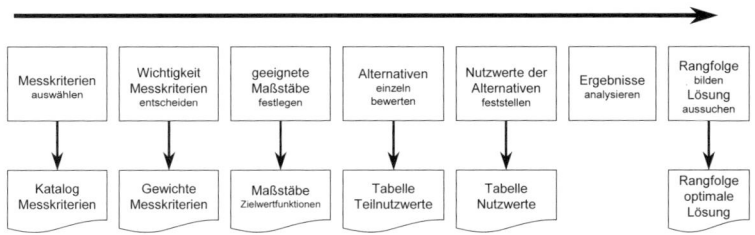

Abbildung 51: Ablauf Nutzwertanalyse

Anwendung der Methode

Achtung:
Auf der CD finden Sie Checklisten und eine Musterlösung zur Nutzwertanalyse!

Siehe CD-ROM

1. Schritt: Messkriterien auswählen

Mit dem konkreten Ziel der NWA, z. B. „die beste Alternative herausfinden", steht fest, welche Ergebnisse und Kenntnisse gefordert sind. Weiterhin müssen eventuelle „Muss-Forderungen", Minimalforderungen oder „K.O.-Kriterien", die von allen Alternativen auf jeden Fall unbedingt erfüllt werden müssen, bekannt sein; z. B. Preis < 1.500 €, Gewicht < 25 kg, Farbe, Image, angenehmes Gefühl usw. Darauf werden Kriterien gesucht, die den Leistungsumfang, die Merkmale bzw. Eigenschaften der zu vergleichenden Alternativen, Teile, Ideen, Maßnahmen ausreichend gut beschreiben.

Wichtig:
Die relevanten Kriterien müssen messbar sein. Solche Mess- bzw. Zielkriterien können z. B. sein: Kosten/Preis, Gewicht, Bauraum/Größe, Kapazität, Schönheit, Handhabung usw.

Expertentipp

Alternativen werden in der Regel von mehreren solcher Zielkriterien (= Zielsystem, Zielbaum) beschrieben. Der oder die Entscheider bestimmen zunächst diese Zielkriterien (= subjektiv). Für alle Bewerter gilt dann dieselbe Liste der Zielkriterien. Gleiche Eigenschaften sollen nicht durch mehrere unterschiedliche Kriterien beschrieben werden. Beispielsweise darf „Größe" nicht durch die Angabe der Länge in „cm" und zusätzlich durch eine Aussage wie „klein", „mittel" oder „groß" beschrieben werden. Hierbei geht man zuerst von den Oberbegriffen aus, die dann in ein bis zwei weiteren Stufen tiefer detailliert werden (= System von Zielen/Kriterien, Zielsystem). Damit wird ein System von Zielen (=Zielbaum) der Kriterien erstellt.

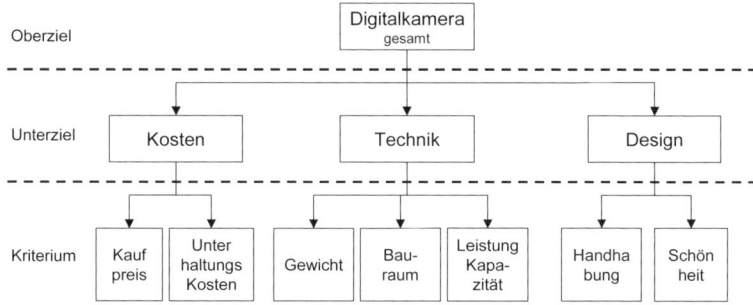

Abbildung 52: Kriterienbaum (Zielbaum)

2. Schritt: Wichtigkeit einzelner Messkriterien festlegen

Meist sind die Messkriterien nicht alle gleich wichtig. Deshalb wird die Bedeutung der einzelnen Kriterien, relativ zueinander, durch Gewichtungen festgelegt, entweder als Prozentwert oder als Faktor. Die wichtigeren Kriterien werden mit einem Zuschlag, einer höheren Gewichtung versehen als die unwichtigen. Über diese Gewichtungen kommt der einzige subjektive Einfluss in den Bewertungsgang der Nutzwertanalyse. Da jedoch alle Alternativen gleich betroffen sind, kann trotzdem von einer recht objektiven Bewertung gesprochen werden.

Kriteriengewichtung		
	Prozentwert	Faktor
Kosten/Preis	20 %	4
Gewicht	10 %	2
Bauraum/Größe	25 %	5

Kapazität	15 %	3
Schönheit	10 %	2
Handhabung	20 %	4

Tabelle 17: Wichtigkeit der Kriterien

Die Gewichtungen müssen zusammen 100 Prozent ergeben. Es wird von oben nach unten gesplittet. Die Summe jeder Stufe muss wieder 100 Prozent ergeben. Einzelgewichte unter einem Oberziel ergeben immer 100 Prozent. Der Aufbau des Ziel-, Kriteriensystems aus Ober- und Unterzielen schafft Transparenz und verhindert, dass gleiche Eigenschaften durch mehrere ähnliche Kriterien beschrieben werden.

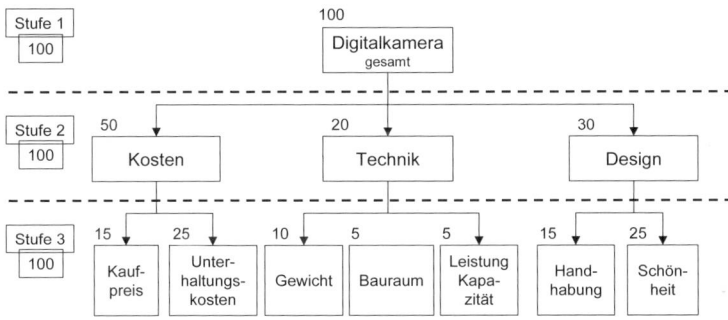

Abbildung 53: Beispiel Kriteriengewichtung

3. Schritt: Maßstäbe zum Messen festlegen

Maßstäbe zum Messen
Bewertungsskala
Grafik (Zielwertfunktion)
Mathematische Formel

Tabelle 18: Maßstäbe zum Messen

Die Bewertung der Alternativen erfolgt auf der untersten Ebene der Kriterien. Für jedes Zielkriterium werden nun geeignete Maßstäbe zum Messen festgelegt. Messskalen, Wertmaßstäbe werden gebraucht, um den Erfüllungsgrad der Merkmale, die Zielerreichung der einzelnen Kriterien konkret messen bzw. bewerten zu können.

Im Wesentlichen unterscheidet man zwischen Bewertungsskalen, Grafiken und mathematischen Formeln.

Bewertungsskalen	
Punktskala	1 = schlecht
	10 = sehr gut
Rangskala	1. Platz
	10. Platz
Notenskala	1 = sehr gut
	6 = sehr ungenügend

Tabelle 19: Bewertungsskala

Bewertungsskalen können Punktskalen von 1 bis 10, Rangskalen von Rang 1 bis Rang 10 oder Notenskalen von sehr gut bis ungenügend sein.

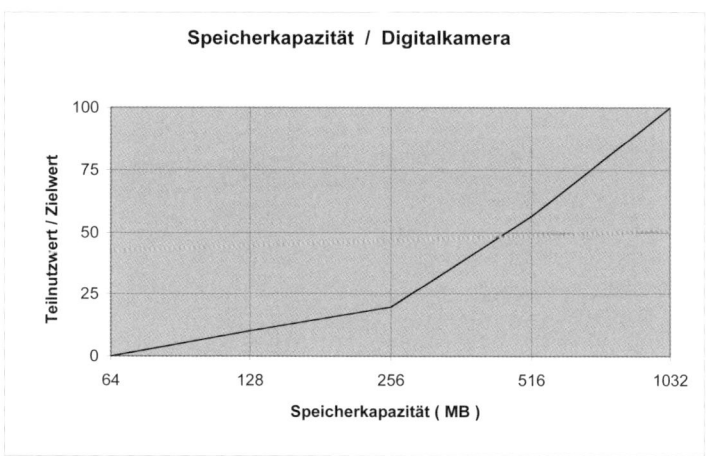

Abbildung 54: Zielwertfunktion

Grafiken sind auch „Zielwertfunktionen", denen eine mathematische Formel zugrunde liegt und bei denen die Bewertung durch den Ungeübten jedoch recht einfach durchführbar ist.

Skalen-typ	kardinal	nominal	ordinal	Intervall	Verhältnis
Aussage		gleich, verschieden	größer, kleiner	gleich + verschiede-ne Intervalle	gleich + verschiede-ne Summen, Vielfache, Quotienten
Beispiel	1, 2, 3	Farbskala	Härteskala	Temperatur	Länge, Gewicht
		sehr gut – gut - schlecht	Mittelwert, Rangkorre-lation	Streuung, Korrelation, arithmeti-sches Mittel	geometri-sches Mittel

Tabelle 20: Beispiel Zielwertfunktion

4. Schritt: Einzelne Alternativen bewerten

In diesem Schritt werden die Alternativen bewertet. Die Erreichung der Ziele der einzelnen Kriterien wird gemessen. Durch Summenbildungen ergeben sich Nutzwerte von Kriterien und Alternativen. Die Gesamtbewertung (= Nutzwert) ergibt sich aus der Summe der Nutzwerte jedes einzelnen Bewerters. Wenn die Bewerter nicht gleiches Gewicht oder Stimmrecht haben, dann gehen die Werte der einzelnen Bewerter mit den individuellen Gewichtungen in das gesamte Bewertungsergebnis ein.

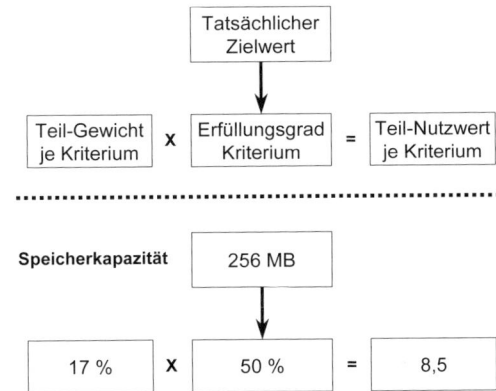

Abbildung 55: Beispiel für das Bewertungsschema

125

Wenn die zu bewertenden Kriterien, die Gewichte der einzelnen Kriterien sowie der Bewerter zueinander feststehen und die Messkahlen festgelegt sind, können die Bewerter mit den Skalen die einzelnen Kriterien bewerten.

Für jedes Kriterium wird die Zuordnung von Zielwert und dem zugehörigen Zielertrag über die Nutzenfunktion festgelegt. Anhand der Messindikatoren werden nun die Alternativen bewertet. Mit der Bewertung wird festgestellt, wie gut solche (Teil-)Zielkriterien erfüllt werden, die Zielerträge (= Zielerreichungsgrad) jeder Alternative.

Hierzu wird der Zielertrag mit Hilfe der Zielkriterien gemessen. Die Bewertung erfolgt für jedes Zielkriterium einzeln. Bewertungsverfahren wie Rang-, Punktskala, Schulnoten bieten sich an, reduziert auf dimensionslose Zahlen, die einfach miteinander addiert werden können.

Expertentipp

Tipp:

Wenn Gruppen bewerten sollen, muss geklärt werden, ob alle Gruppenmitglieder das gleiche Stimmrecht erhalten. Sollen z. B. innerhalb einer Familie alle vier Mitglieder 25 Prozent Stimmanteil bekommen oder sollen die Eltern je 35 Prozent, die beiden Kinder je 15 Prozent erhalten? Soll dieses Stimmrecht nun für alle Kriterien gelten oder soll differenziert werden? Bei den Finanzkriterien könnten z. B. die Stimmen der Eltern ein höheres Gewicht erhalten, bei allen anderen Kriterien könnten alle gleichberechtigt sein.

Eine mögliche Bewertergewichtung in einer Familie könnte nun folgendermaßen aussehen:

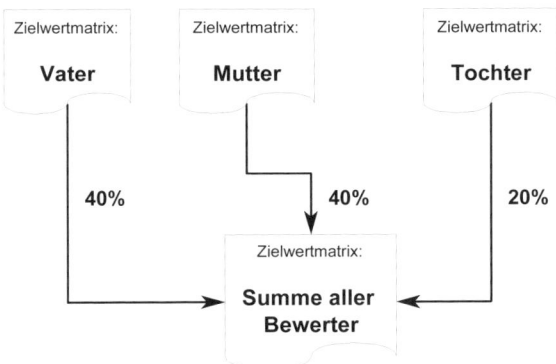

Abbildung 56: Beispiel individuelle Gewichtungen

5. Schritt: Nutzwerte der Alternativen feststellen

Die Teilnutzwerte müssen nun noch durch Summenbildung zusammengefasst werden. Damit entstehen die Bewertungsergebnisse, die „Nutzwerte" der Alternativen. Der nutzwert zeigt an, wie gut eine Alternative die Kriterien entsprechend den Wertmaßstäben erfüllt.

6. Schritt: Bewertungsergebnisse analysieren und optimieren

In der nachfolgenden Analyse werden Gründe für das unterschiedliche Abschneiden der verschiedenen Alternativen identifiziert. Die Ergebnisse werden auf Plausibilität überprüft. Besonders die maximalen und minimalen Teilnutzwerte von Kriterien müssen durchleuchtet werden. Mit EXCEL-Arbeitsmappen können hier schnelle und sichere Analysen durchgeführt werden.

Eine Simulation wird sich zur Optimierung des Gesamten anschließen. Die Frage: Was muss verändert werden, damit eine bestimmte „Lieblingsalternative" doch noch zur besten Bewertung wird?, ist durchaus legitim, z. B. bei der Digitalkamera der um 15 Prozent günstigere Preis gegen die von 556 MB auf 128 MB reduzierte Speicherkarte. Die Analyse verdeutlicht Stärken und Schwächen. Der Aufwand in Euro, um ein Kriterium deutlich zu verbessern, lässt sich ableiten. Beispielsweise ergibt eine Wohnung mit Filzboden den Faktor 0,3. Mit Parkettfußboden klettert der Faktor auf 0,8. Nun stellt sich die Frage, was die Erhöhung um diese 0,5 kostet und ob es den Aufwand dann auch wert ist.

Durch die Analyse lassen sich geeignete Maßnahmen ableiten, um Alternativen gezielt zu fördern bzw. deren Nutzwert nachhaltig zu verbessern. Wenn z. B. eine alternative Wohnung durch den Filzbodenbelag nur eine Gesamtbewertung von 0,35 erhält, durch die Aufwertung mit Parkettbelag aber auf 0,55 steigt, dann kann diese Maßnahme in Geld bewertet werden und die Maßnahme „Parkett verlegen" simuliert werden.

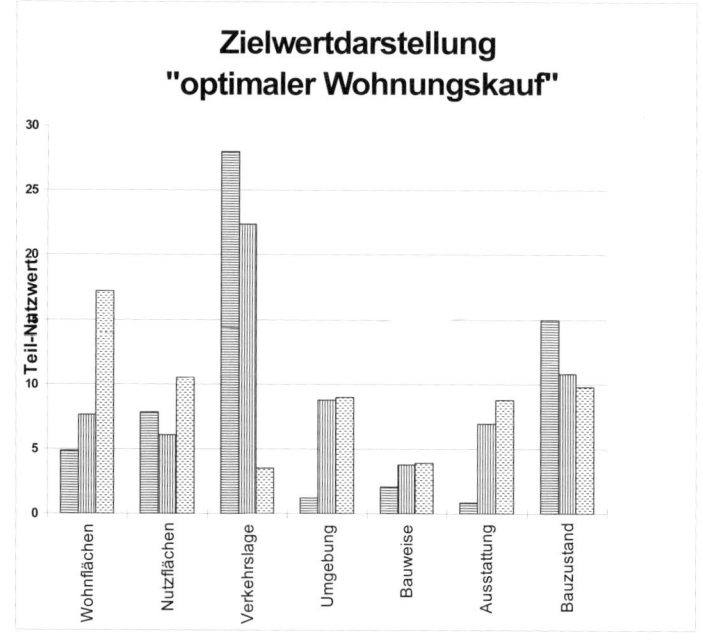

Abbildung 57: Bewertungsergebnis

7. Schritt: Rangfolge der Alternativen bilden

Über die Nutzwerte lässt sich eine Rangfolge der Alternativen von der besten bis zur schlechtesten Alternative bilden. Das Ergebnis ist die Rangfolge der Maßnahmen, nach der Präferenzvorgabe des Entscheiders, und zwar durch Angabe der Nutzwerte (= Zielerfüllungsgrad) der einzelnen Maßnahmen, die ausdrückt, wie stark eine Alternative das Zielsystem beeinflusst.

Fazit und Erkenntnisse

Mit dem Rechenansatz der Nutzwertanalyse wird ein objektives Sachurteil über verschiedene relevante Kriterien hergestellt. Das Messen der Merkmale mit einer Skala signalisiert hohe Genauigkeit und Exaktheit. Durch die anschließende subjektive Gewichtung, die in den mathematischen Formeln hinterlegt ist, fließen jedoch auch subjektive Einflüsse der Bewerter in den Bewertungsprozess ein. Nutzwertanalysen können schnell über 50 Kriterien und 10 verschiedene Alternativen zum Bewerten umfassen. Übersicht bei den komplexen Rechenschritten können einfache EXCEL-Arbeitsmappen schaffen.

> **Tipp:**
> Die NWA kann auf eine breitere Basis gestellt werden, wenn die einzelnen Schritte jeweils vom Projektteam gemeinsam abgestimmt werden. Das Ergebnis ist dann ausgewogener.

Expertentipp

3.14 Paarweiser Vergleich

Kurzbeschreibung der Methode

Siehe CD-ROM

Methodenart	Projektklärung / Auswahlmethode
geeignet für	Planung von Projekten, Zielplanungen
Ziel	aus einer Vielzahl von teilweise gleichwertigen Alternativen mit einfacher Fragetechnik die optimale, die beste Lösung herausfinden
benötigte Hilfsmittel/ Beteiligte	Team, Fachleute

Zeitaufwand	abhängig von der Zahl der zu vergleichenden Alternativen: bei 10 Alternativen ca. 1 Stunde, bei 100 Alternativen ca. 10 Stunden
Vorteile	Der Paarweise Vergleich ist eine einfache Methode, um aus einer Vielzahl gleichwertiger Alternativen die optimale und beste Lösung heraus zu finden. Mit Zunahme der Anzahl von Elementen wird der subjektive Einfluss durch die Bewertenden geschwächt.
Nachteile	Alle Bewertungen im Paarweisen Vergleich sind absolut subjektiv. Durch die Bewertungsskalen erweckt das Endergebnis aber den Eindruck einer objektiven, genauen Vorgehensweise.

Beschreibung der Methode

Es sind mehrere Eigenschaften, Ziele oder Maßnahmen vorhanden und es soll die optimale gefunden werden: Mit dem Paarweisen Vergleich richten Sie den Fokus auf die wichtigsten Ziele, die beste Lösung, die wichtigste Eigenschaft. Diese Methode hilft bei der Einschränkung auf das Wesentliche. Mit dem „Paarweisen Vergleich" wird jedes der alternativen Elemente mit jedem anderen einzeln verglichen. Jede mögliche Paarung wird abgefragt und mittels festgelegter Skala bewertet. Mögliche Bewertungsskalen können sein:

0	1	2
-2	0	+2
1	2	3

Der Bewertungsprozess kann von Einzelnen oder von Teams durchgeführt werden. Jeder Teilnehmer wird zunächst alleine bewerten. Die Einzelergebnisse werden zu einer Gesamtbewertung zusammengefasst. Damit ergibt sich eine Reihenfolge über alle Ideen. Das Ergebnis dieser Methode ist eine Rangskala der zur Auswahl stehenden Eigenschaften, Maßnahmen bzw. Ziele. Aus der Rangskala muss der Entscheider dann die für ihn wichtigen Elemente herausziehen und festlegen. Der Paarweise Vergleich läuft typischerweise nach den folgenden Schritten ab:

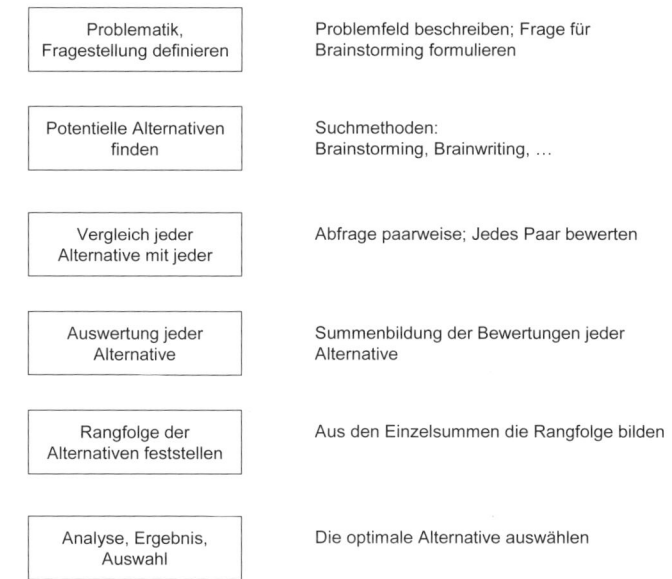

Abbildung 58: Ablauf „Paarweiser Vergleich"

Anwendung der Methode

1. Schritt: Problematik, Fragestellung definieren

Für die Bewertung muss das Problemumfeld allen klar sein. Die typische Fragestellung zum Finden der potentiellen Elemente ist abzustimmen. Im Beispiel heißt das Ziel „Projektarbeit verbessern". Die Frage, um mögliche Maßnahmen zu finden, die zur Zielerreichung beitragen, könnte lauten: „Wie bzw. mit welchen Projektmanagement-Methoden erreichen wir eine Verbesserung der Projektarbeit?"

2. Schritt: Potentielle Alternativen finden

Im Zielbildungsprozess werden zu Beginn mittels verschiedener Suchmethoden wie Brainstorming, Brainwriting die potentiellen bzw. relevanten Elemente festgestellt. In dieser „grünen" Phase geht es nur um das Zusammenstellen möglichst vieler Alternativen. Nicht alle Ideen sind hochkarätig, es werden auch sinnlose erzeugt.

In einem Brainstorming wurden mit dem Team die folgenden Maßnahmen erarbeitet:

- standardisierte Dokumente
- Weiterqualifizierung der Führungskräfte
- standardisierte Planungsabläufe
- Routine für Besprechungen
- PM-Handbuch optimieren
- Checklisten erarbeiten
- interne Projekt-Audits durchführen
- Dokumentationswesen optimieren
- Standards für Berichtswesen verbessern
- Kommunikationssystem verbessern

Mit diesen Maßnahmen lässt sich nun das folgende Bewertungsschema aufbauen:

Abbildung 59: Bewertungsskalen

3. Schritt: Vergleich jeder Alternativen mit jeder

Mit dem Paarweisen Vergleich wird dann jede Maßnahme, jedes alternative Element mit jedem anderen einzeln verglichen. Jede Paarung wird abgefragt und mit einer Skala, die für alle Elemente gleich ist, bewertet. Die stereotype Frage lautet „Ist 1 besser als 2?" bzw. „Ist 1 wichtiger als 2?" oder „Trägt 1 stärker zur Zielerreichung bei als 2?". Numerische Skalen sind besser geeignet, weil damit relativ einfach Bewertungskaskaden mit einfachen EXCEL-Listen bearbeitet werden können. Mögliche Bewertungsskalen hierfür können sein:

0	1	2	3	4	5	6	7	8	9
-9	-8 -7	-6 -5	-4 -3	-2 -1	0 1	2 3	4 5	6 7	8 9
-3		-2		-1	1		2		3
0	0	1	1	1	2	2	2	3	3

Abbildung 60: Bewertungsschema

Im Beispiel werden die einzelnen möglichen Maßnahmen, die geeignet sein sollen, um die Projektarbeit zu verbessern, gegeneinander abgefragt: „Bringt uns die Maßnahme 1 (standardisierte Dokumente) der Zielerreichung näher als 2 (Weiterqualifizierung der Führungskräfte)?" Die Bewertung in diesem Beispiel lautete: „gleich" also „1". Aus den ersten Paarabfragen ergaben sich die folgenden Ergebnisse:

1 oder 2?	gleich	1
1 oder 3?	nein	0
1 oder 4?	nein	0
1 oder 5?	nein	0

Ziel:

" Projektarbeit verbessern "

Problem: Wie / mit welchen PM-Methoden erreichen wir eine verbesserte Projektarbeit ?

Frage:
Bringt uns die Maßnahme ◯ der
Zielerreichung näher als Maßnahme 2 ⟨ ? ⟩

Antwort:
ja =
2
gleich = 1

Maßnahme / Aktivität /	1	2	3	4	5	6	7	8	9	10	Summe
1 Standardisierte Dokumente		1	0	0	0	0	1	1	1	2	6
2 Weiterqualifizierung Führungskräfte	1		1	0	1	1	1	0	1	1	7
3 Standardisierte Planungsabläufe	2	1		2	0	1	1	2	0	2	11
4 Routine für Besprechungen	2	2	0		2	0	1	1	0	2	10
5 PM-Handbuch optimieren	2	1	2	0		2	2	0	2	1	12
6 Checklisten erarbeiten	2	1	1	2	0		2	2	2	2	14
7 Interne Projekt-Audits durchführen	1	1	1	1	0	0		1	0	2	7
8 Dokumentationswesen optimieren	1	2	0	1	2	0	1		2	0	9
9 Berichtswesen Standards verbessern	1	1	2	2	0	0	2	0		1	9
10 Kommunikationssystem verbessern	0	1	0	0	1	0	0	2	1		5

Abbildung 61: Bewertungsergebnis

In der Abfragematrix müssen nur die rechts der Diagonalen liegenden Felder bewertet werden. Die linken Felder können zur Überprüfung des Ergebnisses ausgefüllt werden. Bei objektiver Bewertung der Paare sollte das kongruente Ergebnis zu den einzelnen Ergebnissen der Abfragen erreicht werden.

Wenn also die Paarbewertung von 5 mit 9 zu „ja" = 2 führt, dann müsste die umgekehrte Abfrage von 9 zu 5 auf „nein" = „0" führen.

4. Schritt: Auswertung jeder Alternativen

Die zu vergleichenden Paare sind bewertet, die Zahlenwerte jeder einzelnen Maßnahme liegen vor. In der EXCEL-Tabelle wird die Summe jeder alternativen Maßnahme automatisch errechnet. Wenn mehrere Personen bewerten, dann müssen aus den Einzelbewertungsergebnissen noch die Durchschnittswerte berechnet werden.

5. Schritt: Rangfolge der Alternativen feststellen

Aus den Summenwerten jeder Maßnahme ergibt sich die Rangfolge, von der günstigsten zur ungünstigsten Maßnahme abwärts.

	Aktivität/Maßnahme /	Summe	Rang
6	Checklisten erarbeiten	14	1
5	PM-Handbuch optimieren	12	2
3	standardisierte Planungsabläufe	11	3
4	Routine für Besprechungen	10	4
8	Dokumentationswesen optimieren	9	5
9	Berichtswesen Standards verbessern	9	6
2	Weiterqualifizierung Führungskräfte	7	7
7	interne Projekt-Audits durchführen	7	8
1	standardisierte Dokumente	6	9
10	Kommunikationssystem verbessern	5	10

Abbildung 62: Rangfolge der Alternativen

6. Schritt: Analyse, Ergebnisse, Auswahl

Im Bereich der Auswahl ist der Bewerter oder das Team gefordert. Mit dem vorliegenden Bewertungsergebnis und der Entscheidungsrichtlinie kann nun die Vorgehensweise zur Umsetzung der verschiedenen Maßnahme festgelegt werden.

Fazit und Erkenntnisse

Vorteile: Der Paarweise Vergleich ist eine einfache Methode, um aus einer Vielzahl gleichwertiger Alternativen die optimale, beste Lösung heraus zu finden. Die Erfahrungen zeigen, dass mit Zunahme der Anzahl von Elementen der subjektive Einfluss durch die Bewertenden geschwächt wird. Die Vielzahl der Abfragen führt im Endergebnis eher zu besseren Durchschnittswerten.

Nachteile: Die Bewertungen im Paarweisen Vergleich, die Abfrage der beiden Wertepaare, ist absolut subjektiv. Jede Entscheidung trifft der Bewerter aus seiner persönlichen Sicht. Modelle, Funktionen bzw. mathematische Formel unterstützen objektiv bei der Bewertung. Die Entscheidung danach erfolgt wieder objektiv durch eine Entscheidungsregel. Das Endergebnis erweckt den falschen Eindruck, dass es auf einer absolut objektiven, genauen, methodischen Vorgehensweise beruhe.

3.15 Relevanzbaum

Siehe CD-ROM

Kurzbeschreibung der Methode

Methodenart	Projektklärung / Bewertungsmethode, Alternativenvergleich
geeignet für	Bewertung von Alternativen und deren übersichtliche Darstellung
Ziel	Maximierung des Ertrages bzw. der Wirksamkeit einzelner Maßnahmen oder eines Projekts, und zwar bei vorgegebenem Budget bzw. Kosten
benötigte Hilfsmittel/ Beteiligte	gute Sachkenntnis über die einzelnen Elemente und deren Wichtigkeit bzw. Relevanz in Bezug auf die Zielerreichung
Zeitaufwand	je nach Problemstellung im vertretbaren Rahmen
Vorteile	Mit dem Relevanzbaum lassen sich die Hierarchien der einzelnen relevanten Elemente abbilden. Die Elemente werden durch Relevanzbeziehungen von Ebene zu Ebene verknüpft.
Nachteile	Die Auswahl der Bewertungskriterien und die Gewichtung der einzelnen Elemente/Kriterien ist subjektiv und damit nicht eindeutig. Wenn der Problembereich sehr komplex ist und aus einer hohen Zahl relevanter Elemente besteht, die berücksichtigt werden müssen, dann wird der Relevanzbaum unübersichtlich.

Beschreibung der Methode

Der Relevanzbaum ist eine Bewertungsmethode. Er eignet sich besonders für die Bewertung von Alternativen, zur Zielbildung und um Systeme oder Probleme übersichtlich zu strukturieren.

Mit dem Relevanzbaum wird die Suche und Bewertung von Alternativen für die Zielerreichung visualisiert und dadurch wesentlich vereinfacht. Die Elemente bzw. Ergebnisse des Systems werden in einem Netzwerk dargestellt, das aus mehreren, unterschiedlichen hierarchisch angeordneten Ebenen besteht. Diese Ebenen sind durch Relevanzbeziehungen (Zweck-Mittel-Beziehungen) miteinander verknüpft. Die Anordnung erfolgt jeweils nach der Abfrage, welches Element am geeignetsten erscheint, um das übergeordnete Ziel zu erreichen. Jedes Element wird in der nächstunteren Ebene in ihm unmittelbar untergeordnete Elemente aufgefächert.

Firma	X Y Z			
Geschäftsführer				
Centerleiter				
Prozessleiter				
Projektleiter				
Projektmitarbeiter				

Abbildung 63: Relevanzbaum

Ein großer, allgemeiner Begriff an der Spitze des Relevanzbaumes wird durch die einzelnen Ebenen hindurch so weit zerlegt und damit übersichtlich dargestellt, bis alle relevanten Details an den Wurzeln des Baumes erkennbar sind.

Mit Hilfe der Relevanzbaummethode lassen sich komplexe Zusammenhänge relativ einfach visualisieren. Die übersichtliche grafische Darstellung der im Relevanzbaum enthaltenen Elemente und deren Beziehung untereinander helfen bei der Analyse des Problemfeldes. Auch Problemfremde können sich schnell in die Problematik einfinden.

Die Methode bietet Relevanzprofile, d. h. Abfolgen von Elementen auf jeder Ebene, die zur Berücksichtigung bzw. Realisierung des jeweils übergeordneten Elements, Ziels bzw. Teilziels am geeignetsten erscheinen. Die Relevanzbaumanalyse kann zur systematischen Problemspezifizierung genutzt werden und kann Risiken und Chancen aufzeigen.

Anwendung der Methode

Der Relevanzbaum kann also gut eingesetzt werden zur Findung und Entwicklung von Alternativen, der Problemstrukturierung, Systembildung und Zielbildung. Die mit dieser Methode beantwortbaren Fragen können z. B. sein: „Wie wollen wir weiter vorgehen?", „Wo hakt es derzeit?" oder „Was wollen wir erreichen?" In Problemlösungs- bzw. Planungsprozessen bietet der Relevanzbaum einen hohen Nutzen.

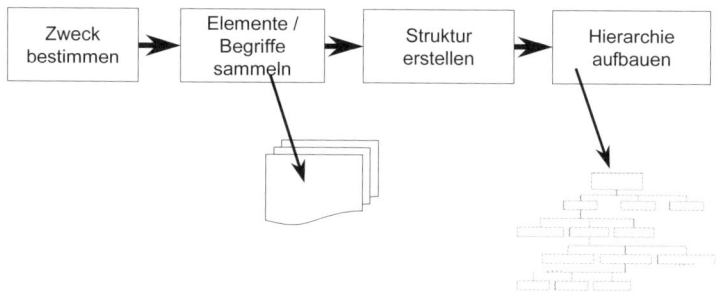

Abbildung 64: Ablauf Relevanzbaum

1. Schritt: Zweckbestimmung

Zu aller erst muss der Zweck des Relevanzbaumes bestimmt werden: Was genau wollen Sie damit erreichen? Es kann hilfreich sein, zu Beginn ein Szenario („Drehbuch") zu verfassen, in dem Sie die zukünftigen Ziele, die Beschränkung zu erwartender technischer Möglichkeiten o. Ä. beschreiben.

2. Schritt: Begriffe sammeln

Der nächste Schritt besteht darin, die Elemente bzw. Begriffe, die in den Relevanzbaum eingetragen werden sollen, zunächst noch unsortiert zu sammeln. Elemente eines Relevanzbaumes können z. B. Technologien, Systeme, Maßnahmen, Probleme, Ziele oder das Personal einer Firma sein. Für den Problembereich wird eine sich baumartige verzweigende Struktur aufgebaut, die von über- zu untergeordneten Bewertungspunkten immer mehr ins Detail geht und das Problem so in seine einzelnen Elemente auffächert.

Achtung:
Auf der CD finden Sie eine Musterlösung und Formulare für den Relevanzbaum!

Siehe CD-ROM

3. Schritt: Struktur erstellen
Anschließend legen Sie eine für diese Elemente geltende Struktur fest. Nach welchen Ebenen bzw. Begriffen soll später sortiert werden? Wie sind diese Ebenen hierarchisch anzuordnen? Nach welchen Kriterien wird bewertet und wie wird gewichtet?

4. Schritt: Hierarchie aufbauen
Am Schluss sortieren Sie die gesammelten Elemente entsprechend der entwickelten Hierarchie in den Relevanzbaum ein. Bewerten Sie die Alternativen hinsichtlich ökonomischer Relevanz, Dringlichkeit und Realisierbarkeit.

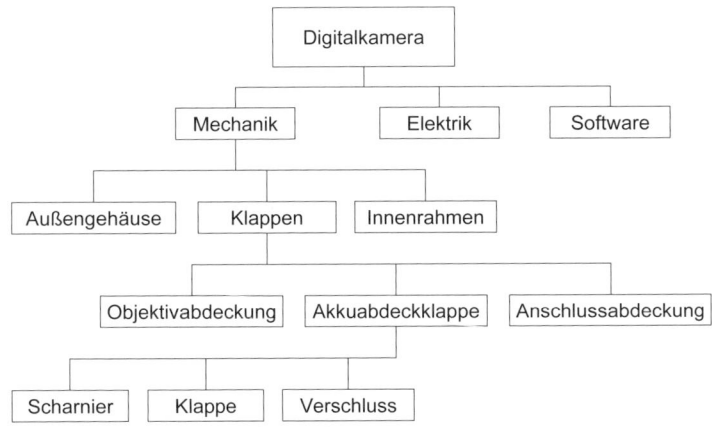

Abbildung 65: Beispiel Relevanzbaum

139

Fazit und Erfahrungen

Für die Erstellung eines Relevanzbaumes ist ausreichend Sachkennt-nis über die (Ziel-)Elemente und deren Wichtigkeit, Relevanz in Bezug auf die Zielerreichung erforderlich. Wenn der Problembe-reich sehr komplex ist und aus einer hohen Zahl relevanter Elemente besteht, die berücksichtigt werden müssen, wird der Relevanzbaum recht schnell unübersichtlich groß.

Expertentipp

> **Tipp:**
>
> Sinnvolle Kriterien zur Bewertung der Relevanz der Elemente zu finden und die hierarchische Zuordnung angemessen zu beurteilen, kann schwierig sein. Es muss klar sein, wonach bewertet werden soll. Die Gewichtungen der Elemente müssen festliegen. Dieser Prozess ist sub-jektiv geprägt und führt je nach Beurteiler u. U. zu unterschiedlichen Ergebnissen.

3.16   SWOT–Analyse

Siehe CD-ROM

Kurzbeschreibung der Methode

Methodenart	Projektklärung / Analysemethode
geeignet für	Organisationen, Projekte, Personen, die Strategien entwi-ckeln wollen
Ziel	Strategiefindung und Strategiebeurteilung auf unter-schiedlichen Ebenen (Gesamtorganisation, Teilorganisati-onen, Projekte, Personen)
benötigte Hilfsmittel/ Beteiligte	Team von Experten aus den jeweiligen Fachgebieten
Zeitaufwand	Workshops von 0,5 bis zu einem Tag; Folgeaktionen brauch u. U. mehr Zeit
Vorteile	• einfach zu handhaben • intuitiv verständlich • auf unterschiedlichen Ebenen anwendbar • aktuelle und potentielle, interne und externe Betrach-tungsweise
Nachteile	• hohes Maß an Subjektivität • keine Gewichtung der Faktoren

	• keine Quantifizierung
	• wenig Systematik innerhalb der SWOT-Kategorien

Beschreibung der Methode

Die SWOT-Analyse (ein Akronym gebildet aus Strengths, Weaknesses, Opportunities und Threats) hat zum Ziel, Strategien innerhalb von Organisationen zu finden und zu beurteilen. Sie kann auf die Gesamtorganisation, auf Teilbereiche der Organisation und sogar auf Personen und Produkte angewendet werden. Aktuelle Stärken und Schwächen und potentielle Chancen und Risiken werden qualitativ aufgelistet und daraus dann Strategien entwickelt und Maßnahmen abgeleitet.

Das auf den ersten Blick simpel wirkende Verfahren ist rein deskriptiver Natur. In eine Zwei-mal-zwei-Matrix werden die jeweiligen Stärken, Schwächen, Chancen und Risiken des zu untersuchenden Gegenstandes aufgelistet. Die vier Kategorien können wiederum in zwei Dimensionen zusammengefasst werden:

Interne, aktuelle Analyse	
Stärken (Strengts)	**Schwächen (Weaknesses)**
• Stärkefaktor 1 • Stärkefaktor 2 • Stärkefaktor 3 • Stärkefaktor n	• Schwächefaktor 1 • Schwächefaktor 2 • Schwächefaktor 3 • Schwächefaktor n
Chancen (Opportunities)	**Risiken (Threads)**
• Chancenfaktor 1 • Chancenfaktor 2 • Chancenfaktor 3 • Chancenfaktor n	• Risikofaktor 1 • Risikofaktor 2 • Risikofaktor 3 • Risikofaktor n
Externe, potentielle Analyse	

Tabelle 21: SWOT-Analyse

• Die **Stärke-/Schwäche-Dimension** behandelt die internen und aktuellen Stärken und Schwächen eines Analysegegenstandes. Sie listet diejenigen Faktoren auf, die vom oder über den Untersuchungsgegenstand direkt gesteuert werden können. Eine Stärke in diesem Sinne ist die aktuelle Potenz, einen Faktor positiv zu beeinflussen. Typische Faktoren eines Projekts können die Fähigkeit der Projektmitarbeiter sein, die Erfahrung einer Organisation mit einer Projektmethodik, das Involvement des Topmanagements, Kompetenzen des Projektleiters, im Grunde das Inventar der Erfolgsfaktoren eines Projekts.

- Die **Chancen-/Risiken-Dimension** listet diejenigen Faktoren auf, die nicht der direkten Steuerung unterliegen und auf die Zukunft gerichtet sind. Eine Chance in diesem Sinne sind externe Vorgänge, die die Potenz haben, sich zukünftig zu einer Stärke zu entwickeln. Faktoren dieser Dimension im Rahmen einer Projektabwicklung könnten sein: die Einführung eines Projektoffices in einer Organisation oder sonstige organisatorische Änderungen, Sparprogramme in einer Unternehmung, Gewinnung neuer Kundenkreise etc.

Die Beliebtheit der SWOT-Analyse ist u. a. auch darauf zurückzuführen, dass sie intuitiv zu verstehen ist, auf breit gestreute Untersuchungsgegenstände angewendet und ohne großen Aufwand an Software, Material und Schulung implementiert werden kann. Trotz dieser Simplizität sind einige Regeln zu beachten, damit Sie Ergebnisse zu erzielen, die Ihre Entscheidungen unterstützen und die Sie in Aktionen umsetzen können.

- **Abgrenzung des Gegenstandes:** Der Untersuchungsgegenstand muss definiert und gegen andere Bereiche abgegrenzt sein. Die Dimensionen intern und extern, beeinflussbar und nicht direkt beeinflussbar spielen eine wichtige Rolle bei der Auflistung der Faktoren, z. B. bei der Beurteilung, welche Faktoren in die Dimension Stärke/Schwäche und welche in die Dimension Risiko/Bedrohung gehören.

- **Notwendige Gründlichkeit:** Die rein deskriptive Darstellung verleitet zu einer raschen Formulierung. Die jeweiligen Stärken und Schwächen müssen mit Fakten untermauert sein.

- **Detaillierung**: Die SWOT-Analyse soll nicht nur auf eine hohe Abstraktionsstufe beschränkt sein (Unternehmen oder Gesamtprojekt), sondern auch auf Teilbereiche ausgedehnt werden, um Widersprüche aufzudecken und eine Konsolidierung zu ermöglichen.

- **Klarheit über den Maßstab**: Stärken und Schwächen sind relativ. So kann je nach Maßstab ein Faktor in der Stärkeliste oder in der Schwächeliste erscheinen. Stärken oder Schwächen werden immer nur aussagekräftig in Bezug auf etwas anderes, entweder in Bezug auf einen Mitbewerb oder in Bezug auf Ziele.

Anwendung der Methode

Aus der Beschreibung der SWOT-Analyse geht hervor, dass die Erstellung einer SWOT-Analyse ein iterativer Prozess ist, bevor Entscheidungen und Aktionen daraus abgeleitet werden können.

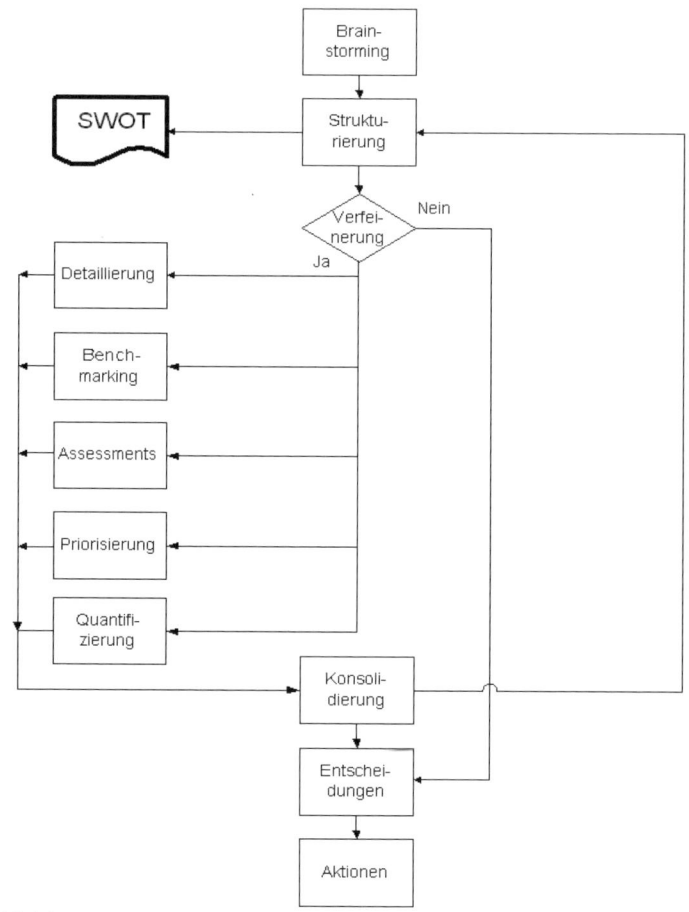

Abbildung 66: SWOT-Ablauf

1. Schritt: Brainstorming

Ausgangspunkt kann ein Brainstorming mit den maßgeblichen Mitarbeitern sein, um den ersten Entwurf einer SWOT-Analyse zu erstellen.

2. Schritt: Detaillierung

Eine erforderliche Verfeinerung kann durch eine Detaillierung der SWOT-Analyse in Subsystemen erfolgen. Falls Vergleichsdaten notwendig sind, werden Benchmarks erforderlich. Bei einigen Faktoren sind vielleicht thematische Vertiefungen, weitere Analysen erforderlich. Eventuell sind Priorisierungen der Faktoren notwendig oder Quantifizierungen, um die Stärken-/Schwächen-Einordnung zu untermauern.

3. Schritt: Konsolidierung

Nach einer Konsolidierung erfolgt eine Überarbeitung der ursprünglichen SWOT-Analyse. Aus diesem Grunde ist auch die Form der Darstellung der SWOT-Analyse eine beliebte Management-Summary, da sie die Gesamtschau der internen, externen, beeinflussbaren und nicht beeinflussbaren Faktoren und zukünftigen Chancen und Risiken komprimiert und auf die wichtigsten Aussagen reduziert darstellt.

4. Schritt: Entscheidungen

Entscheidungen, welche Strategien zur Verbesserung der aktuellen Situation und dem Erhalt zukünftiger Chancen eingeschlagen werden sollen, können auch aus der SWOT-Darstellung systematisiert werden.

	Stärken (S)	Schwächen (W)
Chancen (O)	*S-O Strategien: Ausbauen.* Interne Stärken einsetzen und externe Chancen nutzen. Offensivstrategie	*W-O Strategien: Aufholen* Interne Schwächen eliminieren und neue externe Möglichkeiten zu nutzen
Risiken (T)	*S-T Strategien: Absichern* Interne Stärken nutzen und externe Risiken vermeiden	*W-T Strategien: Meiden* Interne Schwächen abbauen und externen Bedrohungen ausweichen. Defensivstrategie

Tabelle 22: SWOT-Strategien

Beispiel: SWOT-Analyse für Projekte

Dieses Beispiel für eine SWOT-Vorlage ist aus dem Bereich Projektmanagement.

Zu Leitfragen in der Stärken-/Schächen-Dimension, kann man sich an Benchmarking-Modellen orientieren. Dies gibt einen systematischen Anhaltspunkt zur weiteren Vertiefung. Was jeweils in der Stärke- oder Schwächekategorie erscheint oder für die betreffende Organisation nicht relevant ist, unterliegt zunächst dem subjektiven Urteil der an der SWOT-Analyse Beteiligten.

Unser Beispiel entnimmt die Faktoren dem Benchmark-Programm PMDELTA.

Faktoren für die Stärken-/Schwächen-Dimension. Projektinterne, direkt beeinflussbare Faktoren	Faktoren für die Chancen-/Risiken-Dimension. Externe, nicht direkt beeinflussbare Faktoren
• Zieldefinition • Projektstrukturierung • Organisation • Personalmanagement • Vertragsmanagement • Nachforderungsmanagement • Konfigurationsmanagement • Änderungsmanagement • Aufwandsermittlung • Kostenmanagement • Einsatzmittelmanagement • Ablauf-/Terminmanagement • Multiprojektkoordination • Risikomanagement • Informations-/Berichtwesen • Controlling • Logistik • Qualitätsmanagement • Dokumentation	• organisatorische Änderungen außerhalb des Projekts • Aufbau eines Projektoffices • Funktions-/Prozessorientierung • Merger/Aquisition • Verlagerungen ins Ausland • Erschließung neuer Kundenkreise • technologische Entwicklungen (neue Produkte, neue Werkzeuge) • Firmenpolitik wie: Kostensparprogramme, Einstellungsstopp oder umgekehrt • Änderungen in den Subunternehmerbeziehungen • Erschließung neuer Märkte • allgemeine wirtschaftliche Entwicklung

Tabelle 23: SWOT-Kriterien für Projekte

Fazit und Erkenntnisse

Neben den unbestreitbaren Stärken der SWOT-Analyse, die es zu einem der beliebtesten Werkzeuge hat werden lassen, gibt es auch inhärente Schwächen:

- hohes Maß an Subjektivität
- keine Gewichtung der Faktoren
- keine Quantifizierung
- wenig Systematik innerhalb der SWOT-Kategorien
- keine systematische Abgrenzung des Untersuchungsgegenstands

Unterstützung erhält die SWOT-Analyse meist in Form von Vorlagen, die vorgefertigte Fragen für einen in Frage kommenden Untersuchungsgegenstand vorformulieren und damit einen schnelleren Einstieg in die Untersuchung ermöglichen.

Tipp:

Dies kann als Ausgangspunkt für ein sogenanntes „SWOT-Inventar" dienen, das die für eine Firma relevanten Fragestellungen auflistet und kontinuierlich auf die aktuelle Relevanz überprüft.

Expertentipp

3.17   Ursache-Wirkungs-Diagramm

Kurzbeschreibung der Methode

Methodenart	Projektklärung / Analysemethode
geeignet für	Darstellung von Ursache-Wirkungs-Beziehungen in einer Grafik
Ziel	Erkennen von logischen Zusammenhängen zwischen Ursachen und Wirkungen
benötigte Hilfsmittel/ Beteiligte	Moderator, Teamarbeit, beschriebenes und nach Haupt- und Nebenursachen gegliedertes Problemfeld
Zeitaufwand	je nach Komplexität 1 bis 2 Stunden
Vorteile	Die Ergebnisse und Zusammenhänge können einfach, übersichtlich und leicht verständlich visualisiert werden. Die Ergebnisse sind unmittelbar präsentierbar und bilden die Basis für weiterführende Teamarbeit.

Nachteile	Die Darstellung komplexer Problemstellungen ist in der Regel umfangreich und unübersichtlich. Zeitliche Abhängigkeiten können nicht erfasst werden. Die Methode ist eher zur Visualisierung und weniger zur aktiven Analyse geeignet.

Beschreibung der Methode

Das Ursache-Wirkungs-Diagramm ist eine Methode zur grafischen Darstellung von Ursache-Wirkungs-Beziehungen. Es ist ein einfaches Hilfsmittel in Form einer Fischgräte zur systematischen Darstellung von Problemfeldern und zur Ermittlung von auslösenden Problemursachen. Hierbei werden die möglichen Ursachen, die ganz bestimmte Wirkungen auslösen, in Haupt- und Nebenursachen gegliedert. Anschließend folgt eine grafische Strukturierung der Ursachen, um eine übersichtliche Gesamtbetrachtung zu ermöglichen. Auf diese Weise können alle Problemursachen identifiziert und deren Abhängigkeiten voneinander dargestellt werden. Dies bereitet die Ausgangsbasis für weiterführende Problemanalysen. Der Schwerpunkt liegt dabei eindeutig auf einer leicht verständlichen Visualisierung.

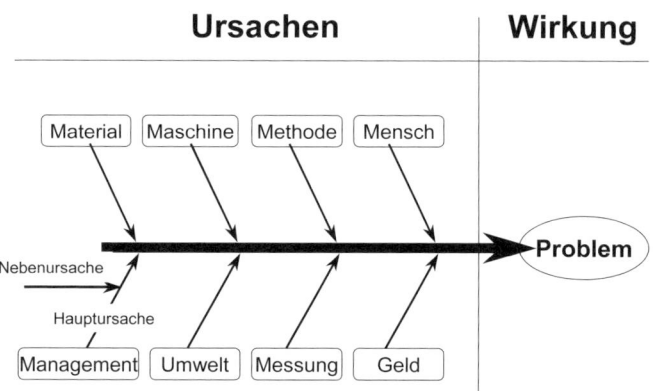

Abbildung 67: Ursache-Wirkungs-Diagramm

Das Ursache-Wirkungs-Diagramm, Anfang der 1950er Jahre vom japanischen Chemiker Kaoru Ishikawa entwickelt, wurde später nach ihm „Ishikawa-Diagramm" benannt. Anfangs wurde das Ursache-Wirkungs-Diagramm zur Analyse von Qualitätsproblemen und deren Ursachen eingesetzt. In der Zwischenzeit ist diese Methode auf viele andere Problemfelder übertragen worden. Dadurch findet man sie heute weltweit verbreitet.

Für das Ursache-Wirkungs-Diagramm, englisch: cause and effect diagram, gibt es inzwischen mehrere Bezeichnungen. Nach seinem Erfinder wird es Ishikawa-Diagramm genannt. Ebenso geläufig ist aber auch „Fischgrät-Diagramm" bzw. „Fishbone Diagram". Senkrecht angeordnet könnte es einen Baum darstellen, deshalb wird es auch oft als „Fehlerbaum-Diagramm" bezeichnet.

Ishikawa entwickelte außerdem zahlreiche weitere Methoden und Tools, die heute vorwiegend im Qualitätsmanagement eingesetzt werden.

Anwendung der Methode

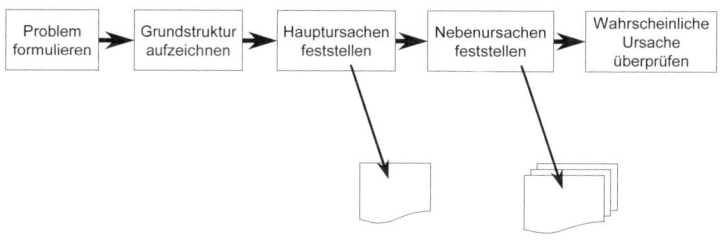

Abbildung 68: Ablauf Ursachen-Wirkungs-Diagramm

1. Schritt: Problem formulieren
Im ersten Schritt müssen Sie auch hier klären, worum es geht und wie das Problem aussieht. Dann skizzieren Sie grob die Struktur des Problemfeldes. Die Prozesse müssen ausreichend beschrieben werden. Wählen Sie als Arbeitstitel eine klare Formulierung.

2. Schritt: Grundstruktur aufzeichnen

Dann zeichnen Sie die Grundstruktur des Ishikawa-Diagramms auf, ein horizontaler Basispfeil nach rechts. Dessen Pfeilspitze markiert das zu lösende Problem, möglichst prägnant formuliert, z. B. „Leistung des Projektteams verbessern". Das Problemfeld ist ganz grob in die Bereiche Kosten, Termin und Inhalte strukturiert. Der Arbeitstitel wäre dann: „Welche Faktoren tragen zur Leistungssteigerung des Projektteams bei?"

3. Schritt: Hauptursachen feststellen

Im folgenden Schritt geht es darum, das Beziehungsgeflecht aus Ursachen und Wirkungen der komplexen Struktur zu visualisieren und bei Bedarf zu gewichten. Hauptursachen, die zu einer bestimmten Wirkung führen, werden durch schräge Pfeile dargestellt, die auf den Basispfeil stoßen. Der Pfeil bedeutet „... trägt dazu bei, dass ....".
Zu den ursprünglichen Hauptursachen wie Material, Maschine, Methode, Mensch, Management, Umwelt, Messung und Geld kommen je nach Anwendung weitere notwendige Einflussgrößen, wie beispielsweise Prozesse, hinzu.

Bezogen auf das konkrete Anwendungsbeispiel konnten folgende Hauptursachen gefunden werden:

Material	Softwaretools
Maschine	Hardware
Methode	PM-Methoden
Mensch	Team
Management	Geschäftsführung
Umwelt	Kunde
Messung	Controlling
Geld	Budget

4. Schritt: Nebenursachen feststellen

Nun erarbeiten Sie unter Nutzung weiterer potentieller Kreativitätstechniken die Nebenursachen. Kleinere Pfeile, auf die Linien der jeweiligen Hauptursachen ausgerichtet, markieren die Nebenursachen. Liegen diesen Nebenursachen ebenfalls Ursachen zugrunde, so kann nach außen weiter verzweigt werden. Damit ergibt sich eine immer feinere Verästelung. Die Visualisierung erleichtert es, Ursachen zu finden. Die Prüfung, ob wirklich alle möglichen Ursachen berücksichtigt worden sind, ist relativ einfach.

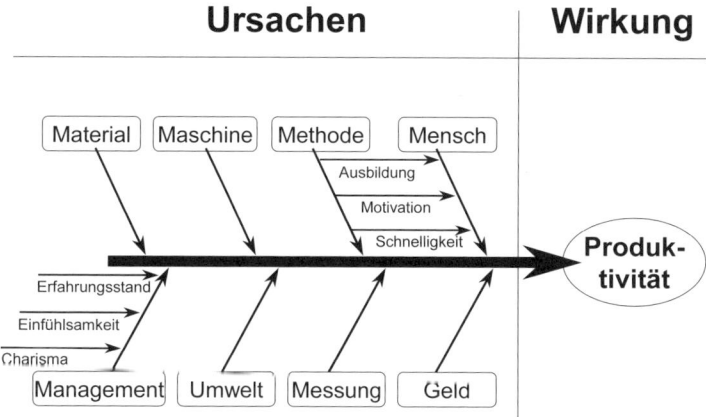

Abbildung 69: Ursache-Wirkungs-Grundstruktur

5. Schritt: Wahrscheinlichste Ursache überprüfen

Gewichten Sie die identifizierten potentiellen Ursachen bezüglich ihrer Bedeutung und Einflussnahme auf das Problem. Die Ursache mit der höchsten Wahrscheinlichkeit lässt sich so leicht bestimmen. Anhand der Kenntnisse und Erfahrungen von Fachkräften wird abschließend analysiert, ob auch tatsächlich die richtige Ursache für das Problem ermittelt wurde. Damit ist dann das Ziel des Ursache-Wirkungs-Diagramms erreicht: Die Ursachen sind identifiziert und können in weiteren Schritten analysiert werden.

Fazit und Erkenntnisse

Das Ursache-Wirkungs-Diagramm ist so ähnlich aufgebaut wie eine MindMap. Es eignet sich für die Bearbeitung von Problemfeldern innerhalb von Arbeitsgruppen. Bei komplexen Problemstellungen wird die Methode umfangreich und unübersichtlich. Ursache-Wirkungs-Zusammenhänge sind dann grafisch nicht mehr so übersichtlich darstellbar. Wechselwirkungen und zeitliche Abhängigkeiten können ebenfalls nicht erfasst und visualisiert werden.

Expertentipp

| Tipp:
Das Ursache-Wirkungs-Diagramm bildet eine hervorragende Basis für das Arbeiten mit Teams, fördert besseres Verständnis von Problemen und ihren vielseitigen Ursachen.

3.18 Wirkungsmatrix

Siehe CD-ROM

Kurzbeschreibung der Methode

Methodenart	Projektklärung / Analysemethode, Entscheidungsfindung
geeignet für	Systemanalyse, Beurteilung der möglichen Wirkung von Maßnahmen, Erstellen eines Projektportfolios zur Systemoptimierung
Ziel	Entscheidungshilfen für die Beurteilung der Auswirkungen von Maßnahmen
benötigte Hilfsmittel/ Beteiligte	Expertenteams, einfache Spreadsheets, bei komplexen Projekten empfiehlt sich der Einsatz von Software
Zeitaufwand	Ein- bis Zwei-Tages-Workshops; Zeit auch für Nachfolgeaktionen und Überprüfungen
Vorteile	Einfach zu verwenden ist die Methode deshalb, weil sie mit Papier und Bleistift durchzuführen ist und deshalb auch als Vesters Papiercomputer in der Literatur bekannt ist.
Nachteile	Die Akzeptanz dieser Vorgehensweise hängt davon ab, dass grundsätzliche Zusammenhänge, wie sie die Systemtheorie darstellt, geschult und akzeptiert werden.

Beschreibung der Methode

Mit der Wirkungsmatrix liegt eine einfache Methode vor, mit der sich Wirkungen und Wirkungsintensitäten auf Ziele und Einflussfaktoren bestimmen und klassifizieren lassen.

Ziel der Wirkungsmatrix ist es, Entscheidungshilfen bei der Beurteilung der Auswirkungen von Maßnahmen zu erhalten. Die Beteiligten erarbeiten sich ein Verständnis über das komplexe Beziehungsgeflecht von aktiver und passiver Beeinflussung und können daraus ihre Schlüsse hinsichtlich des Risikos und der Wirkung von Aktionen ziehen. Die Wirkungsmatrix ist als Teil des komplexen Sensitivitätsmodells von Vester entstanden, das zur Erfassung, Analyse, Planung und Beeinflussung komplexer sozialer Systeme dienen soll und durch einige auf dem Markt befindliche Softwarepakete unterstützt wird (vgl. Internetquellen im Anhang).

Ausgangspunkt ist die Ermittlung von Einflussfaktoren und Zielen, die auf ein System wirken. Die Wirkung der Einflussfaktoren wird jeweils in zwei Richtungen betrachtet: welche Wirkung ein Einflussfaktor auf andere Faktoren hat und von welchen Faktoren er wiederum beeinflusst wird. Die Intensität der Wirkung lässt sich auf einer zu einer Skala etwa von 0 = kein Einfluss bis 3 = sehr starker Einfluss bewerten. Daraus lassen sich Kennzahlen für die passive und aktive Wirkung von Faktoren aufstellen. In einer Portfolio-Darstellung mit der Passiv-Kennzahl und der Aktiv-Kennzahl lassen sich die Einflussfaktoren klassifizieren. Diese Klassifizierung gibt Anhaltspunkte dafür, über welche Maßnahmen am ehesten Systemveränderungen zu erzielen sind, welche Maßnahmen keinen Einfluss haben und welche Maßnahmen ein hohes Risikopotential bergen, weil sie in ein komplexes Beziehungsgeflecht eingebunden sind.

Anwendung der Methode

Systematisch wird nach den Empfehlungen des Gamma-Entwicklungsteams[4] in folgenden Schritten vorgegangen:

1. Schritt: Problem erfassen
Ermitteln Sie die wichtigsten Einflussgrößen auf ein System.

2. Schritt: Modellierung des Systems
Stellen Sie die diese Einflussgrößen in einem Wirkungsnetz dar.

---

[4] Gamma ist eine Software, mit der eine Wirkungsmatrix erstellt werden kann.

3. Schritt: Analyse des Systems

Nehmen Sie eine Analyse unter unterschiedlichen Aspekten wie Wirkungsketten, Rückkopplungen, Portfolio-Analyse der Kennzahlen vor.

4. Schritt: Eingriffe bestimmen

Bestimmen Sie, welche Eingriffe die größte Wirkung und welche keine Wirkung haben.

5. Schritt: Umsetzung

Setzen Sie die Maßnahmen in Projekten um.

Die Anwendung der Methode wird an folgendem Praxisbeispiel deutlich:

Beispiel: Bestandsmanagement

Im Rahmen eines Projekts im Bereich Geschäftsprozessmanagement wird analysiert, welche Zusammenhänge die Höhe der Lagerbestände beeinflussen. Dann sollen Maßnahmen ergriffen werden, mit deren Hilfe die Höhe der Bestände gesenkt werden können. Es werden Einflussfaktoren identifiziert, von denen man annimmt, dass sie maßgebend für die Höhe der Lagerbestände sind. Diese Einflussfaktoren können sowohl Ziele als auch Aktionen, Maßnahmen, Bedingungen, Regeln, Prozeduren etc. sein.

Aus den verschiedenen Bereichen des Unternehmens wird eine Liste der Einflussfaktoren zusammengestellt, und es gilt herauszufinden, wo die besten Ansatzpunkte sind, eine Bestandsreduzierung anzugehen, ohne andere Bereiche und Ziele im Unternehmen zu gefährden.

Dazu wird eine Wirkungsmatrix erstellt.

Die zusammengestellten Einflussfaktoren (Systemelemente) werden sowohl als Zeilen als auch Spalten in eine Matrix eingetragen. Die Zeilenrichtung gibt die aktive Beeinflussung an, die Spaltensicht die passive Beeinflussbarkeit. Die Intensität des Einflusses wird numerisch angegeben, wobei 0 keinen Einfluss bedeutet, und 3 den stärksten Einfluss.

	A	B	C	D	E	F	G	H	I	J	K	L	M	N	O	P	AS	P
A		3	2	0	1	3	0	3	0	0	2	0	0	0	0	0	14	518
B	3		2	3	1	0	1	2	3	3	1	0	0	0	0	0	19	608
C	0	0		1	3	0	0	0	0	0	2	0	1	0	0	0	7	210
D	3	2	2		1	1	0	1	0	1	0	1	0	0	2	0	14	378
E	3	2	3	1		2	0	1	0	2	1	0	0	0	0	0	15	330
F	2	3	2	3	3		1	3	1	0	0	1	0	0	0	0	19	190
G	3	2	1	3	1	1		2	1	3	2	1	0	0	1	0	21	252
H	3	3	3	1	2	2	2		3	2	1	1	1	0	0	1	25	525
I	3	2	3	3	2	0	2	3		2	2	2	0	0	1	0	25	400
J	3	2	2	2	1	0	0	0	0		0	0	0	0	1	0	11	220
K	2	2	1	3	2	0	2	1	1	2		0	0	2	1	0	19	209
L	3	2	1	1	1	1	1	1	1	1	1		1	2	2	2	20	140
M	3	3	3	0	2	0	2	1	3	1	0	1		1	0	0	20	200
N	3	3	3	1	1	0	0	1	3	2	0	0	3		0	1	21	189
O	1	1	1	3	0	0	0	1	0	0	0	0	1	1		3	12	132
P	2	2	1	2	1	0	1	1	0	1	0	0	3	3	3		20	140
PS	37	32	30	27	22	10	12	21	16	20	11	7	10	9	11	7		
Q	0,4	0,6	0,2	0,5	0,7	1,9	1,8	1,2	1,6	0,6	1,7	2,9	2,0	2,3	1,1	2,9		

Tabelle 24: Wirkungsmatrix

Legende zur Tabelle 24:

A Bestandshöhe

B Liefertreue

C Logistikkosten

D Dispositionsart

E Einkaufslosgrößen

F Wiederbeschaffung

G Vertriebs-Forecast

H Servicegrad

I Bestellpolitik

J Lagerbestandsführung

K Bedarfsschwankungen

L Produktvielfalt

M Produktqualität

N Störanfälligkeit

O ERP-System

P Mitarbeiterwissen

Q Aktivitätsgrad

Berechnungsformeln zur Tabelle 24:

PS   Passiv-Summe

AS   Aktiv-Summe

Q = AS/PS Aktivitätsgrad

P = AS*PS Vernetzungsintensität

Beispiel aktiv in Zeilenrichtung: Einfluss des Servicegrades (Zeile H) auf die Logistikkosten (Spalte C) mit der starken Wirkung von 3.

Beispiel passiv in Spaltenrichtung: Logistikkosten (Spalte C) werden deshalb vom Servicegrad (Zeile H) mit der starken Wirkung von 3 beeinflusst.

Umgekehrt beeinflussen die Logistikkosten den Servicegrad nicht (Zeile C, Spalte H).

Danach wird für jeden Einflussfaktor eine Aktivsumme (Zeilensummierung) und eine Passivsumme (Spaltensummierung) gebildet. Eine hohe Aktivsumme bedeutet einen hohen Einfluss im System, das heißt, ändert man an einem Faktor mit einer hohen Aktivsumme etwas, hat das einen starken Einfluss im System. Servicegrad und Bestellpolitik des Kunden haben hier eine hohe Aktivsumme. Bei Faktoren mit kleiner Aktivsumme muss sich an diesem Einflussfaktor sehr viel ändern, bevor irgendwelche Einflüsse im System wirksam werden.

Eine hohe Passivsumme zeigt an, dass sich dieser Faktor sensibel reagiert, wenn sich irgendwo im System was ändert. Bestandshöhe, Liefertreue und Logistikkosten sind derart sensible Variablen. Eine niedere Passivsumme zeigt an, dass sich im System schon sehr viel tun muss, bevor sich dieser Faktor ändert.

Um die Steuerungsmöglichkeiten besser beurteilen zu können, genügt alleine die Kenntnis der Aktiv- und Passivsumme nicht. Sie geben noch nicht darüber Auskunft, bei welchen Verbesserungen es sich eher um eine Symptombekämpfung handelt, welche Variablen so träge sind, dass sie auch starke Veränderungen auffangen oder welche so kritisch sind, dass man sie mit Samthandschuhen anpacken müsste.

Um zu Aussagen dieser Art zu kommen, werden weitere Indikatoren gebildet: das Produkt aus Aktivsumme und Passivsumme und der Quotient aus Aktivsumme und Passivsumme.

Ein hohes Produkt zeigt die Vernetzungsintensität, ein Maß, wie ein Einflussfaktor in das Systemgeschehen eingebunden ist.

Das Verhältnis von Aktivsumme zu Passivsumme ergibt eine Aussage über den Aktivitätsgrad. Ein hoher Quotient zeigt, dass ein Einflussfaktor eine stärkere Auswirkung auf andere Komponenten hat, als wiederum auf ihn selbst eingewirkt wird.

Mit den höchsten Werten der Produkte und der Quotienten werden Ordinate und Abszisse skaliert. Auf diese Weise entsteht eine Portfoliodarstellung mit vier Feldern aus Aktivitätsgrad und Vernetzungsintensität.

Wirkungsmatrix

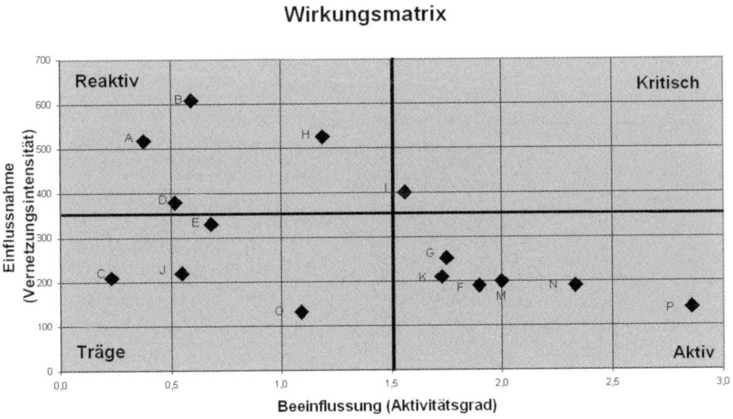

Abbildung 70: Wirkungsmatrix Interpretation

Damit können vier Typen unterschieden und folgendermaßen interpretiert werden:

• *Reaktives Feld*: Diese Einflussfaktoren sind stark vernetzt, geben aber die Wirkungen, die einen Einfluss auf sie haben, nicht entsprechend weiter. Zustandsveränderungen im Gesamtsystem zeigen sich an diesen Faktoren sehr deutlich, weshalb sie auch oft als Indikatorengrößen verwendet werden. In unserem Beispiel sind die Kennzahlen A: Höhe der Bestände und B: Liefertreue solche reaktiven Faktoren. Direkt bei diesen Faktoren anzusetzen, kommt ei-

157

ner Symptombekämpfung gleich, ohne nachhaltige Auswirkungen. Es sind die darunter liegenden Ursachen für zu hohe Bestände und mangelnde Liefertreue zu entdecken und an diesen anzusetzen.

- *Kritisches Feld:* Solche Faktoren üben einen sehr hohen Einfluss aus, sind aber auch selbst sehr vielen Einflüssen ausgesetzt. Sie können Entwicklungen beschleunigen. Die Gefahr bei diesen Faktoren sind unkontrollierte Rückkopplungen. Deshalb ist ein Systemeingriff hier nur mit Vorsicht möglich und nur unter sorgfältiger Analyse der möglichen Nebenwirkungen. In unserem Beispiel ist die Bestellpolitik des Kunden ein solcher kritischer Einflussfaktor. Unbekümmerter Druck auf den Kunden, seine Bestellpolitik zu ändern, kann zu kritischen Systemzuständen führen.

- *Träges Feld:* Diese Komponenten sind sowohl schwach vernetzt als auch wenig aktiv. Hier lohnt es sich normalerweise nicht, den Hebel für Veränderungen anzusetzen. In unserem Beispiel sind die Logistikkosten, die Lagerbestandsführung und das ERP-System solche Faktoren. Jedoch ist zu beachten, dass diese Faktoren zwar wenig Aktivitäten entwickeln, aber manche können sich als „Wolf im Schafspelz" entpuppen, wenn sie mit einer stark aktiven Komponente in Verbindung stehen. Das ERP-System könnte möglicherweise ein solcher „Wolf" sein, da es den aktivsten Faktor „Know-how" der Mitarbeiter stark beeinflusst.

- *Aktives Feld:* Das sind schwach vernetzte, aber aktive Komponenten. Durch die schwache Vernetzung sind die Nebenwirkungen besser abzuschätzen und das aktive Potential lässt sich als Hebelwirkung einsetzten. Wenn man sich im Projektverlauf die Möglichkeiten der „Early Wins" zunutze machen will, wird man sicher unter diesen Faktoren fündig. Z. B. sind die Wiederbeschaffungszeiten, mit denen der Einkauf (Faktor F) arbeitet, manchmal nicht mehr auf dem neuesten Stand und werden aus Tradition beibehalten. Bei der Änderung dieses Planungsparameters lassen sich oftmals signifikante Auswirkungen auf die Höhe der Lagerbestände feststellen.

Fazit und Erkenntnisse

Die Wirkungsmatrix ist ein sehr gutes analytisches Hilfsmittel, um Hinweise zu bekommen, worauf sich ein Manager einlässt, wenn er bestimmte Maßnahmen ergreift und an welchen Stellen zu welchem Zeitpunkt sinnvolle Eingriffsmöglichkeiten vorhanden sind.

Die Methode unterstützt ein systematisches und transparentes Vorgehen und gewährleistet jederzeit einen Nachvollzug der getroffenen Entscheidungen.

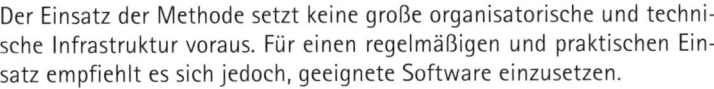

Tipp:

Der Einsatz der Methode setzt keine große organisatorische und technische Infrastruktur voraus. Für einen regelmäßigen und praktischen Einsatz empfiehlt es sich jedoch, geeignete Software einzusetzen.

Expertentipp

4 Methoden der Projektplanung

4.1 Analogiemethode

Kurzbeschreibung über die Methode

Methodenart	Projektplanung / Aufwandsplanung
geeignet für	Projekte, die in ähnlicher Form bereits durch die eigene Organisation durchgeführt worden sind oder für die empirisches Material vorliegt
Ziel	Schätzung des Aufwandes für Teilprojekte oder Projektphasen
benötigte Hilfsmittel/ Beteiligte	Projektdatenbank (elektronisch oder auf Papier), empirische Studien
Zeitaufwand	geringer Zeitaufwand
Vorteile	Die Ergebnisse liegen zu einem frühen Zeitpunkt im Projekt vor. Der Aufwand ist gering.
Nachteile	Die Zahlen lassen sich nicht optimal vergleichen. Es bestehen hohe Voraussetzungen bezüglich der Qualität der Daten und des Reportings.

Beschreibung der Methode

Bei den Analogiemethoden vergleicht man das zu schätzende Projekt mit einem oder mehreren bereits abgeschlossenen, ähnlichen Projekten, die

- ein gleiches oder ähnliches Anwendungsgebiet bzw. Aufgabenstellung haben,
- die gleiche oder ähnliche Größe haben oder
- gleiche oder ähnliche Randbedingungen.

Quellen dafür sind entweder eigene Erfahrungsdatenbanken, empirische Untersuchungen oder Benchmarks.

Die Zahlen liegen bei externen Studien meist nicht auf Arbeitspaketebene vor, sondern auf der aggregierten Stufe von Teilprojekten oder Phasen. Eine Verfeinerung bis hinunter auf Arbeitspaketebene muss dann mit einer der anderen Schätzmethoden vorgenommen werden (beispielsweise Expertenschätzung).

Anwendung der Methode

Beispiel: SAP-Einführung

Aus dem Bereich der SAP-Einführungen gibt es beispielsweise die Be-FITT-Studie (Benefit Focus in IT-enabled Transformations). Darin geht es um ein Forschungsprojektes der FH Konstanz in Zusammenarbeit mit der Unternehmensberatung Cap Gemini (veröffentlicht von Heiko Mauterer).

Auf der Basis von 185 befragten Firmen wurden folgende Aufwände für eine SAP/R3-Einführung ermittelt:

SAP-Modul	∅ Berateraufwand (PT)	∅ Einführungsdauer (Monate)
Finanzbuchhaltung (FI)	68	10,6
Kostenrechnung (CO)	77	11,6
Materialwirtschaft (MM)	126	13
Produktionsplanung (PP)	134	13,7
Auftragsabwicklung (SD)	152	13,5
PT=Personentag		

Tabelle 25: Aufwände für eine SAP-Einführung

Methodisch kann hier auch eine Bottom-up- oder Top-down-Vorgehensweise gewählt werden.

* Top-down-Vorgehensweise: Der Gesamtaufwand wird anhand von ähnlichen Projekten prozentual auf die einzelnen Phasen oder Produktteile heruntergebrochen. Dies kann zu einer groben Ab-

schätzung eines Projekts vorgenommen werden, wenn zu Anfang noch nicht alle Arbeitspakete definiert sind. Aus Erfahrung weiß man aber im Anlagenbau beispielsweise, wie sich die Aufwände prozentual über die einzelnen Phasen verteilen. Ähnlich ist das bei Softwareengineering-Projekten, in denen man aus Erfahrung weiß, wie sich prozentual die Aufwände über die Phasen Analyse, Design, Coding und Testing und Implementierung verteilen.

- Bottom-up: Bietet sich bei standardisierten Projektstrukturplänen an, wenn historische Daten für die einzelnen Arbeitspakete vorliegen.

Beispiel: Aufwandsverteilung

Das Beispiel zeigt eine mögliche Aufwandsverteilung für einen Top-down-Ansatz bei der Aufwandszuteilung. In ähnlichen Projekten hat man festgestellt, wie sich der Aufwand über die Phasen eines Projekts verteilt. Dementsprechend kann, je weiter die Projektstrukturierung vorangeschritten ist, der Aufwand auf die einzelnen Arbeitspakete verteilt werden. Es bietet sich jedoch an, zur Sicherheit auch eine Bottom-up-Analyse durchzuführen und beide Analysen abzustimmen, um Unklarheiten zu eliminieren.

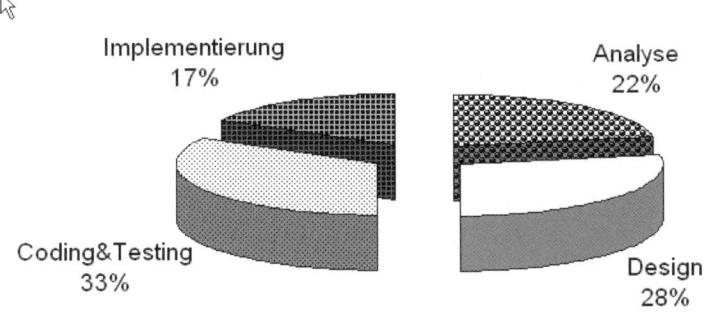

Abbildung 71: Aufwandsverteilung

Fazit und Erkenntnisse

Die Analogiemethode führt in einem bekannten Umfeld schnell zu Schätzergebnissen. Wenn die Daten in der eigenen Organisation erhoben wurden, lassen sich auch meist noch die Begleitumstände des Projekts nachvollziehen, so dass die „nackten" Daten bewertet werden können. Zu den Faktoren, die den Aufwand beeinflussen, gehören bei einem Projekt nicht nur die konkrete Aufgabenstellung, sondern auch noch eine Reihe weiterer Faktoren, wie Qualität des Teams, Kundenbeziehung und Projektumgebung.

Diese Faktoren lassen sich oft nicht aus Projektdatenbanken entnehmen, so dass sich die Daten der abgelaufenen Projekte u. U. nicht eins zu eins auf das eigene Projekt anwenden lassen. Auch setzt diese Art des Verfahrens ein hohes Maß an Reportingehrlichkeit voraus. Reportingtricks, welche die Zahlen eines Projekts schönfärben, sind im Projektmanagement-Umfeld leider auch ein nicht seltenes Phänomen.

Bei externen Daten ist es noch schwieriger zu beurteilen, ob die Randbedingungen auf das eigene Projekt zutreffen. Oft sind nur Durchschnittszahlen von Branchen, Firmengrößen usw. verfügbar, welche die Aussagekraft auf das eigene Projekt einschränken.

4.2 Kommunikationsplanung

Kurzbeschreibung der Methode

Methodenart	Projektplanung / Organisationsplanung
geeignet für	Kommunikation in mittleren und größeren Projekte
Ziel	Steuerung des Informationsflusses: Wer erhält welche Information auf welchem Wege mit welchem Ziel?
benötigte Hilfsmittel/ Beteiligte	Textverarbeitung, Tabellenkalkulation bzw. Projektplanungswerkzeug (bei komplexen Kommunikationsbeziehungen)
Zeitaufwand	abhängig von der Projektgröße; für mittlere Projekte ca. 1 Tag
Vorteile	• strukturierte Planung der Kommunikation • Zeitersparnis durch Formalisierungen • vollständige Einbeziehung der Stakeholder • Reflexion der Ziele der Kommunikation und der einzusetzenden Mittel
Nachteile	• Gefahr der Überplanung

Beschreibung der Methode

Die Kommunikationsplanung hat zum Ziel, den Kommunikationsbedarf sämtlicher Personen, die an einem Projekt beteiligt, sind zu erfassen, zu qualifizieren und in einer geeigneten Form zum richtigen Zeitpunkt zu befriedigen.

Kommunikation ist ein komplexer, vielschichtiger Prozess. Es sind zwei Gruppen involviert: jemand, der eine Nachricht sendet, und jemand, der sie empfängt. Transportiert wird zunächst ein sachlicher Inhalt, beispielsweise sagt ein Beifahrer zu seinem Fahrer: „Die Ampel ist rot !" Die Reaktion des Fahrers: „Fahr' ich oder fährst Du?" zeigt, dass in einem Kommunikationsprozess mehrere Ebenen involviert sind, ansonsten wäre diese Reaktion auf eine sachliche Information („Die Ampel ist rot!") rational nicht erklärbar.

Es sind also bei der Kommunikation noch viele weitere Ebenen zu unterscheiden:

- Auf der Senderseite – die Ausdrucksebene: In welchem Ton wurde die Information gesendet, etwa rein sachlich oder vorwurfsvoll oder schon leicht hysterisch?

- Auf der Empfängerseite – die Appellebene: Beispielsweise kann die Information in der Form ankommen: „Bist Du blind, halte doch!" oder „Ich unterstütze Dich!"

- Für Sender und Empfänger – die Beziehungsebene: Handelt es sich um ein Ehepaar, das eine jahrelange harmonische Beziehung hat, oder ist die Situation wegen des jüngsten Ehekrachs sowieso schon sehr angespannt?

Um diesen komplexen Vorgang zu operationalisieren, bietet sich das Kommunikationsmodell von Laswell an: „Wer sagt was, zu wem über welchen Kanal mit welchem Effekt?"

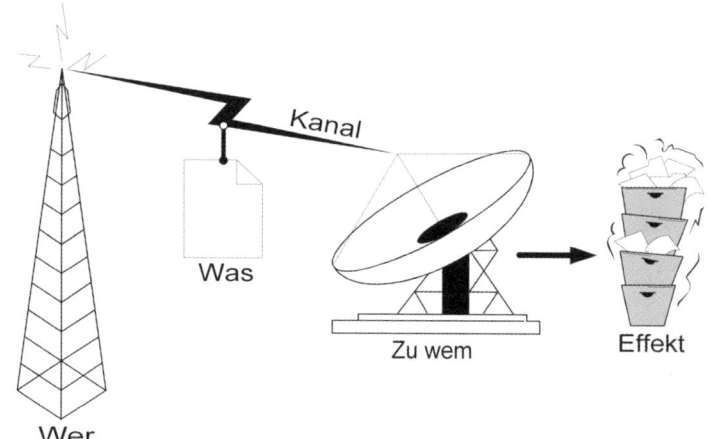

Abbildung 72: Kommunikationsmodell in Anlehnung an Laswell

Dieses Modell bietet den Vorteil, dass ein komplexer Vorgang in überschaubare Teilbereiche heruntergebrochen und damit jeder Teilbereich einfacher handhabbar wird. Da jeder Sender zudem noch ein potentieller Empfänger ist (und umgekehrt) handelt es sich hier auch nicht um ein mechanistisches Modell, sondern es schließt die Wechselwirkung von Sender und Empfänger mit ein. Wir ergänzen dieses Modell noch um eine zeitliche Komponente, da der richtige Zeitpunkt wichtig ist, zu dem eine Information gesendet wird.

Anwendung der Methode

1. Schritt: Bestimmung, wer die Information sendet

Meist tut dies die Projektleitung. Es kann aber durchaus sein, dass bestimmte Informationen über den Lenkungsausschuss übermittelt werden, beispielsweise die Ernennung des Projektleiters.

2. Schritt: Festlegung der Kommunikationsinhalte – was wird gesendet?

Die Bandbreite ist sehr groß: Projektinhalte, Projektpläne, Events, Projektfortschritt, Risikoanalysen, Kosten-Nutzen-Analysen, Success Stories usw.

3. Schritt: Zielgruppenbestimmung – an wen geht die Information?

Hier müssen alle Personen und Personengruppen berücksichtigt werden, die in der Stakeholderanalyse aufgeführt sind.

4. Schritt: Auswahl der geeigneten Kommunikationswege

Es bietet sich an, einen sogenannten „Mobilisierungsbaukasten" zu erstellen. Neben den gängigen Methoden wie Mails, Internetseite, Briefe, Fax, Telefonate müssen weitere Kanäle einbezogen werden: Meetings, Meetingkaskaden, Videos, Filme, Pressemitteilungen und zunehmend die modernen Web-2.0-Instrumente wie Wikis, RSS-Feeds, Podcasts.

5. Schritt: Effekt – was soll die Kommunikation bewirken?

Einen Effekt zu erreichen, ist das eigentliche Kommunikationsziel. Das Kommunikationsziel können wir danach differenzieren, in wie weit wir einen Empfänger in das Projekt involvieren wollen oder müssen. Eine Abstufung kann folgendermaßen vorgenommen werden:

- Informieren: Jemand muss nur wissen, worum es geht.
- Verständnis erwecken: Jemand muss verstehen, worum es geht, und die Hintergründe und Zusammenhänge erkennen.
- Einsicht: Jemand muss die Notwendigkeit eines Projekts einsehen.
- Unterstützung: Wir wollen von jemandem, dass er unser Projekt als Ganzes oder in bestimmten Teilbereichen unterstützt.
- Verpflichtung (Commitment): Wir wollen, dass jemand das Projekt oder Teile davon zu seiner Sache macht.
- Eigenverantwortung (Ownership): Wir wollen, dass jemand das Projekt positiv und aktiv, auch nach außen, vertritt.

6. Schritt: Zeitplanung

Der Kommunikationsplan muss mit dem Projektterminplan synchronisiert werden.

Beispiel: Kommunikationsplanung: Einführung einer ERP-Software

Die Einführung einer ERP-Software (Enterprise Resource Planning Software) ist ein Projekt, das beinahe alle Bereiche eines Unternehmens erfasst. Dementsprechend groß ist die Anzahl der Stakeholder mit unterschiedlichen Interessen. Eine kritische Funktion nehmen bei der Einführung dieser Systeme die Endanwender ein. Für die Endanwender ist das Kommunikationsziel unterschiedlich, je nach der Phase, in der sich das Projekt befindet. Sicher ist nur, dass die Endanwender nach Abschluss des Projekts Verpflichtung für die Bereiche der Software übernehmen, die sie betreffen.

Diesen Prozess von der reinen Informiertheit vor Projektstart über alle Verantwortungsstufen hinweg bis zur Übernahme der Verpflichtung ist eine große Herausforderung. Oft scheitert die Einführung solcher Systeme daran, dass die Endanwender zu sehr in eine Konsumentenhaltung verfallen und das System nicht aktiv unterstützen. Das Key-User-Prinzip der Einführung soll dem Abhilfe schaffen.

Key User sind ausgewählte Mitarbeiter aus den Fachabteilungen, die in das Projektteam von Anfang an integriert werden. Das Key-User-Prinzip bedeutet, dass im Laufe des Projekts die Verantwortung für die Software schrittweise von externen Beratern über die Key User an die Endbenutzer übertragen wird. Dieses Prinzip muss durch Kommunikation unterstützt werden.

Zunächst können Betriebszeitungen oder Rundschreiben dazu dienen, das Projekt anzukündigen und Verständnis für dessen Einführung erwecken, indem auf notwendige Produktivitätsverbesserungen aufmerksam gemacht wird. Abteilungsbesprechungen vermitteln dann Einsicht in die Notwendigkeit, und zwar indem sie auf die spezifische Situation in den Abteilungen eingehen.

In der Phase der Projektklärung nehmen die Key User Inputs ihrer Kollegen auf (entweder formalisiert durch Fragebögen oder in Gesprächen.) Verständnis wird somit in Unterstützung überführt. Ist ein Prototyp erstellt, kann dieser benutzt werden, den Endanwendern frühzeitig zu demonstrieren, in welcher Form ihre Inputs in das Projekt eingeflossen sind. Dazu können besondere Demo-Räume benutzt werden.

Der Schritt von der Unterstützung zur Verpflichtung wird in der Endphase der Implementierung durch geeignete Schulungsmaßnahmen und durch konkrete Zielvereinbarungen mit den Mitarbeitern unterstützt.

Fazit und Erkenntnisse

Die Kommunikationsplanung nach dem Sender-/Empfänger-Modell von Laswell bietet ein pragmatisches Modell, den Kommunikationsprozess planbar zu machen. Es baut sehr gut auf Analysen und Planungen auf, die bereits in vorangegangenen Projektphasen gemacht wurden (Stakeholderanalyse, Projektterminierung). Sie zwingt auch dazu, sich systematisch Gedanken über Kommunikationswege zu machen und führt zu einem möglichen Mobilisierungsbaukasten. Eine weitere Stärke liegt darin, dass man die Kommunikationsziele beschreiben und sich Gedanken darüber machen muss, welcher Effekt mit der Kommunikationsmaßnahme erzielt werden soll. Dies führt zu einer zielgerichteten Kommunikation.

Die Grenzen dieser Art der Kommunikationsplanung liegen darin, dass das Modell zunächst von rational handelnden Beteiligten ausgeht. Die unterschiedlichen Formen von individuellem Kommunikationsverhalten, sei es aus übersteigertem Ehrgeiz, auf Basis schlechter Erfahrungen aus vergangenen Projekten oder aufgrund pathologischen Verhaltens, werden hier in der Planung nicht berücksichtigt. So kann es durchaus sein, dass eine Person, die man zunächst nur informieren möchte, sich in der Selbsteinschätzung nicht ausreichend in den Kommunikationsprozess einbezogen fühlt und evtl. vom neutralen Beobachter zum Gegner des Projekts wird.

4.3   Mitarbeiterplanung

Kurzbeschreibung der Methode

Siehe CD-ROM

Methodenart	Projektplanung / Ressourcenplanung
geeignet für	alle Projekte
Ziel	Mitarbeiter mit der passenden Qualifikation zur passenden Zeit mit der erforderlichen Verfügbarkeit einzuplanen
benötigte Hilfsmittel/ Beteiligte	Spreadsheets (für kleinere Projekte), Projektplanungstool (für mittlere und größere Projekte)
Zeitaufwand	abhängig von der Projektgröße
Vorteile	• notwendige Voraussetzung, um Termine im Projekt

169

	bestimmen zu können
	• Kontrolle bzw. Modifikation der Aufwandsplanung
	• Ausgangspunkt für eine Projektplanoptimierung, mit Hilfe der Zuordnung von Ressourcen
Nachteile	• keine

Beschreibung der Methode

Die Mitarbeiterplanung als Teil der Ressourcenplanung hat zum Ziel, Mitarbeiter so einzuplanen, dass sie mit den richtigen Aufgaben betraut sind, zur in Frage kommenden Zeit verfügbar sind und nicht überlastet werden. Weitere Ziele, beispielsweise die gleichmäßige Auslastung der Mitarbeiter, und auch weiche Ziele, wie die Erhöhung der Mitarbeiterzufriedenheit durch Zuordnung der richtigen Aufgaben, Ausbildungsanforderungen usw., können mit der Ressourcenplanung verfolgt werden

Unter Ressourcen verstehen wir die Einsatzmittel nach DIN 69902: Personal und Sachmittel (Maschinen/Werkzeuge, Materialien). Im Folgenden werden wir die Planung der Ressource „Mitarbeiter" darstellen.

Die Ressourcenplanung erfolgt zunächst in einer Grobplanung, die, besagt, wie viele Mitarbeiter überhaupt in einem Projekt benötigt werden. Eine weitere Detaillierung erfolgt dann nach der Qualifikation der Mitarbeiter. Eine genaue Zuordnung der Mitarbeiter zu konkreten Arbeitspaketen wird in der Ressourcenfeinplanung vorgenommen.

Anwendung der Methode

1. Schritt: Grobplanung der Ressourcen

Sind der gesamte Aufwand und die Zeitdauer eines Projekts als Randbedingungen festgelegt, so lässt sich der Ressourcenbedarf zunächst grob mit Hilfe der verfügbaren Projektarbeitszeit pro Mitarbeiter bestimmen:

Verfügbare Projektarbeitszeit	
Jahrestage	365 Tage
Sa, So, Feiertage	-110 Tage
Urlaub/Krankheit	-39 Tage
Weiterbildung	-6 Tage
Projektarbeitstage	210 Tage
Bei einem 7-Stunden-Arbeitstag	1.470 Std.
abzüglich Overhead-Tätigkeiten	-270 Std.
Verfügbare Projektarbeitszeit pro Jahr	1.200 Std.
Verfügbare Projektarbeitszeit pro Monat	100 Std.

Tabelle 26: Verfügbare Projektarbeitszeit

Wird ein Projekt mit einem Budget von 3.000 Stunden geplant und soll es innerhalb von einem Jahr beendet sein, benötigt man in der ersten groben Annäherung im Durchschnitt 6.000/1.200 = 5 Mitarbeiter.

2. Schritt: Detaillierung nach Phasen

Eine weitere Detaillierung erfolgt anschließend nach Phase und Qualifikation der Mitarbeiter.

Beispiel: Cocomo-Aufteilung nach Phasen

Bei der Aufwandschätzung haben wir ein Beispiel einer parametrischen Schätzung nach Cocomo gezeigt. Das Projekt hatte einen geschätzten Aufwand von 18,5 Personentagen und eine geschätzte Projektdauer von 10,6 Monaten. Legt man ein Phasenmodell von 5 Phasen (Anforderungen, Produkt Design, Detail Design, Programmierung und Testen, Implementierung) zugrunde, verteilt sich der Gesamtaufwand zeitlich gemäß folgender Aufstellung:[5]

---

[5] Die Aufstellung wurde mit der Software Costar erzeugt, das Schätzungen auf der Basis von Cocomo II ermöglicht. Eine Demo-Version ist verfügbar und hat die volle Funktionalität, ist aber auf einen Softwareumfang von 5.000 Zeilen begrenzt.

171

Monat	Phase 1	Phase 2	Phase 3	Phase 4	Phase 5	Aufwand Monat (PM)	Gesamt- aufwand (PMkum)
1	0,8	0,8	0,0	0,0	0,0	0,8	0,8
2	0,4	0,6	0,0	0,0	0,0	1,0	1,8
3	0,0	1,3	0,0	0,0	0,0	1,3	3,1
4	0,0	1,0	0,5	0,0	0,0	1,5	4,7
5	0,0	0,0	2,2	0,0	0,0	2,2	6,8
6	0,0	0,0	1,9	0,3	0,0	2,2	9,0
7	0,0	0,0	0,0	2,2	0,0	2,2	11,2
8	0,0	0,0	0,0	2,2	0,0	2,2	13,5
9	0,0	0,0	0,0	1,5	0,6	2,1	15,5
10	0,0	0,0	0,0	0,0	1,8	1,8	17,3
11	0,0	0,0	0,0	0,0	1,1	1,1	18,5

Tabelle 27: Aufteilung des Aufwandes nach Phasen

Die Phase Anforderungen erstreckt sich über die Monate 1 und 2 und benötigt einen Aufwand von 1,2 Personenmonate. Daraus lässt sich entnehmen, dass man mehr als einen Analytiker benötigt. Eine weitere Detaillierung erfolgt dann in der Ressourcenfeinplanung.

Mit dieser Vorgehensweise kommt man dann zu einem „Kapazitätsgebirge", das für jede Ressource oder auch Ressourcengruppe (je nach Detaillierungsgrad) die Auslastung im Zeitablauf aufzeigt und dem internen Angebot gegenüberstellt. Dies ist insbesondere in einer Multiprojektumgebung wichtig, wenn dieselben Ressourcen oder Ressourcengruppen in mehreren Projekten eingeplant sind. Überlastungen im Zeitverlauf werden dabei deutlich.

3. Schritt: Feinplanung auf Arbeitspaketebene

Basis hierfür ist die Arbeitspaketplanung. Entsprechend den identifizierten Aufgaben bzw. Arbeitsinhalten sowie den Anforderungen hinsichtlich Qualifikation und Zeit werden Mitarbeiter mit bestimmten Kenntnissen und Fähigkeiten gebraucht.

Mithilfe der Arbeitspaketliste, der ermittelten Aufwände und der Arbeitspaketinhalte werden die erforderlichen Mitarbeiter ausgewählt. Kriterien sind dabei:

- Können/Kompetenzen
- Funktionen (Projektmitarbeiter, Projektleiter)
- Verfügbarkeit
- Kapazität/Quantität

Jedem Arbeitspaket wird nun eine oder mehrere Ressourcen zugeordnet und evtl. mit einem Prozentsatz versehen, der aussagt, zu wieviel Prozent seiner verfügbaren Arbeitszeit ein Mitarbeiter sich diesem Arbeitspaket widmen kann. Aus der Summe der Zuordnungen errechnet sich, wann welcher Mitarbeiter oder welche Mitarbeitergruppe mit welchem Aufwand in welchem Zeitraum eingeplant ist. Unstimmigkeiten mit Überlastungen werden im Rahmen der Terminierung abgeglichen.

Fazit und Erkenntnisse

Die Einplanung der Mitarbeiter in den Projektablauf hat sowohl einen menschlichen als auch einen planerischen Aspekt.

Wichtig:

Die richtigen Mitarbeiter mit den richtigen Arbeiten zu beauftragen, ist einer der wichtigsten Erfolgsfaktoren im Projekt!

Expertentipp

Planerisch stellt die Ressourcenplanung die hohe Anforderung, Quantität (Aufwand) und Qualität (Projektinhalt) in Übereinstimmung zu bringen. Manchmal kommen weitere erschwerende Bedingungen hinzu, wenn beispielweise noch eine gleichmäßige Auslastung der Mitarbeiter gefordert ist. Mitunter werden zeitliche Lücken in der Beschäftigung nicht toleriert. Deshalb können sich durchaus in der Feinplanung Abweichungen von der Grobplanung ergeben.

Die Feinplanung als Bottom-up-Planung stellt somit auch ein Kontrollinstrument der Grobplanung dar.

Tipp:

Die Ressourcenplanung ist auch die geeignete Stelle, um „weiche" Ziele im Projektmanagement zu verfolgen, beispielsweise die Erhöhung der Mitarbeitermotivation und Erhöhung des Ausbildungsstandes.

Im Rahmen einer Multiprojektumgebung bekommt die Mitarbeiterplanung eine zusätzliche Dimension: Die selben Mitarbeiter können in mehreren Projekten eingeplant werden. Dies muss sowohl in der Anfangsplanung als auch bei Änderungen im laufenden Projekt berücksichtigt werden.

4.4   Netzplantechnik

Kurzbeschreibung der Methode

Methodenart	Projektplanung / Ablaufplanung
geeignet für	mittlere bis größere Projekte
Ziel	Darstellung des Ablaufs eines Projekts
benötigte Hilfsmittel/ Beteiligte	Spreadsheets (für kleinere Projekte), Projektplanungstool (für mittlere und größere Projekte)
Zeitaufwand	abhängig von der Projektgröße; eine Zeitersparnis ist durch den Einsatz von Standardprojektplänen möglich
Vorteile	Die Netzplanung ist eine Voraussetzung, um sich Termine bei mittleren und größeren Projekten automatisch errechnen zu lassen. Die Verwendung der elementaren Anordnungsbeziehungen lassen Optimierungsmöglichkeiten im Ablauf erkennen.
Nachteile	Je detaillierter ein Strukturplan, desto höher ist die Komplexität des Netzplanes. Dies führt zu erhöhtem Aufwand bei der Erstellung und Pflege des Netzplanes, vor allem dann, wenn während der Projektabwicklung die unvermeidlichen Änderungen am Projektplan eingebaut werden müssen.

Beschreibung der Methode

Mit dieser Methode können Sie den hierarchischen, statischen Aufbau des Projektstrukturplanes in eine dynamische Struktur überführen. Während der Strukturplan den Aufbau eines Projekts abbildet, zeigt der Netzplan den Ablauf eines Projekts.

Die Blätter des Projektstrukturplanes, die Arbeitspakete, werden in der Netzplanung als Vorgänge angeordnet, die in logischer Beziehung zueinander stehen. Diese logischen Beziehungen sind die Anordnungsbeziehungen.

In der DIN 69900 sind die elementaren Anordnungsbeziehungen beschrieben als Normalfolge, Anfangsfolge, Endfolge und Sprungfolge.

Normalfolge

Nr.	Vorgänger	Vorgangsname	Dauer	18. Dez '06
1		Arbeitspaket 1	2 Tage	
2	1	Arbeitspaket 2	3 Tage	

Abbildung 73: Normalfolge

Beispiel: Normalfolge

- Arbeitspaket 1: Karosserie säubern
- Arbeitspaket 2: Karosserie lackieren
- Normalfolge: Es kann erst lackiert werden, wenn die Karosserie gesäubert ist

Das Arbeitspaket 2 kann erst beginnen, wenn Arbeitspaket 1 fertig gestellt ist. Das wird dadurch ausgedrückt, dass für das Arbeitspaket 2 ein Vorgänger angegeben wird. Diese Beziehung wird auch Ende-Anfang-Beziehung (EA) genannt.

Anfangsfolge

Nr.	Vorgänger	Vorgangsname	Dauer	18. Dez '06
4		Arbeitspaket 1	2 Tage	
5	4AA	Arbeitspaket 2	2 Tage	

Abbildung 74: Anfangsfolge

175

Beispiel: Anfangsfolge

- Arbeitspaket 1: Spezifikation erstellen
- Arbeitspaket 2: Codieren
- Anfangsfolge: Man kann die Codierung und die Spezifikation parallel beginnen.

Arbeitspaket 1 und Arbeitspaket 2 beginnen parallel. Jedoch kann Arbeitspaket 2 erst beginnen, wenn Arbeitspaket 1 gestartet wurde. Zwischen den beiden Arbeitspaketen besteht eine Anfang-Anfang-Beziehung. Es ist auch möglich, zwischen den beiden Arbeitspaketen einen Zeitversatz einfügen (s. nächste Abbildung):

Nr.	Vorgänger	Vorgangsname	Dauer	18. Dez '06							
				S	M	D	M	D	F	S	S
4		Arbeitspaket 1	2 Tage								
5	4AA+1 Tag	Arbeitspaket 2	2 Tage								

Abbildung 75: Anfangsfolge mit Zeitversatz

Hier ist der Beginn der Arbeitsfolge 2 vom Beginn der Arbeitsfolge 1 abhängig, beginnt aber um einen Tag versetzt.

Endefolge

Nr.	Vorgänger	Vorgangsname	Dauer	18. Dez '06							
				S	M	D	M	D	F	S	S
7		Arbeitspaket 1	2 Tage								
8	7EE	Arbeitspaket 2	2 Tage								

Abbildung 76: Endefolge

Beispiel: Endefolge

- Arbeitspaket 1: Elektrische Leitungen verlegen
- Arbeitspaket 2: Elektrische Leitungen prüfen
- Endefolge: Die Prüfung der elektrischen Leitungen kann erst beendet werden, wenn das Arbeitspaket „Elektrische Leitungen verlegen" beendet ist.

Arbeitspaket 2 kann erst beendet werden, wenn Arbeitspaket 1 beendet ist. Diese Beziehung wird auch Ende-Ende-Beziehung genannt.

Sprungfolge

Nr.	Vorgänger	Vorgangsname	Dauer	18. Dez '06							
				S	M	D	M	D	F	S	S
10		Arbeitspaket 1	2 Tage								
11	10AE	Arbeitspaket 2	2 Tage								

Abbildung 77: Sprungfolge

Beispiel: Sprungfolge

Man kann sich diese Beziehung mit der Ablösung eines Wachdienstes verdeutlichen:

- Arbeitspaket 1: Neuer Wachdienst
- Arbeitspaket 2: Alter Wachdienst
- Der alte Wachdienst kann erst dann beendet werden, wenn der neue Wachdienst angetreten ist.

Arbeitspaket 2 kann erst dann beendet werden, wenn Arbeitspaket 1 angefangen hat. Diese Beziehung wird auch Anfang-Ende-Beziehung (AE) genannt.

Anwendung der Methode

Die konkrete Vorgehensweise bei der Ablaufplanung ist vom Einsatz des jeweiligen Werkzeuges abhängig. Bei Verwendung vom MS-Project können Sie in folgenden Schritten vorgehen:

1. Eingabe der Arbeitspakete des Projektstrukturplans
2. Kenntlichmachen der Hierarchiestufen: Welche Vorgänge welchen übergeordnet sind, wird bei MS-Project durch Einrücken der untergeordneten Vorgänge dargestellt.
3. Eventuell zusätzliche Meilensteine aufnehmen. Meilensteine sind Vorgänge mit der Dauer von null.
4. Je nach Planungsart, Eingabe der Zeitdauer oder Eingabe des Aufwandes (siehe auch Methode der Terminierung)
5. Verbindung der Vorgänge (Arbeitspakete) mit den elementaren Vorgangsbeziehungen
6. Kritische Prüfung des Ablaufs bezüglich Optimierungspotential:
   a) Können Abläufe, die sequentiell geplant sind, parallel abgewickelt werden ?
   b) Sind Überlappungen möglich?

c)   Können Umwege vermieden werden?

d)   Kann man Vorgänge weglassen?

e)   Wird der Plan zu komplex? Sollte man ihn besser in Teilpläne zerlegen?

7.   Kontrolle des Ergebnisses im Gantt-Chart

Fazit und Erkenntnisse

Die Darstellung des Ablaufs in den elementaren logischen Ablaufbeziehungen ist eine Voraussetzung, um die Vorteile einer automatischen Errechnung der Termine durch Projektplanungswerkzeuge vornehmen zu können. Diese Form der Ablaufplanung bietet auch einen Ansatz, den Ablauf eines Projekts schon in einem Planungsstadium zu optimieren, in dem über die konkreten Termine noch keine Aussage getroffen ist.

Bei kleineren Projekten wird es genügen, sich auf zwei Ablaufbeziehungen zu beschränken: die sequentielle und die parallele Anordnung der Abläufe. Dabei ist es nicht nötig, sich die Termine automatisch berechnen zu lassen. Eine einfache Darstellung der Termine in einem Balkendiagramm genügt.

Expertentipp

Tipp:

Schwierig kann die Netzplanung dann werden, wenn der Plan zu detailliert und zu komplex ist. Dies macht die Planung schwerfällig und aufwendig, insbesondere dann, wenn während des Projektablaufs Änderungen in den Projektplan eingepflegt werden müssen. Eine gründliche Kenntnis des eingesetzten Projektplanungstools ist auf jeden Fall Voraussetzung, um nicht unliebsame Überraschungen bei der automatischen Planung zu erleben.

4.5 Parametrische Schätzung

Kurzbeschreibung der Methode

Methodenart	Projektplanung / Aufwandsplanung
geeignet für	alle Projektarten, eingeschränkt für Forschungsprojekte
Ziel	Schätzung des Aufwandes für Arbeitspakete anhand mathematischer Formeln
benötigte Hilfsmittel/ Beteiligte	Papier und Bleistift (bei einfachen Formeln), Rechenprogramm (bei komplexeren Zusammenhängen)
Zeitaufwand	je nach Projektgröße und gewähltem Verfahren kleiner bis hoher Zeitaufwand
Vorteile	Die Vorteile liegen in der Schnelligkeit, Objektivität, Nachvollziehbarkeit, Transparenz, Anpassbarkeit sowie in der einfachen Anwendung.
Nachteile	Zum Teil gibt es komplexe Berechnungsformeln, in die viele Faktoren eingehen. Die Herleitung der Formel ist mathematischen Laien manchmal schwer zu vermitteln, und deshalb stößt man in der Praxis auf Widerstände.

Beschreibung der Methode

Parametrische Schätzverfahren oder auch algorithmische Schätzverfahren sind Verfahren, die aus empirischen Daten zu ermitteln versuchen, welche Parameter auf den Projektaufwand und auf die Projektlaufdauer Auswirkungen haben und diese in einen mathematischen Zusammenhang bringen. Algorithmische Verfahren werden in vielen Bereichen angewandt: im Anlagenbau, im Flugzeugbau, in der Softwareentwicklung usw.

Ein einfaches Beispiel für Parametrische Schätzungen ist die Schätzung des Arbeitspakets „Wände streichen". Mit Sicherheit geht in die Projektdauer der Parameter „zu streichende Fläche" ein. Wenn man aus seiner Erfahrungsdatenbank weiß, dass es 15 Minuten dauert, um einen Quadratmeter Wand zu streichen, lässt sich die Zeitdauer für 20 Quadratmeter leicht errechnen. Zusätzliche weitere Parameter, wie Berufspraxis des Malers, verwendete Farbe, Beschaffenheit der Wand, gehen ebenfalls in die Zeitschätzung mit ein.

Anwendung der Methode

Beispiel: Cocomo II (Constructive Cost Model)

Das Cocomo wurde 1981 von Barry Boehm eingeführt und seit dieser Zeit ständig fortentwickelt, um auf neue Technologien, Methoden und Prozesse im Bereich des Softwareengineerings entsprechend zu reagieren. Die letzte Version trägt die Bezeichnung Cocomo II:

Auf der Basis von ca. 250 Projekten wurde ein funktionaler Zusammenhang zwischen Systemgröße (gemessen in die Anzahl der Befehle, der Source Lines of Code), dem Erstellungsaufwand und der Projektdauer ermittelt. Weitere Parameter, die in die Formel eingehen, sind: Kostentreiber (Cost Driver) und Scale-Faktoren zur Beschreibung der Projektkomplexität.

Aufwand und Zeit nehmen exponentiell mit der Anzahl der Befehle zu, wobei der Exponent aus den Scale Drivers ermittelt wird.

Schätzung des Aufwands und der Zeitdauer

- Aufwand = 2.94 * EAF * (KSLOC) ^{E}

  - KSLOC: Kilo Source Lines of Code (Anzahl der Befehle)
  - EAF: Effort Adjustment Factor (ein Faktor, der aus den Kostentreibern abgeleitet wird)
  - E: Exponent (der aus den Komplexitätsfaktoren (Scale Driver) gewonnen wird)

- Dauer = 3.67 * (Aufwand) ^{SE}

  - Aufwand: Der Aufwand aus der Cocomo-II-Aufwandsgleichung
  - SE: Schedule Exponent (der Exponent der Zeitdauergleichung, der aus den Komplexitätsfaktoren gewonnen wird)

Die Exponenten werden aus den Scale Drivers ermittelt, wobei jeder Scale Driver nach den Komplexitätsgraden als sehr niedrig, niedrig, normal, hoch, sehr hoch oder außerordentlich hoch bewertet wird. Je nach Bewertung bekommen die Scale Drivers einen Faktor zugeordnet. Die Summe dieser Faktoren plus einen Basisfaktor ergeben den Exponenten. Die Scale Drivers sind:

- Precedentedness: Bekanntheitsgrad der Aufgabenstellung für das Team

- Development Flexibility: Flexibilität der Anforderungen – wie streng sind die Anforderungen, müssen alle ausnahmslos erfüllt werden? Die Skala reicht von „rigoros" bis „allgemeine Zielvorstellung".

- Architecture/Risk Resolution: Bis zu welchem Grad ist die Architektur des Systems definiert?

- Team Cohesion: Beschreibung der Beziehung zwischen den Stakeholdern des Projekts; das reicht von „sehr schwieriger Interaktion" bis zu „reibungsloser Interaktion".

- Process Maturity: Entwicklungsstadium der Projektkultur – diese wird mit dem CMM-Level (Cabability Maturitiy Model Level) eins bis fünf skaliert.

Haben beispielsweise alle Scale Drivers den Komplexitätsgrad „normal (nominal)", so ergibt das eine Summe aller Scale-Faktoren von 18,97. Der Exponent E errechnet sich dann zu 18,97/100 + 0,91(Basisfaktor) = 1,0997.

Cocomo II kennt Cost Drivers in den Kategorien Persönlichkeit, Produkt, Plattform und Projekt.

Im Einzelnen sind das:

Persönliche Faktoren	Produkt-Faktoren	Plattform-Faktoren	Projekt-Faktoren
Fähigkeit der Analysten	erforderliche Zuverlässigkeit	geforderte Antwortzeiten	Einsatz von Softwarewerkzeugen
Erfahrung mit der Applikation	Größe der Datenbank	Speicherbegrenzungen	Entwicklung an mehreren Standorten
Fähigkeiten der Programmierer	Komplexität des Softwareproduktes	Stabilität der Systemkonfiguration	enger Zeitplan
Erfahrungen mit der Plattform	Wiederverwendbarkeit		
Erfahrung mit der Programmiersprache und den Entwicklungswerkzeugen	Anforderungen an die Dokumentation während des Life Cycles		
Teamkontinuität			

Tabelle 28: Cocomo Cost Drivers

Auch bei den Cost Drivers gibt es fünf Skalierungsstufen, die den Cost-Driver-Faktor bestimmen. Werden beispielsweise im Flugzeugbau sehr hohe Anforderung an die Software gestellt, so geht dieser Cost Driver mit dem Faktor 1,26 in die Formel ein. Normale Anforderungen gehen mit dem Faktor 1 ein.

Beispiel: Ein Programm, das sowohl bei den Cost Drivers als auch bei den Scale Drivers normale Anforderungen stellt und 5000 Lines of Code benötigt, hat nach der Formel einen geschätzten Aufwand von:

Aufwand = 2.94 * (1) * (5)^{1,0997} = 18,5 Personenmonate

und wird voraussichtlich eine Zeitdauer in Anspruch nehmen von:

Dauer = 3.67 * (18,5)^{0,3179} = 10,6 Monate[6]

Fazit und Erkenntnisse

Parametrische Schätzungen bieten eine schnelle Methode um zu Zeit- und Aufwandschätzungen in einem Projekt zu kommen. Voraussetzung ist, dass der empirisch festgestellte Zusammenhang auf einer genügend breiten und sauber gepflegten Datenbasis abgeleitet wurde.

So abstrakt die Rechenmodelle (zum Beispiel bei Cocomo) auf den ersten Blick erscheinen mögen, sind sie doch ein gutes Hilfsmittel, das transparent zu machen, was die Schätzung beeinflusst.

Expertentipp

Tipp:

Beispielsweise sind die Scale Drivers und die Cost Drivers sehr geeignet, sich darüber explizit Rechenschaft darüber abzulegen, was in die Aufwandschätzung eingegangen ist. Wenn sich Bedingungen ändern, können die Auswirkungen auf Zeit und Aufwand schnell nachgewiesen werden. Das Schätzverfahren wird objektiviert.

Ein weiterer Vorteil ist die Anpassbarkeit. Die Formel kann individuellen Bedürfnissen leicht angepasst werden.

Nachteilig ist, dass die Herleitung der Formel mathematischen Laien nur schwer zu vermitteln ist, da meist das statistische Rüstzeug dafür fehlt. Was nicht durchschaut wird, macht misstrauisch. Deshalb werden in der Praxis die ermittelten Zahlen oft angezweifelt, insbesondere dann, wenn die Aufwandszahlen vermeintlich zu hoch liegen.

---

[6] Der Exponent SE für die Errechnung der Zeitdauer wird nach einer etwas anderen Formel gewonnen als die beschriebene Formel für den Exponenten E des Aufwandes (SE=0,28+(0,2*(E-0,91)=0,3179, wobei E = 1,0997 ist).

4.6 Staggering

Kurzbeschreibung der Methode

Methodenart	Projektplanung / Terminierung
geeignet für	alle Projektarten
Ziel	Terminierung nach dem Projektengpass, Vermeidung von unproduktiver Parallelarbeit
benötigte Hilfsmittel/ Beteiligte	Spreadsheets; für größere Projekte: Software (die Goldratts Critical-Chain-Methode unterstützt)
Zeitaufwand	abhängig von der Projektgröße
Vorteile	Diese Methode reduziert die Komplexität der Planung, da man sich auf den Projektengpass konzentriert. Sie verhindert, dass die Engpassressource durch paralleles Arbeiten an unterschiedlichen Aufgaben unproduktiv eingesetzt wird.
Nachteile	Der Einsatz dieser Methode ist nicht unabhängig von anderen Methoden. Sie entfaltet ihre volle Wirkung erst, wenn man sich innerhalb der Methodologie der Critical Chain bewegt.

Beschreibung der Methode

Eine spezielle Methode, mit den Engpassressourcen in einem Projekt umzugehen, wird im Rahmen der Critical-Chain-Methode thematisiert. Die Critical-Chain-Methode versucht in den Projekten diejenigen Parallelarbeiten zu vermeiden, die eine Ressource dazu zwingen, ein angefangenes Arbeitspaket zugunsten eines anderen zu unterbrechen und das erstere nach dieser Unterbrechung wieder aufzunehmen. Die Unterbrechungen der einzelnen Arbeitspakete führen dazu, dass bei den Wiederaufnahmen der Arbeit zusätzliche Rüstzeiten entstehen, aber auch – und das ist noch gravierender – dass sich die Durchlaufzeiten aller Arbeitspakete verlängern.

Das Ziel der Methode ist es, die Komplexität einer Planung dadurch zu reduzieren, dass man sich auf den Engpass in einem Projekt konzentriert. Der Engpass ist die am meisten belastete Ressource. Es kommt also darauf an, diesen Engpass so zu planen, dass er möglichst produktiv eingesetzt werden kann. Alle anderen Ressourcen müssen sich diesen Anforderungen unterwerfen. Gleichmäßige Auslastung aller Ressourcen ist hier kein Planungsziel.

Anwendung der Methode

Um die Verlängerung der Durchlaufzeiten zumindest für die kritischen Ressourcen (diejenigen, die am stärksten ausgelastet sind) zu verhindern, empfiehlt die Critical Chain folgende Vorgehensweise:

1. Identifizieren Sie die am meisten belastete Ressource.
2. Planen Sie die Arbeit nach dieser Ressource, und berücksichtigen Sie deren begrenzte Kapazität.
3. Planen Sie die Tätigkeiten so, dass diese Ressource nicht im gleichen Zeitraum an unterschiedlichen Arbeitspaketen arbeitet (kein „Multitasking" für die Engpassressource!).
4. Planen Sie alle Arbeitspakete um diese Ressource herum.

Das bedeutet, dass der Taktschläger die Engpassressource ist, die optimal geplant werden muss. Es ist dabei im Projektverlauf unerheblich, wenn die anderen Ressourcen teilweise nicht ausgelastet sind.

Beispiel: Staggering

Ein einfaches Beispiel soll die Vorteile der Vorgehensweise des Staggerings verdeutlichen.

Nr.	Vorgangsname	Dauer	04. Jun '07								11. Jun '07					
			S	S	M	D	M	D	F	S	S	M	D	M	D	F	S
1	Projekt 1	32 Std.														
2	AP1	8 Std.			R1											
3	AP2	8 Std.				R2										
4	AP3	8 Std.					R3									
5	AP4	8 Std.					R2									
6	Projekt 2	32 Std.														
7	AP5	8 Std.			R4											
8	AP6	8 Std.				R2										
9	AP7	8 Std.					R5									
10	AP8	8 Std.					R2									

Abbildung 78: Überlastung von Ressourcen

In einer Multiprojektumgebung werden zwei Projekte mit den Arbeitspaketen AP1 bis AP8 parallel abgewickelt. Die einzelnen Arbeitspakete können nur nach einander abgearbeitet werden.

1. Schritt: Man erkennt, dass die Ressource R2 an zwei Tagen (Dienstag und Donnerstag) doppelt verplant ist. Die anderen Ressourcen sind nicht überlastet.

2. Schritt: R2 wird so eingeplant, dass die Überlastung nicht durch paralleles Arbeiten an AP2 und AP6 (AP4 und AP8) aufgefangen wird.

3. Schritt: Damit R2 als Engpassressource seine Arbeitspakete hintereinander abwickeln kann, ist es in diesem Falle nur notwendig, den Beginn von AP6 um einen Tag zu verschieben.

Nr.	❶	Vorgangsname	Dauer	04. Jun '07								11. Jun '07					
				S	S	M	D	M	D	F	S	S	M	D	M	D	F	S
1		**Projekt 1**	**32 Std.**														
2		AP1	8 Std.			R1											
3		AP2	8 Std.				R2										
4		AP3	8 Std.					R3									
5		AP4	8 Std.						R2								
6		**Projekt 2**	**32 Std.**														
7	🖼	AP5	8 Std.			R4											
8		AP6	8 Std.				R2										
9		AP7	8 Std.					R5									
10		AP8	8 Std.						R2								

Abbildung 79: Staggering der Engass-Ressource

Die Durchlaufzeit des Projekts 1 bleibt 4 Tage, die Durchlaufzeit des Projekts 2 ebenfalls 4 Tage, und zwar dadurch, dass mit AP5 auch einen Tage später begonnen werden kann.

Der Endtermin von Projekt 2 verschiebt sich um einen Tag auf den Freitag.

Verglichen mit der Alternative Parallelarbeit bietet Staggering in diesem Beispiel den Vorteil, dass Rüstzeiten nur einmal anfallen und nicht bei jeder Neuaufnahme der Arbeit (in diesem Beispiel vier Mal) Dies hätte dazu geführt, dass

- die Durchlaufzeiten für beide Projekte sich auf 5 Tage erhöht hätten,
- bei R2 entweder Überstunden angefallen wären,
- oder der Endtermin sich sogar um zwei Tage für das zweite Projekt verschoben hätte.

Fazit und Erkenntnisse

Die Methode des Staggerings erweitert das Methodenspektrum eines Projektmanagers. Es zeigt eine Möglichkeit auf, komplexe Terminierungsvorgänge zu vereinfachen, indem man Schwerpunkte setzt. Die Anwendung der Methode setzt aber einiges an Überzeugungsarbeit voraus. Die beteiligten Mitarbeiter müssen erkennen,

- dass paralleles Arbeiten derselben Person an unterschiedlichen Arbeitspaketen vermieden werden muss;
- dass gleichmäßige Auslastung der Ressourcen (außer der Engpassressource) kein Projektziel ist;
- dass man sich auf den Engpass konzentrieren muss.

Expertentipp

> **Tipp:**
> Seine volle positive Auswirkung entfaltet diese Methode erst im Zusammenhang mit weiteren Methoden der Critical Chain.

Problematisch ist auch, dass bei größeren Projekten die Auswahl der in Frage kommenden Software zur Unterstützung der Methode auf eine Handvoll Produkte limitiert ist.

4.7   Stakeholderanalyse

Siehe CD-ROM

Kurzbeschreibung der Methode

Methodenart	Projektplanung / Analysemethode, Problemerkennung
geeignet für	Risikoanalyse und Risikomanagement, Erkennen des relevanten Projektumfeldes
Ziel	die potentiell Beteiligten und Betroffenen eines Projekts identifizieren
benötigte Hilfsmittel/ Beteiligte	Projektleiter und Team; eventuell Spezialisten
Zeitaufwand	je nach Umfang des Projekts und der Qualität der Analyse recht aufwendig
Vorteile	Mit dem Erkennen der potentiellen Stakeholder eines Projekts können Maßnahmen zur Führung der verschie-

	denen Stakeholder geplant und eingeleitet werden. Positive Effekte auf Projektverlauf und Projektziele können genutzt werden. Negative Einflüsse auf das Projekt können reduziert werden.
Nachteile	Es lassen sich nicht immer alle Stakeholder erkennen. Die Stakeholder fluktuieren.

Beschreibung der Methode

Personen oder Personengruppen, die am Projekt direkt beteiligt sind, am Projektablauf interessiert oder von den Auswirkungen der Projektziele oder Projektergebnisse betroffen sind, werden Stakeholder genannt. Stakeholder wollen Einfluss auf den Projektverlauf haben und die Projektziele mit gestalten. Der Einfluss solcher Stakeholder auf das Projekt kann sich von „fördernd" über „neutral" bis hin zu „die Projektziele verhindernd" erweisen.

Die Stakeholderanalyse gehört zu den Tools des Risikomanagements. Mit ihr wird das Projektumfeld untersucht. Stakeholder werden identifiziert und daraus Chancen und Risiken für das Projekt abgeleitet. Mit diesen Erkenntnissen können Projekt und Umfeld gezielt gesteuert werden.

Die möglichen Interessenkonflikte der Stakeholder mit dem Projekt können sowohl zu Chancen als auch zu Risiken bezogen auf die Realisierung der Projektziele führen. Nur wer die potentiellen Projektförderer und Projektgegner kennt, kann fördernde Chancen nutzen und bremsende Risiken abwehren.

Der „Kunde" ist der ideale positive Stakeholder eines Projekts. Er hat ein starkes Interesse am Projekterfolg, den Projektzielen und dem Projektablauf. Seine Interessen können über vielfältige Methoden und Maßnahmen erfasst und gesteuert werden.

Direkte Abfrage	Fragebogen, Telefoninterview
Workshop	gemeinsam durchführen
Feedback	Bewertung von Leistung, Qualität, Fortschritt
Medieninfo	Gezielte Pressemitteilungen

Schon das aktive Durchführen der Stakeholderanalyse an sich fördert in der Regel die Projektarbeit proaktiv. Die Betroffenen und Beteiligten erkennen, dass man sich um sie kümmert, dass ihre Ängste und Erwartungen ernst genommen werden und dass sie sich aktiv in Veränderungen einbringen können. In solchen Situationen wird die Zahl der Projektgegner naturgemäß geringer sein, als wenn im Projektumfeld der Eindruck entsteht, dass ein Projekt durchgezogen wird mit Zielen und Ergebnissen, die keiner will.

Anwendung der Methode

Die Stakeholderanalyse läuft in der Regel gemäß den folgenden Schritten ab:

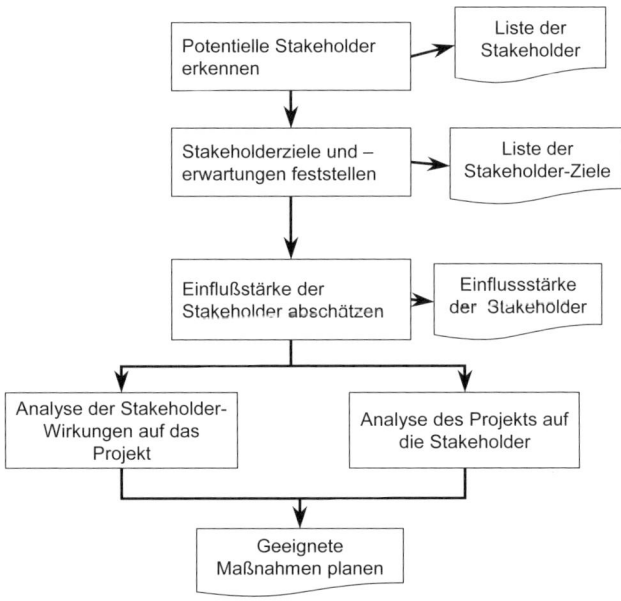

Abbildung 80: Ablauf der Stakeholderanalyse

1. Schritt: Potentielle Stakeholder erkennen

Aus der Umfeldanalyse können notwendige Informationen über Art und Anzahl der Stakeholder fließen. Stakeholder können sowohl aus dem Projekt selbst oder aus dessen Umfeld kommen.

Ein guter Überblick über die relevanten Stakeholder lässt sich in einem ersten Workshop mit dem Team erarbeiten. Brainstorming oder Kartenabfrage dürften die übliche Arbeitsmethode hierfür sein. Typische Stakeholder in einem Projekt sind:

- Einkäufer des Kunden
- Techniker des Kunden
- Testabteilung des Kunden
- Lieferanten von Vorprodukten
- Entwickler
- Testingenieure
- Nutzer, Produktanwender
- Auftraggeber, Kunde
- Betriebsrat, Personalrat, Gewerkschaften
- Auftraggeber, Kunde
- Management, Geschäftsführung
- Banken, Versicherungen, Geldgeber
- Projektpartner, Berater, Gutachter
- Betroffene, Bevölkerung, Nutzer, Politiker
- Berufsverbände, Kammern, Interessenverbände

Typische Fragestellungen, um die potentiellen Stakeholder festzustellen, können sein:

- Wer fördert die Projektarbeit?
- Wer hat Interesse, dass die Projektziele erreicht werden?
- Wer hat zusätzliches Wissen, das die Projektarbeit fördern könnte?
- Wer muss Meilensteinen, Projektschritten zustimmen?
- Wer könnte die Projektarbeit behindern oder bremsen?

- Wer ist am Projekt interessiert?
- Für wen ändert sich etwas durch die Projektarbeit?
- Wer wird gebraucht zur Mitarbeit?
- Wer kann „Stimmung" für oder gegen das Projekt machen?
- Wer hat Erwartungen an die Projektarbeit?
- Wer hat Erwartungen an die Projektergebnisse?

Beispiel: Einführung von SAP

Für ein aktuelles Beispiel „Einführung von SAP als Standard-Software" wurden im Workshop die folgenden Stakeholder identifiziert:

- Kunden
- Geschäftsführung
- Vertriebsabteilung
- IT-Abteilung
- Entwicklungsabteilung
- Team
- Projektleiter
- Betriebsrat
- Lieferanten
- Controlling

2. Schritt: Stakeholderziele und –erwartungen erkennen

Die günstigste Vorgehensweise, um Wünsche, Bedürfnisse, Ziele, Erwartungen und Befürchtungen der Stakeholder festzustellen, ist, einen gemeinsamen Workshop durchzuführen. In diesem Workshop kann das Team direkt von den Stakeholdern alle nötigen Informationen erhalten. Menschen wollen ernst genommen und frühzeitig in den Prozess eingebunden werden. Dadurch sichern sie dann optimale Unterstützung während der Projektarbeit zu. Vermutungen, Abschätzungen und Annahmen werden dadurch verhindert.

Im Workshop können die Stakeholder ihre eigenen Ziele, aber auch ihre Ziele und Wünsche an die Projektarbeit, formulieren.

Das Projekt hat damit die Chance die Zufriedenheit aller Stakeholder nachhaltig zu sichern. Bei Projektabschluss können dann keine unzufriedenen Stakeholder mehr auftauchen, die das Projektergebnis schlecht finden, schlecht reden und am Ende doch noch auf das Scheitern des Projekts hinwirken können. Typische Wünsche und Befürchtungen von Stakeholdern, bezogen auf das Projekt, können sein:

- Arbeitsplatzsicherheit, Zukunft
- Arbeitsumfang, Intensität, Arbeitsbelastung
- interessante Arbeit
- Kompetenzen
- Verantwortungsniveau
- Gehaltsniveau
- Aufstiegsmöglichkeiten
- soziale Kontakte
- Lernvolumen für Neues

Die Rückkoppelung der erfassten Ergebnisse an die Workshop-Teilnehmer ist sehr wichtig. Stakeholder wollen permanent eingebunden sein. Stakeholdern sollte das Gefühl gegeben werden, dass sie dabei sind, dass ihr Rat gebraucht wird und dass sie sich direkt in die Projektarbeit einbringen können.

Tipp:

Kunden sind besondere Stakeholder. Sie sollten immer intensiv in die Prozesse, die Projektarbeit einbezogen werden. Ihre Wünsche, ihre Zufriedenheit sollte laufend abgefragt werden.

Expertentipp

3. Schritt: Einflussstärke der Stakeholder ermitteln

Wenn die wesentlichen Stakeholder bekannt sind, dann kann für diese Stakeholder eine Betroffenheitsanalyse durchgeführt werden. Oft spricht man auch von „Wirkungsanalyse".

Das Stakeholderverhalten wird nun abgefragt:

- Wird der Stakeholder fördernd aktiv, verhält er sich neutral oder sogar konträr zum Projekt?
- Können beim Stakeholder Stärken oder Schwächen beobachtet werden, die ausgenutzt werden können?
- Wie sieht es mit der Stärke seines Einflusses aus?
- Wie ist sein Gewicht?
- Werden sich die Einflüsse über die Projektlaufzeit verändern?
- Welche Macht und Einflussmöglichkeiten stehen den Stakeholdern zur Durchsetzung ihrer Ziele zur Verfügung?
- Welche Einflussmöglichkeiten stehen den verschiedenen Stakeholdern zur Durchsetzung ihrer Ziele zur Verfügung?

Hierfür gibt es vielfältige Checklisten. Mit dem folgenden Schema kann gearbeitet werden:

Betroffenheits- aspekt	Art der Betroffenheit		Stärke der Betroffenheit		
	positiv	negativ	sehr schwach	mittel	sehr stark

Abbildung 81: Ablauf Einflussstärke der Stakeholder

Expertentipp

Tipp:

Die Strategien der potentiellen Stakeholder zu kennen, ist sehr wichtig für das Projekt. Mit diesen Informationen können geeignete Maßnahmen zur Steuerung der Stakeholder entwickelt und umgesetzt werden.

Checkliste
SAP-Einführung

Stakeholder	Erwartungen	Einstellung des Stakeholders auf das Projekt			Einflußstärke		
		behindert	neutral	fördert	gering	mittel	hoch
IT-Abteilung	- keine zusätzliche Arbeitsbelastung - Hauptleistung Für Einführung durch Externe	O					O
Controlling	- einfach handhabbar - schnell erlernbar - löst alle bisherigen Probleme - integriert viele Funktionen		O			O	
Geschäftsführung	- schnell, genaue Berichte - liefert Zukunftssicht, vorausschauend		O				O
Kunde							
Vertrieb							
Produktentwicklung							
Betriebsrat							
Lieferant							
Projektteam							

Abbildung 82: Stakeholder-Erwartungen/-Einfluss

4. Schritt: Stakeholder einbeziehen

Alle Aktionen, die durchgeführt werden, um die Stakeholder einzubeziehen, gehören zum Projektmarketing. Eine offene Informationspolitik im Projekt fördert auch die ehrliche, offene Mitarbeit aller.

Der Projektsteuerungsprozess beinhaltet das permanente Verfolgen der Stakeholderanalyse über die gesamte Projektlaufzeit. So wie sich die Projektziele ändern können, werden sich auch Stakeholder verändern. Bekannte Stakeholder fallen weg, neue Stakeholder kommen hinzu. Die ursprünglich geäußerten Ziele und Erwartungen der Stakeholder verändern sich. Aber auch Einstellungen der Stakeholder und deren Einflussstärken werden sich über längere Entwicklungsprozesse verändern. Deshalb muss die Stakeholder-analyse in vertretbaren Abständen überprüft und aktualisiert werden.

Fazit und Erkenntnisse

Mit der Stakeholderanalyse werden die potentiellen Beteiligten und Betroffenen eines Projekts erkannt. Ihre Ziele, Wünsche und Strategien bezogen auf die Projektarbeit und die Projektziele werden damit transparent und „öffentlich". Maßnahmen zur Steuerung der Stakeholder können strategisch erarbeitet werden und im Projektmarketing umgesetzt werden. Bestenfalls wird eine Aktivierung der Unterstützungspotentiale erreicht und den Projektgegnern und deren Argumenten der Wind aus den Segeln genommen.

4.8   Strukturplanung Bottom-up

Kurzbeschreibung der Methode

Methodenart	Projektplanung / Strukturplanung
geeignet für	alle Projektarten
Ziel	vollständige Ermittlung der Arbeitspakete eines Projekts und hierarchische Gruppierung in für die Projektsteuerung sinnvolle Stufen
benötigte Hilfsmittel/ Beteiligte	Spreadsheets (für kleinere Projekte), Projektplanungstool (für mittlere und größere Projekte)
Zeitaufwand	abhängig von der Projektgröße
Vorteile	Die Strukturplanung Bottom-up lässt sich auf jeden konkreten Einzelfall gut abstimmen.
Nachteile	Im Vergleich zur Top-down-Methode ist die Bottom-up-Methode aufwendig. Es gibt keinen systematischen Einfluss von Best Practices.

Beschreibung der Methode

Die Bottom-up-Vorgehensweise erreicht eine Projektstrukturierung dadurch, dass alle Einzelelemente eines Projekts erfasst und zu sinnvollen Einheiten aggregiert werden. Die Elemente können je nach gewählter Vorgehensweise entweder Tätigkeiten, Produkte, Prozesse, Kommunikationsbeziehungen oder Funktionen sein. Ziel ist es, aus den Einzelelementen zu einer Gesamtstruktur zu kommen und

die Einzelelemente so zu fassen, dass sie in der Form von Arbeitspaketen im weiteren Planungsprozess vervollständigt werden können.

Zur Erfassung der Elemente kommen vorwiegend die Methoden
zum Einsatz, wie sie im Kapitel 3 bei den Analysemethoden beschrieben wurden. Beispielsweise geht man bei einer Bottom-up-
Prozessanalyse so vor, dass Aktivitäten in Tätigkeitskatalogen erfasst
werden und diese dann in sinnvolle übergeordnete Einheiten aggregiert werden, bis man zu den Haupt-, Mega- oder den End-to-End-
Prozessen kommt. Das Resultat ist eine hierarchische Struktur, die
sich leicht in einen Projektstrukturplan transformieren lässt. Es ist
lediglich zu entscheiden, welche Aktivitäten zu Arbeitspaketen zusammengefasst werden, die somit die Blätter des Projektstrukturplanes bilden.

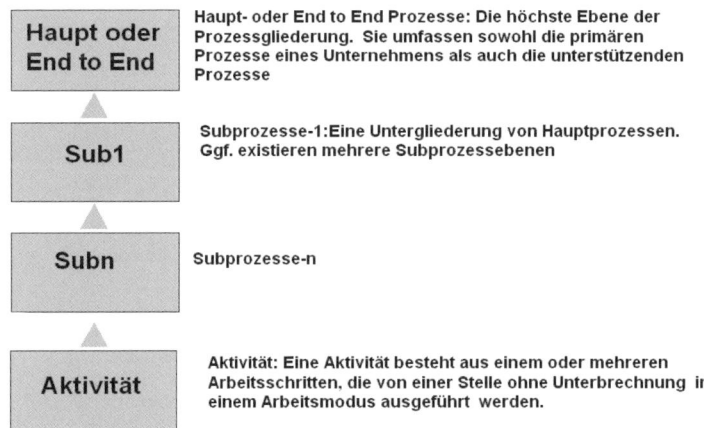

Abbildung 83 : Prozessebenen

Prozessbeschreibungen

Generell kann ein Prozess als strukturierter Ablauf mit dem Input-
Transform-Output-Schema definiert werden. Wie ein Prozess im
Detail erfasst werden kann, beschreibt der VDMA (Verband Deutscher Maschinen- und Anlagenbau) in seiner Broschüre: „Prozesse
beschleunigen und gewinnorientiert steuern" mit den folgenden
zwölf Regeln:

Prozessmerkmal	Beschreibung
Prozessidentifikation	Wie wird dieser Prozess bezeichnet?
	Wo beginnt der Prozess und wo endet er?
Prozesseigner	Wer ist für die Beschreibung und die Weiterentwicklung des Prozesses verantwortlich?
Prozessbeteiligte	Wer übernimmt eine Aufgabe in diesem Prozess?
	Welche Funktion hat diese Person?
Prozessziel	Was ist die Aufgabe dieses Prozesses?
	Welcher Nutzen hat dieser Prozess für den Kunden und das Unternehmen?
	Wie können die Ziele gemessen und verfolgt werden?
Kunde (intern/extern)	Wer profitiert von den Ergebnissen (dies können sein: Verantwortliche eines Folgeprozesses, ein Folgeprozess an sich, der Gesetzgeber, der Käufer, Benutzer, Anwender eines Produkts)?
Prozesseingaben	Was löst den Prozess aus?
Prozessregelungen	Welche Vorgaben und Regeln gibt es für den Prozess (Verfahren, Anweisungen, Richtlinien, Methoden, Kriterien)?
	Welchen Einfluss haben diese Regeln auf den Prozess?
Prozessergebnis	Was ist das Ergebnis des Prozessablaufs (dies kann ein Produkt, eine Dienstleistung, eine Entscheidung sein)?
	Wie wird das Ergebnis geprüft?
Nachweise und Dokumentation	Welche Dokumente und Aufzeichnungen werden für den Prozess benötigt?
	Welche Dokumente und Aufzeichnungen werden von dem Prozess erzeugt?
Kennzahlen zur Steuerung	Mit welchen Kenngrößen wird der Prozess gesteuert (dies sind klassischerweise Termin, Kosten- oder Zeitgrößen)?
Wechselwirkung	Welche anderen Prozesse haben Einfluss auf diesen Prozess?
	Welche Prozesse werden von diesem Prozess beeinflusst?
Prozesslieferant	Wer muss für diesen Prozess die notwendigen Vorarbeiten leisten (dies können sein: Verantwortliche eines Folgeprozesses, ein Folgeprozess an sich, der Gesetzgeber, der Käufer, Benutzer, Anwender eines Produkts)?

Tabelle 29: Prozessidentifikation

Anwendung der Methode

1. Schritt: Auswahl

Wählen Sie zunächst das Strukturierungselements (Prozess, Funktion, Produkt, Tätigkeit) aus.

2. Schritt: Erfassung

Nehmen Sie eine vollständige, zunächst unstrukturierte Erfassung aller Elemente vor. Wenn es ein Pflichten-/Lastenheft gibt, ist dieses als Ausgangspunkt zu nehmen. Müssen Anforderungen erst noch definiert werden, kommen vorzugsweise die Suchmethoden aus Kapitel 3 zum Einsatz wie Brainstorming, Brainwriting usw.

3. Schritt: Gruppierung

Gruppieren Sie die unstrukturierten Elemente. Gleichartige Elemente werden zusammengefasst. Die übergeordnete Struktur ist nicht vorgegeben, sondern wird aus gleichartigen Einzelelementen entwickelt.

4. Schritt: Prüfung der Struktur

Sind die Elemente auf der untersten Ebene zu detailliert oder zu grob? Ergeben sich zu viele Hierarchiestufen, d. h. wird die Struktur zu komplex? Ist die Struktur wiederspruchsfrei, d. h. lassen sich die Einzelelemente eindeutig einordnen oder können sie auch anderen Hierarchiepfaden zugeordnet werden? Ist die Struktur extrem unsymmetrisch, d. h. sind die Pfadlängen der Hierarchiepfade sehr unterschiedlich?

5. Schritt: Überarbeitung der Struktur

Bei Bedarf überarbeiten Sie die Struktur.

6. Schritt: Definitive Festlegung der Arbeitspakete

Die Arbeitspakete, die Sie nun festlegen, sollten die berühmten W-Fragen beantworten: Wer macht was, wann, wo, mit welchem Aufwand, in welcher Qualität? Diese Informationen müssen im weiteren

Planungsprozess bereitgestellt werden. Die Arbeitspaketdefinition sollte folgende Kriterien erfüllen:

• Jedes Arbeitspaket hat einen Verantwortlichen.

• Jedes Arbeitspaket wird beschrieben.

• Arbeitspakete sollten bezogen auf den Aufwand nicht zu klein geplant werden: Es hat keinen Sinn, ein Arbeitspaket zu planen, das nur vier Stunden umfasst, da der Aufwand für dessen Planung und Steuerung zu aufwendig wäre.

• Arbeitspakete sollten bezogen auf den Aufwand (verglichen mit der gesamten Projektdauer) aber auch nicht zu groß geplant werden, da sonst die .Aussagen aus dem Controlling nicht mehr transparent genug werden.

• Risikoreiche Projektaufgaben sollten in kleinere Arbeitspakete zerlegt werden. Routinearbeiten kann man in größere Arbeitspakete zusammenfassen.

Beispiel: Erstellung eines E-Shops

Soll im Rahmen eines Projekts ein Produkt erstellt werden, so liegt es nahe, die Aktivitäten zu ermitteln, die dazu nötig sind, um das Produkt zu liefern – und zwar ausgehend von den Bestandteilen des Produkts.

Ein E-Shop beispielsweise kann aus den Teilen Produktkatalog, Warenkorb, Recherchefunktionen, Belegerstellung, Bezahlung, Kundenprofilverwaltung, Zugriffsstatistiken, Sicherheitsfunktionen und Integration zur Warenwirtschaft bestehen. Dazu kommt noch die Bereitstellung der notwendigen IT-Infrastruktur (Hardware und Software).

Notwendige Tätigkeiten im Rahmen der Erstellung sind Analyse, Design, Test und Implementierung sowie die erforderlichen Aktivitäten der Projektplanung und -steuerung. Eine sinnvolle Gruppierung ergäbe sich, indem man die Produktteile in Anwenderfunktionen (Produktkatalog, Warenkorb, Recherchefunktionen, Belegerstellung, Bezahlung), Verwaltungsfunktionen (Kundenprofilverwaltung, Zugriffsstatistiken, Sicherheitsfunktionen, Integration zur Warenwirtschaft) und IT-Infrastruktur strukturiert und daneben Projektmanagement-Aktivitäten aufführt. Daraus resultiert folgender Projektstrukturplan:

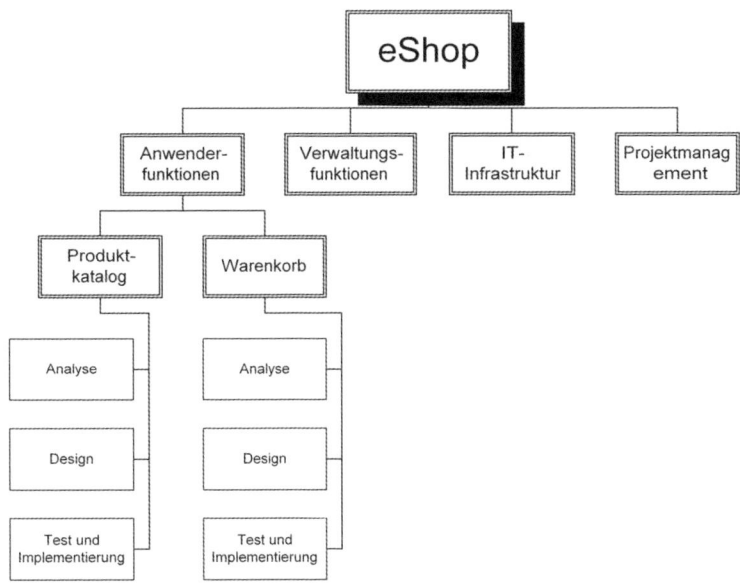

Abbildung 84: Bottom-up-Projektstrukturplan

Fazit und Erkenntnisse

Der Vorteil der Bottom-up-Methode ist, dass sie auf den jeweiligen konkreten Fall abgestimmt ist. Es wird vermieden, dass zu schnell einem Projekt eine vorgegebene Struktur übergestülpt wird und dabei wichtige Details übersehen werden.

Nachteilig ist der unter Umständen sehr hohe Aufwand, der mit dieser Vorgehensweise verbunden ist. Ist-Analysen sind manchmal ebenso aufwendig wie die Erarbeitung von Soll-Konzeptionen. Nachteilig kann auch sein, dass man sich nicht an Best Practices orientiert, sondern im „eigenen Saft schmort". Die Vollständigkeit kann bei der Bottom-up-Vorgehensweise nicht gewährleistet werden, da man nur eine Antwort auf das bekommt, wonach man gefragt hat.

4.9   Strukturplanung Top-down

Kurzbeschreibung der Methode

Methodenart	Projektplanung / Strukturplanung
geeignet für	alle Projektarten, außer Pionierprojekte, für die normalerweise keine Modelle existieren (für diese Projekte bietet sich die Bottom-up-Strukturplanung an)
Ziel	vollständige Ermittlung der Arbeitspakete eines Projekts und hierarchische Gruppierung in für die Projektsteuerung sinnvolle Stufen
benötigte Hilfsmittel/ Beteiligte	Spreadsheets (für kleinere Projekte), Projektplanungstool (für mittlere und größere Projekte)
Zeitaufwand	abhängig von der Projektgröße
Vorteile	Diese Methode lässt sich schnell umsetzen und man kann auf Best Practices zurückgreifen.
Nachteile	Es besteht die Gefahr, auf eine nicht geeignete Normierung zurückzugreifen sowie der Bedürfnisse des Einzelfalls zu vernachlässigen.

Beschreibung der Methode

Die Top-down-Strukturplanung hat zum Ziel, anhand eines vorgefertigten Modells (Prozessmodell, Phasenmodell, Prototyp, Organisationsmodell usw.) von der Gesamtschau zu den Einzelelementen vorzustoßen, also vollständige und konsistente Arbeitspakete zu bekommen. Die Top-down-Strukturplanung ist eine modellbasierte Vorgehensweise. Da man sich dabei an bewährten Modellen orientiert, erhofft man sich schnellere vollständigere und qualitativ bessere Ergebnisse.

Modelle existieren von unterschiedlichen Institutionen (Verbänden, Unternehmensberatungen, Hochschulen, staatlichen Einrichtungen usw.) für unterschiedliche Projektarten, die sich zum Teil als De-facto-Standard etabliert haben. Im Rahmen einer prozessorientierten Vorgehensweise bei Projekten im öffentlichen Bereich hat sich beispielsweise das V-Modell durchgesetzt, denn es stellt für die Vergabe öffentlicher Aufträge oftmals eine Voraussetzung dar. Der

VDMA (Verband Deutscher Maschinen- und Anlagenbau) hat ein Prozessmodell für den Anlagenbau entwickelt.

Hersteller von ERP-Systemen entwickeln eigene Prozess- und Phasenmodelle, um eine optimale Vorgehensweise bei der Implementierung ihrer Systeme sicherzustellen. SAP beispielweise hat ASAP entwickelt und zu dieser Vorgehensweise auch die notwendige Tool-Unterstützung bereitgestellt.

Eines der bekanntesten Prozessmodelle einer Unternehmung ist das Modell der Wertschöpfungskette nach Porter. Wertschöpfung wird hier verstanden als die Differenz zwischen dem Wert des Outputs und dem Wert des Inputs, indiziert durch den Transformationsprozess. Das Prozessmodell zeichnet die Wertschöpfungskette nach und unterscheidet in die primären Prozesse der physischen Herstellung und des Vertriebs eines Produkts und den sekundären Prozessen, die sicherstellen, dass die primären Prozesse überhaupt stattfinden können.

Primäre Prozesse sind auf der hoch aggregierten Stufe:

- Eingangslogistik
- Operation
- Ausgangslogistik
- Marketing und Vertrieb
- Kundendienst

Die sekundären Prozesse sind:

- Unternehmensinfrastruktur
- Personalwirtschaft
- Technologieentwicklung
- Beschaffung

Jeder dieser Hauptprozesse wird wieder unterteilt in weitere Subprozesse. Abgewandelt findet sich dieses Modell in zahlreichen Prozessmodellen wieder.

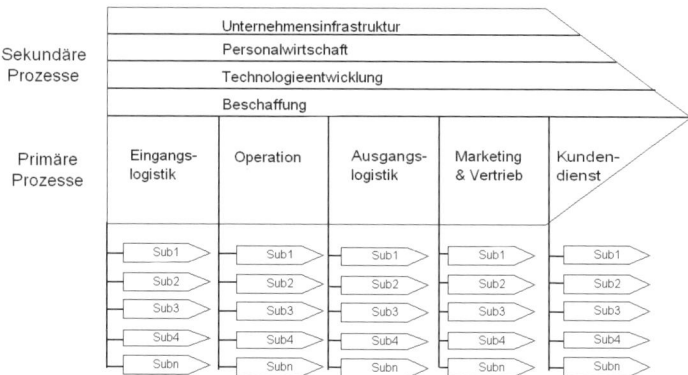

Abbildung 85: Modell der Wertschöpfungskette

Anwendung der Methode

1. Schritt: Auswahl des Modells
Hierbei spielen verschiedenen Kriterien eine Rolle, wie Projektgröße, Projektart, Branche, Verbreitung des Modells, Werkzeugunterstützung, Methodologie, Fähigkeiten der eigenen Projektorganisation, Kundenwünsche, um zu entscheiden, ob das betreffende Modell für die eigene Problemstellung verwendet werden kann.

2. Schritt: Auswahl der Werkzeuge für die Modellierung
Um sich manuelle Arbeit und eventuelle Medienbrüche für die weiteren Projektphasen zu ersparen, ist es empfehlenswert, sich frühzeitig um den Einsatz eines geeigneten Werkzeugs für die Modellierung zu kümmern.

3. Schritt: Anpassung des Modells an die konkrete Aufgabenstellung
Werden bei einem Modell alle Teile benötigt? Fehlen Teile? Sind Elemente genau genug spezifiziert?

4. Schritt: Anpassung des Sprachgebrauches
Modelle müssen für unterschiedliche Anwendungsfälle verwendbar sein. Deshalb sind sie oft in Sprache und Abstraktionsgrad generisch gehalten. Um in der eigenen Umgebung verständlich zu sein, ist es meist nötig, Begrifflichkeiten zu übersetzen und den abstrakten Begriffen einen konkreten Inhalt zu geben.

5. Schritt: Festlegung des Detaillierungsgrades
Um das richtige Mittel zwischen Komplexität und Genauigkeit zu finden, ist ein pragmatischer Detaillierungsgrad festzulegen.

6. Schritt: Prüfung
In diesem Schritt prüft man das Modell auf Konsistenz und Vollständigkeit.

7. Schritt: Festlegung der Arbeitspakete
Dieser Schritt erfolgt genau so wie bei der Bottom-up-Methode: Die Arbeitspakete werden festgelegt und sollten die berühmten W-Fragen beantworten: Wer macht was, wann, wo, mit welchem Aufwand, in welcher Qualität?

Beispiel: Einführung SAP
Bei der Einführung von Enterprise Resource Planning Systemen (ERP) kann man sich an den Vorgehensmodellen der Hersteller orientieren. SAP beispielsweise schlägt das Vorgehensmodell ASAP vor. Die Einführung erfolgt in einem Fünf-Phasen-Modell: Projektvorbereitung, Soll-Konzeption (auch Business Blueprint genannt), Realisierung, Vorbereitung des Produktivbetriebes und Produktivstart. Jede dieser Phasen ist in weitere Teilprozesse untergliedert und wird von SAP mit Softwarewerkzeugen, Materialien sowie einer engen Verknüpfung zur Applikationssoftware unterstützt.

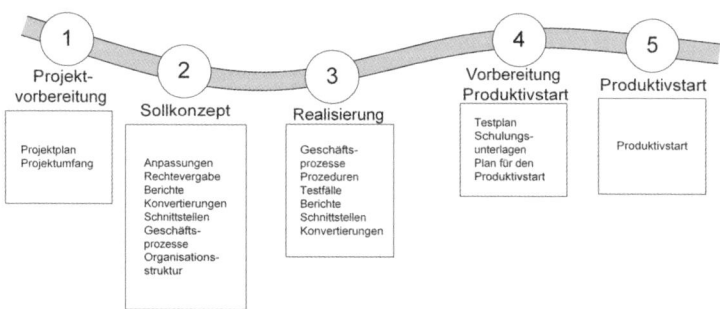

Abbildung 86: ASAP, die Einführungsmethode von SAP

Fazit und Erkenntnisse

Die modellbasierende Vorgehensweise erfreut sich zunehmender Beliebtheit. Gründe dafür sind:

* Sie trägt zur produktiveren Projektabwicklung bei, da sich der Anwender an vorgegebenen Strukturen orientieren kann.
* Sie basiert auf einer Vielzahl von gleichartigen Projekten und berücksichtigt einmal gemachte Erfahrungen.
* Nicht jeder Projektleiter muss das Rad neu erfinden. Er kann sich an Modellen orientieren.
* Best Practices sind in Modellen implementiert.
* Auf Basis von Modellen können Werkzeuge und Anwendungsbeispiele zur Unterstützung entwickelt werden.
* Auf Basis von Modellen lässt sich die Ausbildung der Projektmitarbeiter gezielter vornehmen.

Problematisch bei der Verwendung von Modellen kann sein, dass das verwendete Modell zu weit von der Wirklichkeit entfernt ist. Die dann notwendige Anpassung kann aufwendiger sein als die Erstellung des Bottom-up-Strukturplans. Eine modellbasierende Vorgehensweise kann auch zur Betriebsblindheit führen. Man greift zu schnell auf Vorgefertigtes zurück, und die Modelle erweisen sich als Kreativitätsbremse.

4.10 Terminierung

Kurzbeschreibung der Methode

Methodenart	Projektplanung / Terminierung
geeignet für	mittlere bis größere Projekte, keine Forschungsprojekte
Ziel	Festlegung von Terminen und Puffern; Aufzeigen des Kritischen Pfades im Projekt
benötigte Hilfsmittel/ Beteiligte	Spreadsheets (für kleinere Projekte); Projektplanungstool (für mittlere und größere Projekte)
Zeitaufwand	abhängig von der Projektgröße
Vorteile	Bei mittleren und größeren Projekten ist es kaum mehr möglich, die vielen Parameter manuell zu berücksichtigen, welche die Termine bestimmen. Deshalb ist eine systematische, normierte und softwareunterstützte Methode wie diese vorteilhaft.
Nachteile	Die Terminierung kann unter Umständen eine sehr komplexe Aufgabe werden.

Beschreibung der Methode

Ziel der Terminierung ist es, mit den Ergebnissen der Aufwands-, Ablauf- und Ressourcenplanung die Termine eines Projekts zu bestimmen, die zeitlichen Puffer zwischen den Arbeitspaketen festzulegen und den Kritischen Pfad durch den Projektplan zu definieren.

Folgende Parameter müssen dabei geklärt sein:

• Liegt der Endtermin fest? Dies ist bei der weitaus größten Anzahl kommerzieller Projekte der Fall.

• Welche der drei Parameter, Zeit, Aufwand und Ressourcen hat Priorität bei der Planung?

Im Zuge der Aufwands- und Ressourcenplanung werden außerdem Aufwand und/oder Zeitdauer der Arbeitspakete geschätzt und Ressourcen zugeordnet.

Mit Aufwand, Dauer und Ressourcen ist jedoch ein Projektplan überbestimmt. Je zwei dieser Parameter bestimmen den dritten Parameter. Wenn man ein Arbeitspaket von 10 Tagen in einer Dauer von 5 Kalendertagen abarbeiten möchte, benötigt man dafür zwei Ressourcen. Die Vorgehensweise bei der endgültigen Fertigstellung des Projektplans hängt also wesentlich davon ab, welcher dieser drei Parameter (Aufwand, Zeit, Ressourcen) die Priorität hat, also als feste Rahmenbedingung gilt.

In der Critical-Chain-Methode wird der Endtermin eines Projekts als der Engpass eines Projekts gesehen. Damit ist die Zeitdauer ein fixer Parameter. Als nächstes werden die Arbeitspakete um die meistbelastete Ressource herum geplant. Mit dem Endtermin und der Verfügbarkeit der Engpassressource sind somit zwei Parameter fixiert.

Bei Zeit- und Materialprojekten von Dienstleistungsunternehmen dagegen wird ein bestimmter Aufwand über eine festgelegte Zeit geplant. Geschuldet wird dabei nicht ein Ergebnis, sondern Zeit und Aufwand. Die Rechnung wird nach Aufwand erstellt. Hier sind es die Parameter Zeit und Aufwand, die Priorität haben.

Bei internen Projekten bestimmt oftmals die Verfügbarkeit der Mitarbeiter die Rahmenbedingungen eines Projekts, beispielsweise bei Mitarbeitern, die neben der Tagesarbeit noch in Projekten arbeiten, die sogenannten „Key User". Hier sind die Ressourcen der Parameter, der nicht geändert werden kann. Wenn dann auch noch der Aufwandsrahmen in Form eines Budgets festliegt, dann ermittelt sich daraus die Zeit, die das Projekt in Anspruch nimmt.

In der Terminplanung gilt es nun, diese drei Parameter unter der Berücksichtigung der Prioritäten abzugleichen. Dies ist eine ähnliche Problematik wie in der klassischen Produktionsplanung und -steuerung (PPS-Systeme). Hier wird klassisch zunächst mit unendlichen

Ressourcen geplant, um dann im zweiten Schritt einen Kapazitäts-abgleich vorzunehmen.[7]

Bei komplexen Projekten ist dieser Abgleich nicht mehr manuell durchzuführen. Dafür wird die Netzplantechnik verwendet, und zwar mit einer entsprechenden Softwareunterstützung.

In der DIN 69900, Teil zwei werden drei Arten von Netzplänen unterschieden:

* Ereignisknoten-Netzplan (EKN)
* Vorgangspfeil-Netzplan (VPN)
* Vorgangsknoten-Netzplan (VKN)

Der Vorgangsknoten-Netzplan bietet die meiste Information für eine Projektsteuerung. In ihm erscheinen die Arbeitspakete als Knoten im Netzwerk mit allen wichtigen Eckdaten. Wir werden uns deshalb in der Beschreibung auf diese Netzplanart beschränken.

Abbildung 87: Der Vorgangsknoten

[7] Moderne PPS-Systeme planen inzwischen mit beschränkten Kapazitäten, also eine Simultanplanung von Material und Kapazitäten. Diese Systeme sind auch unter dem Namen „Advanced Planning Systems" am Markt zu finden.

Die Daten, die ein Vorgangsknoten enthalten kann, sind:

- eindeutige Identifizierung des Arbeitspaketes: eine fortlaufende Nummer, ein sprechender Code oder ein Code, aus dem die hierarchische Gliederung hervorgeht
- Vorgangsdauer in einer passenden Zeiteinheit (beispielsweise in Arbeitstagen)
- kurzer Klartext für die Beschreibung des Arbeitspaketes
- zugeordneten Ressourcen
- Aufwand[8]
- Termine
- frühester Anfangstermin: der früheste Zeitpunkt, zu dem eine Aktivität logischerweise starten kann
- spätester Anfangstermin: der späteste Zeitpunkt, zu dem eine Aktivität gestartet werden kann, ohne nachfolgende Termine zu verschieben
- frühester Endtermin: der früheste Zeitpunkt, zu dem eine Aktivität logischerweise beendet sein kann
- spätester Endtermin: der späteste Zeitpunkt, zu dem eine Aktivität beendet sein muss, ohne nachfolgende Termine zu verschieben

---

[8] In der DIN 69000 werden Ressourcen und Aufwand nicht im Vorgangsknoten gezeigt. Wir haben sie jedoch aufgenommen, da mit Aufwand, Dauer und zur Verfügung stehenden Ressourcen die vorgangsbezogenen Parameter aufgeführt sind.

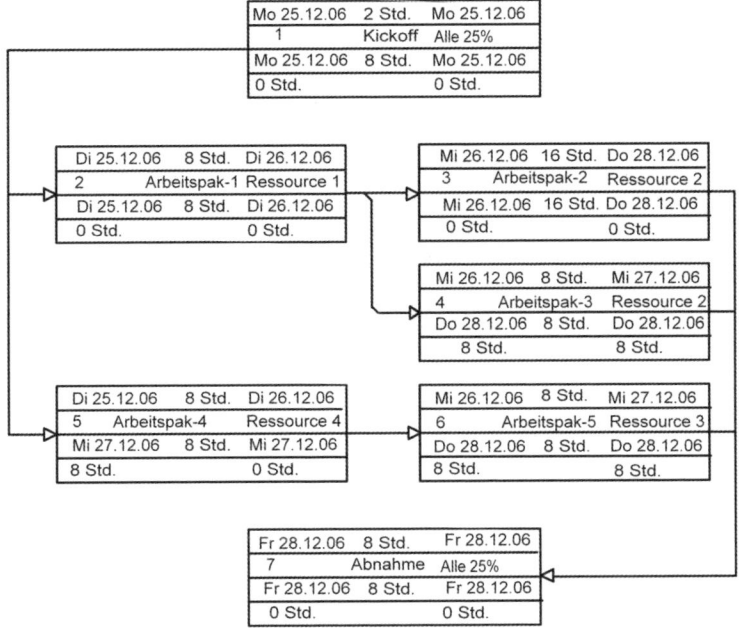

Frühester Anfangstermin	Vorgangsdauer	Frühester Endetermin
Arbeitspaket-Identifizierung	Arbeitspaket-Beschreibung	Ressource
Spätester Anfangstermin	Aufwand	Spätester Endetermin
Gesamtpuffer		freier Puffer

Abbildung 88: Vorgangsknoten-Netzplan

Anwendung der Methode

1. Schritt: Vorwärts- und Rückwärtsterminierung

Im Vorgangsknoten-Netzplan erscheinen die Arbeitspakete als Knoten im Netzwerk. Die Vorgangsbeziehungen sind im Beispiel als Ende-Anfang-Beziehungen festgelegt. Wenn man zunächst mit unendlichen Kapazitäten plant, also eine Terminierung nur mit den

Schätzwerten (oder auch Werten von externen Vorgaben) für die Vorgangsdauer vornimmt, so kann man die Ecktermine über die Netzplanung ermitteln.

Die Ecktermine für die Arbeitspakete sind die frühesten und die spätesten Anfangs- und Endtermine. Dies sind Kalendertermine. Deshalb benötigt man noch einen für das Projekt gültigen Kalender, der definiert, welches die Arbeitstage sind, ob in Schichten gearbeitet wird, um welche Uhrzeit eine Schicht beginnt, wann sie endet und ggf. welche Pausen berücksichtigt werden müssen.

Durch die Vorwärtsterminierung bekommt man die frühesten Termine eines Arbeitspaketes. Ausgehend vom Termin des ersten Arbeitspakets werden mit Hilfe der Vorgangsdauer und des Projektkalenders berechnet, wann ein Arbeitspaket frühestens beginnen und wann es frühestens enden kann. Da das Kick-off Meeting 2 Stunden dauert und am 25.12.06 um 10 Uhr endet, können die nachfolgenden Arbeitspakete 1 und 4 frühestens am 25.12.06 um 10 Uhr beginnen. Da sie ihrerseits jeweils eine Vorgangsdauer von 8 Stunden haben, enden sie frühestens am 26.12.06 um 10 Uhr, vorausgesetzt unser Projektkalender legt fest, dass am ersten und zweiten Weihnachtsfeiertag gearbeitet wird. Ist der früheste Projektendtermin berechnet, der 28.12.2006, dann wird von diesem Termin ausgegangen und jetzt rückwärts gerechnet. Damit wird bestimmt, wann die Arbeitspakete spätestens beginnen und spätestens enden müssen, damit das errechnete früheste Projektende erreicht werden kann.

2. Schritt: Ermittlung der Puffer

Ergeben sich zwischen den frühesten Terminen und spätesten Terminen Differenzen, so hat das Arbeitspaket einen Spielraum, der Puffer genannt wird. Arbeitspakete 3, 4 und 5 haben jeweils einen Puffer von einem Tag.

Inwieweit ein Arbeitspaket über seine Puffer frei verfügen kann, zeigt eine differenzierte Betrachtung der Puffer. Man unterscheidet einen Gesamtpuffer und einen freien Puffer.

Der Gesamtpuffer errechnet sich aus der Differenz der spätesten Termine und der frühesten Termine. Er beträgt für die Arbeitspakete 3, 4 und 5 jeweils 8 Stunden. Es ist diejenige Zeit, um die der jeweilige Vorgang verzögert werden kann, ohne den Endtermin zu gefährden. Als freier Puffer ist derjenige Puffer definiert, über den ein Arbeitspaket frei verfügen kann, ohne seinen Nachfolger zu beeinflussen.

Nehmen wir in unserem Falle an, dass das Arbeitspaket 4 seinen Gesamtpuffer von einem Tag aufgebraucht hat. Arbeitspaket 5 ist dann dahingehend beeinflusst, dass es seine frühesten Termine nicht mehr wahrnehmen kann. Der freie Puffer für das Arbeitspaket 4 ist deshalb 0. Er errechnet sich aus der Differenz des frühesten Anfangstermins von Arbeitspaket 5 und seines eigenen frühesten Endtermins.

Die Arbeitspakete 3 und 5 haben dagegen auch einen freien Puffer von 8 Stunden.

3. Schritt: Ermittlung des Kritischen Pfads
Bei Arbeitspaketen, die keinen Gesamtpuffer haben, wirkt sich jede Zeitverzögerung auf den Endtermin aus. Die Kette derjenigen Aktivitäten, deren Puffer 0 ist, wird der Kritische Pfad genannt. Er verdient natürlich besondere Aufmerksamkeit der Projektleitung.

4. Schritt: Ressourcenabgleich
Die Zuordnung von Ressourcen zu den einzelnen Arbeitspaketen kann bei dieser Vorgehensweise zu Überlastung einzelner Ressourcen führen. In unserem Beispiel ist dem Arbeitspaket 2 und dem Arbeitspaket 3 jeweils die gleiche Ressource zugeordnet. Da beide Aktivitäten parallel geplant sind, führt das zur Überlastung der Ressource 2. Am Dienstag und Mittwoch ist die Ressource 2 mit 12 bzw. 10 Stunden eingeplant. Wie darauf jetzt zu reagieren ist, hängt von den speziellen Projektgegebenheiten ab:

- Man kann, falls möglich, die Termine verlängern. Manche Projektmanagement-Werkzeuge lassen einen automatischen Abgleich zu, das sogenannte Ressourcelevelling, das die Termine entsprechend der Verfügbarkeit der Ressourcen automatisch verschiebt.

- Man könnte prüfen, ob es möglich ist, andere Ressourcen zuzuordnen.
- Dienstag und Mittwoch kann man evtl. mit jeweils zwei Überstunden abdecken und das Abnahmemeeting am Donnerstag um zwei Stunden nach hinten verschieben.

Nr.	Ressourcenname	Arbeit	Einzelheiten	25. Dez '06					
				M	D	M	D	F	S
2	**Ressource 2**	28 Std.	Arbeit	2h	12h	10h	4h		
	Kickoff	2 Std.	Arbeit	2h					
	Arbeitspak-2	16 Std.	Arbeit			6h	8h	2h	
	Arbeitspak-3	8 Std.	Arbeit			6h	2h		
	Abnahme	2 Std.	Arbeit						2h

Abbildung 89: Ressourcenauslastung

Weitere Methoden des Ressourcenabgleichs könnten sein:

- Arbeitspakete im zulässigen Zeitfenster schieben oder stückeln
- Arbeitspakete (Leistungen) bewusst weglassen
- Arbeitspakete in eine andere Phase verschieben
- externe Einsatzmittel (Personal) beschaffen
- Überstunden
- prüfen, ob Parallelarbeiten dort möglich sind, wo man sequentielle Abläufe geplant hat
- prüfen, ob Prozessoptimierungen bei den Arbeitspaketen möglich sind
- Sicherheitspuffer überprüfen

Es hängt vom jeweiligen Projekt ab, welche Maßnahmen gewählt werden können, um einen brauchbaren Ausgangsprojektplan zu erhalten, der ein Optimum für die drei Zielkategorien des magischen Dreiecks (Qualität, Aufwand, Zeit) ermöglicht.

Fazit und Erkenntnisse

In mittleren und größeren Projekten ist es aufgrund der zahlreichen Parameter, welche die Terminplanung bestimmen, nicht mehr möglich, ohne ein systematisches Vorgehen und Softwareunterstützung zuverlässige Terminaussagen zu bekommen. Dennoch sollte man in der Planungsphase beachten,

- dass die Planung nicht zu komplex wird – verzichten Sie lieber auf eine Ebene der Detaillierung als dass Sie unüberschaubaren Projektplan bekommen;
- dass man sich mit einem gewissen Maß an Ungenauigkeit zufrieden gibt. Einen Projektplan bis zum letzten Tag auszureizen, ist nicht nötig. Wenn ein Plan zu 90 Prozent stimmt, kann man sich damit zufrieden geben. Man muss sich immer vor Augen halten, dass die Aufwandsangaben Schätzungen sind und keine naturwissenschaftlich ermittelten Fakten.

4.11   Verantwortlichkeitsmatrix

Kurzbeschreibung der Methode

Methodenart	Projektplanung / Organisationsplanung
geeignet für	alle Projektarten
Ziel	Festlegung von Rollen und Verantwortlichkeiten
benötigte Hilfsmittel/ Beteiligte	einfache Textverarbeitung oder Projektplanungswerkzeuge, bei denen die Möglichkeit besteht, Rollen und Verantwortlichkeiten zu definieren
Zeitaufwand	abhängig von der Projektgröße; für kleinere bis mittlere Projekte ca. 2–8 Stunden
Vorteile	• differenzierte Darstellung der Verantwortlichkeiten in einer einfachen und übersichtlichen Form • Zeitersparnis durch Formalisierungen • geeignet für unterschiedliche Hierarchiestufen einer Organisation
Nachteile	• Gefahr der Unübersichtlichkeit, wenn die Verantwortlichkeiten zu sehr differenziert werden

Beschreibung der Methode

Ziel der Methode ist es, innerhalb einer Organisation bestimmten Rollen oder Personen definierte Verantwortlichkeiten zuzuweisen.

213

Welche Rollen definiert werden, hängt vom Ausschnitt der Organisation ab, den man betrachten möchte. Man kann Rollen festlegen für das Gesamtunternehmen, für eine Abteilung oder ein Projekt. Für die Definition der Verantwortlichkeiten verwendet man normierte Begriffe, die eine differenzierte Betrachtung dessen erlauben, wer welche Verantwortung in welcher Ausprägung übernimmt.

Die Beschreibung der Verantwortlichkeiten wird als Matrix aufgebaut. In den Zeilen stehen Personen, Personengruppen oder betriebliche Funktionen, in den Spalten werden die Aufgaben eingetragen. Hat man eine Projektorganisation beispielsweise mit Lenkungsausschuss, Projektleitung, Analysten, Programmierer, Key User, Anwender usw. festgelegt, so würden diese Personengruppen in den Zeilen erscheinen und in den Spalten deren Aufgaben.

Ist ein Projektstrukturplan vorhanden, der die Arbeitspakete definiert, würden in den Zeilen die Verantwortlichen für das Arbeitspaket benannt und die Spalten die Arbeitspakete zeigen. Für die Ausprägung Verantwortlichkeiten gibt es unterschiedliche Merkmale. So ist ein Mitarbeiter für die Ausführung des Arbeitspaketes verantwortlich, oder ein anderer hat für das Arbeitspaket beratende Funktion. Ein weiterer Mitarbeiter wiederum verantwortet das Budget, ein nächster muss lediglich über das Arbeitspaket informiert sein. Diese Abstufungen der Verantwortung werden mit Abkürzungen in die Zellen der Matrix eingetragen. Definitionen, die sich eingebürgert haben, sind:

- X: führt die Arbeit aus
- D: entscheidet alleine und definitiv über eine Aufgabe
- d: entscheidet mit über eine Aufgabe
- P: managt die Aufgabe
- V: überprüft die Aufgabe
- T: weist in eine Aufgabe ein
- C: muss als Berater herangezogen werden
- I: muss informiert werden
- A: steht als Berater zur Verfügung

Diese Definition der Verantwortlichkeiten muss innerhalb einer Organisation festgelegt und einheitlich verwendet werden.

> **Tipp:**
> Zu achten ist darauf, dass nicht zu viele, sehr fein definierte Verantwortlichkeiten festgelegt werden, da die Matrix dann leicht zu unübersichtlich werden kann.

Expertentipp

Als ein einfaches und robustes Modell hat sich die sogenannte RACI-Matrix etabliert, da sie mit vier sehr einfachen Begriffen auskommt:

- R – Responsible: verantwortlich für die Durchführung
- A – Accountable: verantwortlich für die Entscheidungen im kaufmännischen und im rechtlichen Sinne
- C – Consulted: eine Person (Rolle), die zur Beratung herangezogen werden muss
- I – Informed: jemand, der informiert werden muss

Anwendung der Methode

1. Schritt: Auswahl des Organisationsausschnittes
Wählen Sie einen Organisationsausschnitt fest, für den Rollen und Verantwortlichkeiten festgelegt werden müssen (Gesamtunternehmen, Abteilung, Projekt, Prozess, Teilprojekt).

2. Schritt: Definition der Rollen
Wird die Verantwortlichkeitsmatrix für ein Projekt definiert, können Sie auf die Stakeholderanalyse zurückgreifen, um Personen oder Personengruppen zu bestimmen, die in irgendeiner Form in das Projekt involviert sind.

3. Schritt: Definition der Aufgaben
Die Aufgaben können Sie teilweise aus dem Projektstrukturplan entnehmen, wenn die Arbeitspakete betroffen sind. Teilweise müssen Aufgaben aber auch explizit definiert werden: Welches sind die

Aufgaben des Lenkungsausschusses, welches die Aufgaben der Projektleitung, welches die Aufgaben der Qualitätskontrolle usw.

4. Schritt: Festlegung der Verantwortlichkeitsmerkmale

Hier können Sie auf die genannten Merkmale der RACI-Matrix zurückgreifen (s. o.).

5. Schritt: Genaue Definition (Normierung) der Verantwortlichkeitsmerkmale

Beispielsweise ist zu definieren, was „Accountable" konkret bedeutet: Es könnte jemand sein, der für einen Verantwortungsbereich eine Entscheidungsgewalt hat, die sich auf ein Budget beziehen kann, auf Personalverantwortung, auf eine Unterschriftsberechtigung, auf die Abnahme eines Liefer- und Leistungsumfangs usw.

6. Schritt: Kommunikation der Verantwortlichkeitsmatrix

Ein guter Zeitpunkt für die Kommunikation der Verantwortlichkeitsmatrix ist das Kick-off Meeting.

Beispiel: Pflichtenhefterstellung für einen E-Shop

Die Vertriebsabteilung eines Unternehmens möchte mit einem Online-Shop einen neuen Vertriebskanal etablieren und stellt dazu einen Projektantrag. Man einigt sich darauf, als ersten Schritt ein Pflichtenheft zu erstellen. Eine Projektorganisation mit Lenkungsausschuss und Projektleitung wird etabliert und Fachleute aus unterschiedlichen Abteilungen dem Projekt zugeordnet:

- ein Systemanalytiker für die Definition der Anforderungen
- ein Designer für die ergonomischen und werbetechnischen Aspekte der Benutzeroberfläche
- die IT-Abteilung für die technische Infrastruktur

Eine Stakeholderanalyse hat zusätzliche Abteilungen und Personen ermittelt, die in irgendeiner Form von diesem Projekt betroffen sind oder eine aktive Rolle in diesem Projekt übernehmen sollten. Zusätzlich wird noch ein externer Dienstleister hinzugezogen, der beraten soll, wie moderne Online-Shops gestaltet werden.

Die Projektleitung erstellt eine Verantwortlichkeitsmatrix nach dem RACI-Schema.

	Projektplan erstellen	Best Practices ermitteln	Anforderungen erheben	Funktionales Konzept erstellen	Ergonomisches Design erstellen	IT-Infrastruktur konzipieren	Sicherheitskonzept erstellen	Review Pflichtenheft	Abnahme Pflichtenheft
Lenkungsausschuss	A	I	I	I	I	I	I	I	A
Projektleitung	R	A	A	A	A	A	A	A	R
System-Analyse	C	R	R	R	I	I	I	C	I
Design	C	I	I	I	R	I		C	I
IT-Abteilung	C	I	I	I	I	R	I	C	I
Qualitätssicherung		I	I					R	I
Verkaufsabteilung	C	I	I	C	C	I	I	C	I
ERP-Verantwortlicher	C	I	I	C		C		C	I
Sicherheitsbeauftragter	C	I	I				R	C	I
Externer Berater		C							
Betriebsrat	I								

Abbildung 90: RACI-Matrix

Fazit und Erkenntnisse

Die Verantwortlichkeitsmatrix zeigt differenziert in übersichtlicher Weise Rollen und Verantwortlichkeiten auf. Die Vorteile sind:

- übersichtliche Darstellungsweise

- normierte Begriffe für Verantwortung – dadurch dass die Verantwortlichkeiten differenziert erfasst werden, besteht die Notwendigkeit, sie eindeutig zu definieren

- projektübergreifende Gültigkeit – wenn die Begriffe in einer Organisation normiert sind, braucht man sie nicht für jedes Projekt neu zu erfinden

- Die Darstellung kann für unterschiedliche Organisationseinheiten in derselben Form verwendet werden: für ein Unternehmen, für eine Abteilung, für ein Projekt, für ein Teilprojekt.

- Sie baut auf vorangegangenen Analysen und Planungen auf. So fließt der Projektstrukturplan und die Stakeholderanalyse in die Erstellung der Verantwortlichkeitsmatrix ein.

Expertentipp

Tipp:

Man muss sich jedoch davor hüten, die Verantwortlichkeiten zu sehr zu differenzieren. Dadurch könnte die Verantwortlichkeitsmatrix den Vorteil der Übersichtlichkeit einbüßen.

5 Methoden der Projektabwicklung

5.1 Aufwandstrendanalyse

Kurzbeschreibung der Methode

Siehe CD-ROM

Methodenart	Projektabwicklung / Controlling
geeignet für	Projektarten, bei denen die Einhaltung des Aufwandes die entscheidende Rolle spielt
Ziel	Bewertung der erbrachten Leistung im Verhältnis zum Aufwand
benötigte Hilfsmittel/ Beteiligte	Zeiterfassungsformulare (Papier oder elektronisch), Spreadsheets oder Projektmanagement-Software (bei größeren Projekten)
Zeitaufwand	gering (bei gut strukturierten Projekten
Vorteile	Die ermittelte Kennzahl (Fertigstellungsgrad) sagt aus, wie produktiv der verausgabte Aufwand eingesetzt wurde.
Nachteile	Bei der Schätzung des Restaufwandes ist ein gewisses Maß an Subjektivität vorhanden. Der Fertigstellungsgrad gibt keine Auskunft über den Status der Projekte hinsichtlich der Termine.

Beschreibung der Methode

Die Aufwandstrendanalyse hat zum Ziel, die Leistung in einem Projekt im Verhältnis zum erbrachten Aufwand zu bewerten. Dazu bedient sie sich des Mittels der Restwertschätzung. Die Restwertschätzung gibt Auskunft darüber, wie sich ein Projekt im Verhältnis von verausgabten Aufwänden zu erzielten Leistungen verhält. Die erzielte Leistung wird indirekt aus einer subjektiven Schätzung des

219

Restaufwandes gefolgert. Als Kennzahl wird der Fertigstellungsgrad des Projekts bezüglich des Aufwandes ermittelt.

	Start	KW 1	KW 2	KW 3	KW 4
Ist–Aufwand		10	10	10	10
geschätzter Restaufwand	200	190	180	175	165
voraussichtli– cher Gesamt– aufwand	200	200	200	205	205

Tabelle 30: Restwert

Die Aufwandstrendanalyse geht von den geplanten Aufwandsdaten der Arbeitspakete aus. Diesen geplanten Daten werden die Ist-Daten gegenübergestellt, zusätzlich einer Schätzung des voraussichtlichen Restaufwandes, der noch nötig ist, um dieses Arbeitspaket zu beenden. Daraus lassen sich absolute und relative Kennzahlen nach folgendem Kennzahlensystem ableiten, um die Abweichung im Fertigstellungsgrad für die aktuelle Periode zu erkennen:

• Ist-Aufwand der aktuellen Periode n plus dem kumulierten Ist-Aufwand der vorherigen Periode (n-1) ergeben den aktuellen kumulierten Ist-Aufwand. Ist-Aufwand der aktuellen Periode + kumulierter Ist-Aufwand der Vorperiode + erwarteter Restaufwand der aktuellen Periode ergeben den erwarteten Gesamtaufwand der aktuellen Periode.

• Der Ist-Fertigstellungsgrad ergibt sich als Quotient von kumuliertem Ist-Aufwand und erwartetem Gesamtaufwand.

• Der Planfertigstellungsgrad ergibt sich als Quotient des kumulierten Planaufwandes und des Planaufwandes.

• Die Abweichung im Fertigstellungsgrad errechnet sich als Differenz von Ist-Fertigstellungsgrad und Planfertigstellungsgrad.

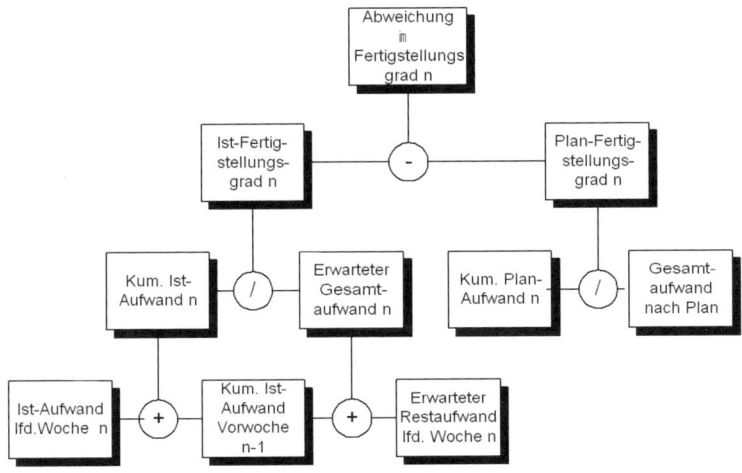

Abbildung 91: Abweichungen im Fertigstellungsgrad

Anwendung der Methode

Achtung:
Auf der CD finden Sie ein Beispiel (Excel-Sheet) für die Aufwandstrend-analyse!

Siehe CD-ROM

Beispiel: Restaufwandschätzung

Ein Projekt, das mit 200 Personentage veranschlagt war, meldet am Ende der ersten Woche einen Ist-Aufwand von 10 Personentagen zu-rück, verbunden mit einer Restwertschätzung von 190 Personentagen. Die Ausgangslage beim Projektstart ist das veranschlagte Budget von 200 Personentagen. Dies kann so interpretiert werden, dass die 10 verausgabten Tage das Projekt auch um 10 Tage vorangebracht ha-ben, also die volle Leistung erzielt wurde.

Anders die Situation am Ende der dritten Woche: Hier werden eben-falls 10 Tage Aufwand zurückgemeldet. Ein Vergleich der Restwert-schätzung mit der zweiten Woche zeigt jedoch, dass die Restwert-schätzung von der dritten Woche im Vergleich zur Restwertschätzung der zweiten Woche sich nur um 5 Tage vermindert hat.

Dies bedeutet, dass die 10 Tage, die in der dritten Woche verausgabt wurden, das Projekt nur um 5 Aufwandstage vorangebracht haben, also nur die Hälfte der Leistung in der subjektiven Bewertung der Beteiligten erbracht wurde.

Diese Methode kann nun verwendet werden, um weitere Kennzahlen bezüglich des Projektfortschrittes zu ermitteln.

Beispiel: Aufwandstrendanalyse

Plandaten	
1 Gesamtaufwand nach Plan (PT)	200,0

		KW 1	KW 2	KW 3	KW 4	KW 5	KW 6	KW 7	KW 8	KW 9	KW 10
	Aufwandskennzahlen operativ										
4	Gesamtaufwand nach Plan und genehmigten Änderungen (PT)	200,0	200,0	200,0	200,0	200,0	200,0	200,0	200,0	200,0	200,0
	genehmigte Änderungen pro Periode										
5	Ist-Aufwand lfd. Woche (PT)	✕	20,0	20,0	20,0	20,0	20,0				
6	Kumulierter Ist-Aufwand (PT)	20,0	40,0	60,0	80,0	100,0	120,0				
7	Erwarteter Restaufwand (ETC) in PT	180,0	160,0	150,0	140,0	120,0	90,0				
8=6+7	Erwarteter Gesamtaufwand (PT)	200,0	200,0	210,0	220,0	220,0	210,0				
9	Kumulierter Plan-Aufwand pro Woche (PT)	20,0	40,0	60,0	80,0	100,0	120,0	140,0	160,0	180,0	200,0

Abbildung 92: Beispiel Aufwandskennzahlen

		KW 1	KW 2	KW 3	KW 4	KW 5	KW 6
	Abweichungsanalyse nach Aufwand						
16=8-4	Abweichung Aufwand absolut (PT)	0	0	10	20	20	10
17=16/4	Abweichung Aufwand in %	0,00%	0,00%	5,00%	10,00%	10,00%	5,00%
	Fertigstellungsgrad nach Aufwand						
20=6/0	Ist-Fertigstellungsgrad n. Aufwand in %	10,00%	20,00%	28,57%	36,36%	45,45%	57,14%
21=9/4	Plan-Fertigstellungsgrad n. Aufwand in %	10,00%	20,00%	30,00%	40,00%	50,00%	60,00%
22=20-21	Abweichung Fertigstellungsgrad in %	0,00%	0,00%	-1,43%	-3,64%	-4,55%	-2,86%

Abbildung 93: Abweichungsanalyse

Das Beispielprojekt ist mit 200 Personentagen (PT) Aufwand veranschlagt (Zeile 1: Gesamtaufwand nach Plan), die innerhalb von 10 Wochen abgearbeitet werden sollen. Es wird davon ausgegangen, dass die Aufwände planmäßig linear zu je 20 Tagen pro Woche anfallen (Zeile 9: kumulierter Planaufwand pro Woche) und dass sich durch Änderungsanträge keine Erhöhung des Planaufwandes ergibt. (Zeile 4: kumulierter Planaufwand ist unveränderlich 200 Personentage). Wir befinden uns aktuell am Ende der sechsten Woche und jede Woche wurden planmäßig 20 Personentage gearbeitet. Jeweils zu den aktuellen Ist-Daten der jeweiligen Woche (Zeile 5) werden die erwarteten Restaufwände reportet (Zeile 7).

In der absoluten Darstellung ist erkennbar, dass die Ist-Aufwände in der dritten und vierten Woche nicht in voller Höhe dem Projektfortschritt zugute kamen, erkennbar daran, dass der erwartete Gesamtaufwand steigt, ebenso wie die absolute Abweichung des Aufwandes. In KW 6 jedoch scheint sich eine Trendwende anzubahnen. In der Abweichungsanalyse lässt sich diese Tendenz prozentual ablesen.

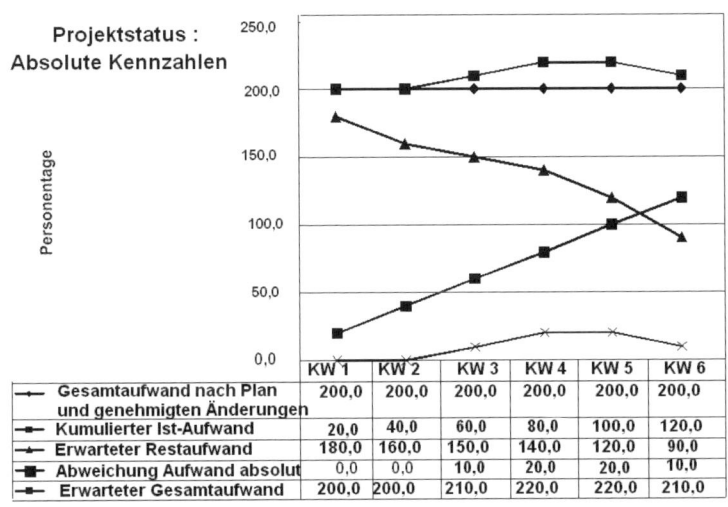

	KW 1	KW 2	KW 3	KW 4	KW 5	KW 6
Gesamtaufwand nach Plan und genehmigten Änderungen	200,0	200,0	200,0	200,0	200,0	200,0
Kumulierter Ist-Aufwand	20,0	40,0	60,0	80,0	100,0	120,0
Erwarteter Restaufwand	180,0	160,0	150,0	140,0	120,0	90,0
Abweichung Aufwand absolut	0,0	0,0	10,0	20,0	20,0	10,0
Erwarteter Gesamtaufwand	200,0	200,0	210,0	220,0	220,0	210,0

Kalenderwochen

Abbildung 94: Analyse des Fertigstellungsgrades absolut

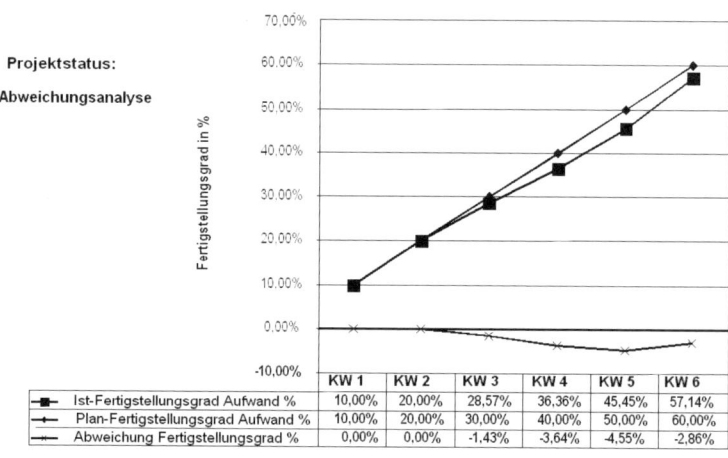

	KW 1	KW 2	KW 3	KW 4	KW 5	KW 6
Ist-Fertigstellungsgrad Aufwand %	10,00%	20,00%	28,57%	36,36%	45,45%	57,14%
Plan-Fertigstellungsgrad Aufwand %	10,00%	20,00%	30,00%	40,00%	50,00%	60,00%
Abweichung Fertigstellungsgrad %	0,00%	0,00%	-1,43%	-3,64%	-4,55%	-2,86%

Kalenderwochen

Abbildung 95: Analyse des Fertigstellungsgrades prozentual

Fazit und Erkenntnisse

Die Aufwandstrendanalyse gibt Auskunft darüber, wie produktiv der Aufwand im Verhältnis zur erbrachten Leistung verausgabt wurde. Die ermittelte Kennzahl ist der Fertigstellungsgrad. Der zeitliche Verlauf dieses Fertigstellungsgrades gibt einen guten Einblick in den Projektverlauf. Er beruht im Wesentlichen auf drei Zahlen, die auf einfache Weise zu erheben sind: dem Planaufwand, dem Ist-Aufwand und einer gesonderten Restwertschätzung.

Expertentipp

Tipp:

Diese Analyse ist besonders bei denjenigen Projekten wertvoll, bei denen die Einhaltung des Aufwandes die erste Priorität hat (Zeit- und Materialprojekte haben häufig diese Prioritätensetzung).

Die Restwertschätzungen unterliegen einem gewissen Maß an Subjektivität, die es bei der Beurteilung des Projektstatus zu berücksichtigen gilt. Mit dem Fertigstellungsgrad können sowohl die Arbeitspakete als auch die verschiedenen Aggregierungsstufen des Projektstrukturplans (einschließlich des Gesamtprojekts) beurteilt werden. Beim Aufwand kann man, im Gegensatz zu den Terminen, gut mit aggregierten Zahlen arbeiten, da es hierbei unerheblich ist, ob ein Arbeitspaket auf dem Kritischen Pfad liegt oder nicht.

5.2 Balanced Scorecard

Kurzbeschreibung der Methode

Siehe CD-ROM

Methodenart	Projektabwicklung / Controlling
geeignet für	mittlere und große Projekte, alle Projektarten
Ziel	• Erweiterung des Kennzahlenspektrums über rein finanzielle Kennzahlen hinaus • Verknüpfung des strategischen mit dem operativen Bereich
benötigte Hilfsmittel/ Beteiligte	Spreadsheets, Softwareprogramme
Zeitaufwand	hoch; die Einführung einer Balanced Scorecard ist ein eigenes Projekt
Vorteile	• Die Balanced Scorecard passt sehr gut in eine Unternehmenskultur der zielorientierten Führung (Management by Objectives). Sie lässt sich in ein konsistentes Konzept einbetten, das von der Mitarbeiterführung über den Technologieeinsatz bis zur Projektmethodik reicht. • Erweiterung des Kennzahlenspektrums über rein finanzielle Kennzahlen hinaus • Messbarkeit von „weichen Faktoren" • Isolierte Anwendung in einzelnen Projekten ist möglich
Nachteile	• sehr hoher Aufwand, wenn die Balanced Scorecard in ein Gesamtkonzept eingebettet wird

Beschreibung der Methode

Die Balanced Scorecard ist ein von Norton und Keppler in den neunziger Jahren entwickeltes Controlling- und Managementsystem. Ein Unternehmen wird nach der Balanced Scorecard nicht nur über die finanziellen Kennzahlen gesteuert, sondern es werden in einer mehrdimensionalen Betrachtung weitere betriebliche Dimensionen in den Steuerungsprozess einbezogen.

Die Strategie eines Unternehmens wird in Ziele für die ausgewählten Dimensionen übersetzt, diese Ziele werden mit Messzahlen und den operationellen Vorgaben für diese Messzahlen versehen und ein Aktivitätenplan für die Erreichung der Ziele wird aufgestellt. Ein Rückkopplungsprozess überprüft das Erreichen der Ziele, stellt Abweichungen fest und leitet gegebenenfalls Steuerungsmaßnahmen ein.

Auf diese Weise sind Einzelmaßnahmen immer in einen strategischen Zusammenhang gestellt, so dass auch für das operationale Personal transparent ist, wie die einzelnen Aktivitäten strategisch zusammenhängen.

Die Methode hat sich als sehr erfolgreich und einflussreich erwiesen, so dass sie in unterschiedlichen Branchen und unterschiedlichen Applikationen modifiziert Verwendung findet.

Adaptionen der Balanced Scorecard auf die Belange des Projektmanagements sind zum Teil unter den Namen „Project Scorecard" in die Projektmanagement-Diskussion eingeführt.

Erweitertes Kennzahlenschema

Qualitative oder weiche Faktoren spielen im Projektmanagement neben den harten Faktoren eine gleichberechtigt wichtige Rolle. Während die Methoden der Aufwandstrendanalyse, Meilensteintrendanalyse, Earned-Value-Analyse und das Projektpuffer-Verfahren nach Goldratt die harten Faktoren im Projektmanagement steuern und im Wesentlichen den monetären Aspekt im Blick haben, bleiben die qualitativen und weichen Faktoren außerhalb einer systematischen Kontrolle. Diese eindimensionale Betrachtung ist ein offensichtlicher Mangel.

Eine ähnliche Verkürzung auf rein finanzielle Messgrößen lassen sich auch für Kennzahlensysteme zur Steuerung eines Unternehmens feststellen, das ROI (Return-on-Invest)-Kennzahlensystem von DuPont beispielsweise basiert ausschließlich auf monetären Größen.

Demgegenüber stellt die Balanced Scorecard eine Erweiterung des Kennzahlenschemas über finanzielle Kenngrößen hinaus dar. Das von Robert S. Kaplan und David P. Norton in den 90er Jahren entwickelte Controlling- und Managementsystem betrachtet ein Unternehmen aus unterschiedlichen Dimensionen oder Perspektiven, wobei die vier „klassischen" Dimensionen – Finanzen, Kunden und Markt, interne Prozesse, Lernen und Wachstum – am häufigsten verwendet werden.

- Die finanzielle Dimension kontrolliert die Ansprüche der Kapitalgeber. Hier kommen die entsprechenden Steuerungsgrößen des Finanzbereiches zum Ansatz wie ROI-Betrachtungen.

- Die Kundenperspektive kann Kennzahlen wie Kundenzufriedenheit, Marktanteile, Kundenprofitabilität enthalten, aber auch Kennzahlen für Serviceeigenschaften, wie Liefertreue, Image des eigenen Unternehmens oder des Produkts beim Kunden.

- Die Prozessperspektive befasst sich mit der Qualität und Effizienz der eigenen Geschäftsprozesse. Kennzahlen wie Durchlaufzeiten, Prozesskosten, Produktivität etc. haben hier ihren Platz.

- Die Innovations- und Lernperspektive verdeutlicht die Wichtigkeit des menschlichen Faktors: Wie innovativ, wie lernbereit sind die Mitarbeiter des eigenen Unternehmens? Kennzahlen wie Anzahl der Verbesserungsvorschläge, Patente, Weiterbildung, aber auch das Durchschnittsalter der Produkte, Umsatzanteil an Neuprodukten haben hier ihren Platz.

Die Methode ist aber so flexibel, dass auch mehr als vier und andere als die „klassischen" Dimensionen Verwendung finden – je nach den jeweiligen Erfordernissen des Anwendungsgebietes.

Die Balanced Scorecard ist als Instrument des strategischen Managements zu sehen, das heißt, dass die Steuerungsgrößen aus der Strategie und der für diese Strategie wichtigen kritischen Erfolgsfaktoren abgeleitet sind. Die daraus zu entwickelnden Kennzahlen müssen so gewählt werden, dass der Zielerreichungsgrad messbar ist und Abweichungen frühzeitig erkennbar sind.

Insofern ist die Balanced Scorecard auch ein Hilfsmittel des Change Managements, da sie den Rückkopplungsprozess von der Strategie bis zur Überprüfung des Umsetzungserfolges systematisch implementiert. Dieser Rückkopplungsprozess umfasst die Phasen:

- Festlegung der Dimensionen oder Perspektive
- Definition von strategischen Zielen
- Abbildung eines Ursache-Wirkungs-Zusammenhangs der strategischen Ziele
- Entwicklung der Messgrößen für jedes strategische Ziel
- Festlegung der operativen Ziele (Vorgaben)
- Entwicklung von Initiativen und Maßnahmen
- Erstellung eines Umsetzungsplanes
- Überprüfung

Abbildung 96: Balanced Scorecard

Die einzelnen Kennzahlen können nicht losgelöst voneinander betrachtet werden. Deshalb gibt die Balance Scorecard auch Rechenschaft über die Abhängigkeiten der Kennzahlen voneinander in einer Ursachen-Wirkungs-Kette. Die Mitarbeiterkompetenz in der Innovationsdimension wirkt sich auf die Prozessqualität in der Prozessdimension aus, diese wiederum auf die Liefertreue in der Kundendimension und im Endeffekt auf den Gewinn in der Finanzdimension.

Anwendung der Methode

Beispiel: Project Scorecard

Es ist naheliegend, die Balanced Scorecard auf Projekte anzuwenden. Das Management eines Projekts weist dieselben Elemente auf, wie das Management einer Unternehmung. Wenn für eine Unternehmung eine Balance Scorecard existiert, übernimmt die Project Scorecard die Strategie aus der Unternehmens-Scorecard. Falls keine gesamte Scorecard existiert, spricht nichts dagegen, mit einer Project Scorecard isoliert zu beginnen.

Man kann mit den vier klassischen Dimensionen der Balanced Scorecard starten, falls nicht besondere Projektspezifika es nahe legen, andere oder zusätzliche Dimensionen zu verwenden.

Die Steuerungsgrößen für die Finanzperspektive bekommt man zum Teil aus Messkriterien, wie sie unter den harten Zielen des Projektmanagements besprochen wurden, zusätzlich zu Umsatzgrößen und Liquiditätskennzahlen.

Kunden (für die Kundenperspektive) können sowohl externe als auch interne Kunden sein.

Für die Prozessperspektive ist entscheidend, wie gut die Projektmanagement-Prozesse (Planungs-, Steuerungs-, Kommunikations-, Administrationsprozesse) abgewickelt werden.

Für die Innovationsperspektive können Kriterien wie Einträge in Wissensdatenbanken, Teilnahme an Fortbildungen, Anzahl von Verbesserungsvorschlägen herangezogen werden.

Dimension	Ziel	Metrik/Methoden der Erfassung
Finanzielle Dimension	Erwirtschaftung eines Deckungsbeitrags von X €	Deckungsbeitrag
		Fertigstellungsgrad
	Liquidität 1. Grades muss bei X % liegen	Liquidität 1. Grades
Kundenperspektive	Einhaltung des geplanten Endtermins	Pufferverbrauch nach Goldratt
	Einhaltung der Liefertreue für die	Meilensteintrend

	Lieferumfänge von X %	Earned Value, SPI (Schedule Performance Index)
		Termintreue
	Erreichung der Kundenzufriedenheit von X laut normiertem Fragebogen	normierter Fragebogen
		Eigen- Fremdbeurteilung
	Antwortzeit auf Kundenanfragen darf X Std. nicht überschreiten	Antwortzeiten
	Unterschreiten eines %-Satzes fehlerhafter Funktionen von X %	Ratio Anzahl der Funktionen zu der Anzahl der fehlerhaften Funktionen
Prozess-perspektive	hohes Niveau der Projektplanung	Vorhandensein eines Struktur- und Ablaufplans
	zuverlässige Rückmeldung der Projektdaten	Pünktliches Reporting von Ist- und Forecast-Daten
	transparente Struktur der Projektorganisation	Vorhandensein einer Projektcharter
Innovations-perspektive	Erreichung einer Zufriedenheit der Mitarbeiter von X (nach normiertem Fragebogen)	normierter Fragebogen
	Erhöhung des Kompetenzgrades der Mitarbeiter	z. B. nach einer Skill-Matrix, in der die Levels der Mitarbeiter beschrieben sind
	Bereitstellung des Wissens in der Wissensdatenbank	Anzahl der Beiträge in der Knowledge-Datenbank pro Mitarbeiter

Tabelle 31: Project Scorecard

Fazit und Erkenntnisse

Die Balanced Scorecard passt sehr gut in eine Unternehmenskultur der zielorientierten Führung (Management by Objectives). Sie lässt sich in ein konsistentes Konzept einbetten, das von der Mitarbeiterführung über den Technologieeinsatz bis zur Projektmethodik reicht.

• In der Mitarbeiterführung können die Zielvereinbarungen in die Balanced Scorecard eingebettet werden.

- Die Projektmethodik Goal Directed Projektmanagement lässt sich mit diesem Konzept gut vereinbaren.

- Mit den OLAP-Konzepten steht auch eine Technologie bereit, die Kennzahlen in einer für Controlling und Management geeigneten Form aufzubereiten.

Expertentipp

> **Wichtig:**
> Der Aufwand, der mit der Einführung der Balanced Scorecard verbunden ist, darf nicht unterschätzt werden. Die Einführung ist eines der anspruchvollsten Projekte in einer Unternehmung.

Die isolierte Einführung in Projekten im Rahmen der Project Scorecard ist durchaus möglich. Dies sollte aber von der Projektgröße abhängig gemacht werden.

5.3 Earned–Value–Analyse

Kurzbeschreibung der Methode

Siehe CD-ROM

Methodenart	Projektabwicklung / Controlling
geeignet für	mittlere und große Projekte, nicht für Forschungsprojekte
Ziel	simultane Messung aller drei Dimensionen des magischen Dreiecks; Voraussagen über den voraussichtlichen Termin und den voraussichtlichen Aufwand am Ende des Projekts
benötigte Hilfsmittel/ Beteiligte	Zeiterfassungsformulare (Papier oder elektronisch), Spreadsheets oder Projektmanagement-Software (bei größeren Projekten)
Zeitaufwand	gering bei gut strukturierten Projekten
Vorteile	Die Vorteile der Earned-Value-Analyse liegen in der Verknüpfung der Kennzahlen für die harten Ziele Aufwand, Zeit und Leistung. Die Anwendung zwingt zu einer strukturierten Vorgehensweise.
Nachteile	• Die Begrifflichkeiten sind abstrakt und schwer vermittelbar. Vor allem die deutsche Übersetzung der Begriffe ist nicht einheitlich. • Für Terminvoraussagen sind nur die Arbeitspakete auf dem Kritischen Pfad relevant. Dies berücksichtigt die Earned-Value-Analyse nicht.

Beschreibung der Methode

Die Earned-Value-Analyse wurde im United States Department of Defense (DoD) um 1965 entwickelt und ist seither in den USA die bevorzugte Controllingmethode bei Projekten im öffentlichen Bereich. Im deutschsprachigen Raum ist diese Methode unter dem Begriff Arbeitswertanalyse adaptiert.

In Ergänzung zu den drei bereits behandelten Methoden (Aufwandstrendanalyse, Meilensteintrendanalyse, Projektpuffer-Methode) stellt die Earned-Value-Analyse den Versuch dar, alle drei Dimensionen des magischen Dreiecks simultan zu messen und Voraussagen über den voraussichtlichen Termin und den voraussichtlichen Aufwand am Ende des Projekts zu machen.

Sie bedient sich dazu Kategorien ähnlich der Plankostenrechnung: dem Ist-Aufwand, dem Planaufwand und dem Soll-Aufwand, oder wenn der Aufwand mit Preisen bewertet ist, den Ist-Kosten (Ist-Preis*Ist-Menge), den Plankosten (Planpreis*Planmenge) und den Soll-Kosten. (Planpreis * bewertete Ist-Menge)

In der Earned-Value-Analyse werden die Soll-Kosten als Earned Value bezeichnet, also diese Kosten, die sich das Projekt entweder durch konkrete Abnahmen oder mit einer Prozentbewertung „verdient" hat, wie in den beiden Bewertungsmethoden, der Completed-Contract- oder der %-Completion-Methode beschrieben wurde.

Mit diesen drei Kategorien ermittelt die Earned-Value-Analyse die Kostenabweichung (Cost Variance) im Projekt und auch ein Maß für die Zeitabweichung (Schedule Variance). Die Kostenabweichung errechnet sich aus der Differenz der Soll-Kosten zu Ist-Kosten und ist intuitiv erfassbar als tatsächliche Kosten zu den Kosten, wie sie nach der erbrachten Leistung hätten anfallen dürfen. Die Zeitabweichung ermittelt sich aus der Differenz von Soll-Kosten – Plankosten und bedarf der Erklärung, warum man daraus eine Zeitabweichung schließt.

Anwendung der Methode

Zur Erklärung der Prinzipienskizze benutzen wir die Begriffe des Project Management Body of Knowledge des Projekt Management Instituts (PMI)

	Bezeichnung	Bedeutung
PV	Planned Value	Plankosten = Planpreis * Planmenge
AC	Actual Cost	Ist-Kosten = Ist-Preis * Ist-Menge
EV	Earned Value	Soll-Kosten = Planpreis * Ist-Menge (bewertete Ist-Menge)
CV	Cost Variance	Kostenabweichung . CV = EV - AC
SV	Schedule Variance	Zeitabweichung SV = EV - PV
CPI	Cost Performance Indicator	Kostenindikator: CPI = EV/AC
SPI	Schedule Performance Indicator	Zeitindikator: SPI = EV/PV
BAC	Budgeted Cost at Completion	geplante Kosten bei Fertigstellung
EAC	Estimation at Completion	voraussichtliche Gesamtkosten bei Fertigstellung

Tabelle 32: Abkürzungen Earned Value Management

Die X-Achse der nächsten Abbildung zeigt die Kosten (in Euro), die Y-Achse die Termine. Bei den Kurven handelt es sich immer um kumulierte Werte. Das Projekt beginnt im Januar und endet gemäß Plan im Oktober. Die aktuelle Periode, zu der die Messzahlen erhoben wurden, ist der Mai. Die gepunktete Linie zeigt die Plankosten (PV) bis zum geplanten Projektende von 1200 k€. Die Strich-Punkt-Linie stellt die Ist-Kosten (AC) und die durchgezogene Linie die Soll-Kosten (EV) dar. Zum Berichtszeitraum sind Ist-Kosten von 650 k€ angefallen, die Plankosten betragen 600 k€ und die Soll-Kosten 450 €.

Die Frage lautet: Ist das Projekt noch im grünen Bereich oder läuft es bereits aus dem Ruder?

Die Kostenabweichung CV beträgt EV-AC = 450k€ - 650k€ = -200k€. Obwohl die Ist-Kosten vom Budget nur leicht abweichen (um 50 k€) ist die tatsächliche Projektsituation viel kritischer, wenn man den Ist-Aufwand in Bezug zum Soll-Aufwand, der ja ein indirektes Maß für die erzielte Leistung ist, in Betracht zieht. Hier ist die Abweichung viermal so groß.

Die Zeitabweichung SV beträgt EV-PV = 450 k€ - 600 k€ = -150 k€. Dies ist in Geldwert ausgedrückt ein Maß für die Abweichung im Zeitplan. Was dies in Monaten bedeutet, kann man sich dadurch anschaulich machen, indem man durch den EV-Wert des Monats Mai (Messzeitpunkt) eine Parallele zur X-Achse zieht. Dort, wo diese Parallele die Plankurve schneidet, ist der Zeitpunkt, zu dem nach Plan eigentlich die erforderliche Leistung hätte erreicht werden sollen, also etwa Mitte April. Das Projekt ist also zwei Wochen im Zeitverzug.

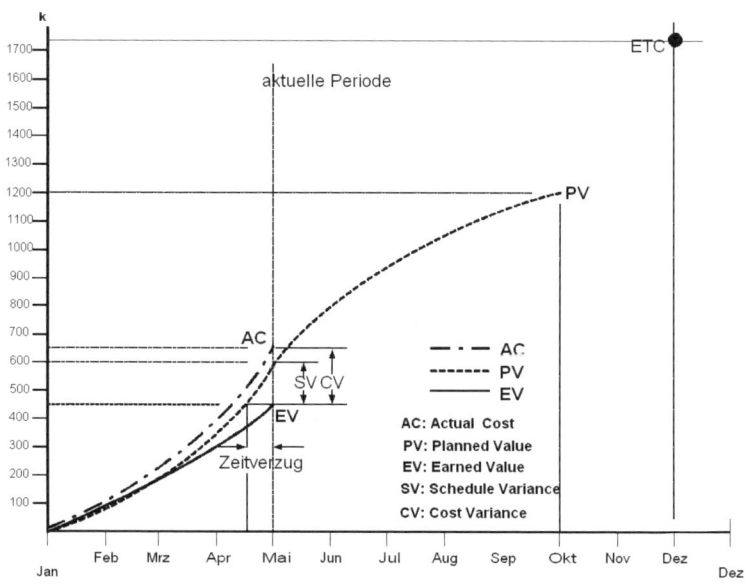

Abbildung 97: Earned-Value-Analyse

Prognose

Was bedeutet dies nun für die voraussichtlichen Werte für Zeit und Aufwand am Projektende?

Hier gibt es folgende Möglichkeiten:

- Fall 1: Man betrachtet die bisherigen Abweichungen als atypisch und ist der Meinung, dass ab Mai wieder planmäßig gearbeitet werden kann. Der prognostizierte Endtermin würde dann Mitte Oktober liegen und die Kosten bei 1400 k€.

- Fall 2: Das Projektteam schätzt die Abweichungen als typisch ein und kommt zu der Einschätzung, dass sich diese Abweichungen auch linear in die Zukunft projizieren lassen. In diesem Fall kann man die Zeit- und Kostenindikatoren für die Prognose verwenden.

    CPI = EV/AC = 450/650 = 0,69. Für jeden ausgegebenen € wurden 69 €cent erlöst.

    SPI = EV/PV = 450/600 = 0,75. An jedem Tag werden nur 75 Prozent der budgetierten Leistung erreicht.

- Fall 3: Aufgrund des aktuellen Projektverlaufs kommt das Projektteam zu einer neuen Schätzung der Termine und des Aufwands. Die neuen Endaufwände und Endtermine werden in diesem Fall nicht errechnet. Es kann also sein, dass das Projektteam Möglichkeiten sieht, die Endaufwände und Endtermine wie im Budget vorgesehen zu halten (31.12. als Endtermin und 1200 k€ als Endkosten). Oder es wird ein neues Kosten- und Zeitbudget erstellt. Man kann damit die neuen Performance-Indikatoren errechnen, die erreicht werden müssen um für die Restlaufzeit das neue Budget zu erfüllen.

Die unterschiedlichen Fälle können mit einer einzigen Formel abgedeckt werden:

$$EAC = AC + \frac{BAC - EV}{PI}$$

PI ist ein Performance-Indikator der frei wählbar ist. Gebräuchliche Performance-Indikatoren sind:

- Fall 1: PI = 1: Bisherige Abweichungen sind atypisch

$$EAC = AC + \frac{BAC - EV}{1} = 650 + \frac{1200 - 450}{1} = 1400$$

- Fall 2: PI = CPI: Abweichungen sind typisch

$$EAC = AC + \frac{BAC - EV}{CPI} = 650 + \frac{1200 - 450}{450/650} = 1733$$

- Fall 3: Neues Budget. Falls man ein neues Budget festlegt, z. B. 1500 k€, kann man errechnen, wie der neue Kostenindikator aussehen muss um dieses Budget zu erreichen:

$$PI = \frac{BAC - EV}{EAC - AC} = \frac{1200 - 450}{1500 - 650} = 0,88$$

Um das neue Budget zu erreichen, dürfte der Kostenindikator von 0,88 nicht unterschritten werden. Würde kein neues Budget festgesetzt, müsste ein Kostenindikator von 1,36 erreicht werden (EAC ist dann = 1200 zu setzen).

Die Ermittlung der voraussichtlichen Zeit ist umstritten, da sie an Voraussetzungen geknüpft ist, wie sie in der Praxis selten vorkommen, nämlich an einen linearen Zusammenhang von Zeit und Aufwand. Der Normalfall in Projekten ist jedoch, dass am Anfang und am Ende des Projekts der Aufwand unterproportional und in der Mitte des Projekts überproportional verteilt ist, was zur typischen S-Kurve des kumulierten Aufwands über die Zeit führt.

Viele Autoren verzichten deshalb auf den Termin-Forecast auf Basis der Performance-Indikatoren und verweisen auf andere Methoden, wie die Ermittlung des Kritischen Pfades, um den voraussichtlichen Endtermin zu bestimmen.

Autoren, die auf Basis des SPI den voraussichtlichen Endtermin bestimmen, führen zwei weitere Begriffe ein:

PAC	Plan at Completion	geplanter Fertigstellungszeitraum
TAC	Time at Completion	voraussichtlicher Fertigstellungszeitraum

Tabelle 33: Weitere Earned-Value-Abkürzungen

Für den Fall 2 bedeutet ein SPI von 0,75, dass man mit jedem Tag 25 Prozent in Verzug ist. Das voraussichtliche Projektende errechnet sich dann aus:

$$TAC = \frac{PAC}{SPI} = \frac{36 Wochen}{0,75} = 48 \; Wochen.$$

Der voraussichtliche Endtermin für den Fall 2 wird also in der Kalenderwoche 48 sein, mit Kosten von 1733 k€.

Beispiel: Earned-Value-Analyse

Das Fallbeispiel ist aus der Softwareentwicklung entnommen und zeigt ein einfaches Wasserfallmodell mit 9 Aktivitäten, die alle bis auf die Aktivität 6 nacheinander abgearbeitet werden. Lediglich Aktivität 6 (Unit Test) beginnt zeitversetzt parallel zu Aktivität 5 (Programmierung). Der geplante Aufwand ist 46 Tage, die geplante Dauer beträgt 10 Wochen.

Nr.	Aktivität	Plan (Tage)	Geplante Dauer (Wochen)
1	Machbarkeitsstudie	3	1
2	Anforderungen	3	1
3	Produkt-Design	5	1
4	Feindesign	5	1
5	Programmierung	10	2
P	Unit Test	5	2
7	Integration	5	1
8	Acceptance Test	5	1
9	Implementierung	5	1
Summe		46	

Tabelle 34: EV-Beispiel: Planung von Aufwand und Zeit

	W1	W2	W3	W4	W5	W6	W7	W8	W9	W10	⇩
1 Machbarkeitsstudie	▓	3 Tage/ 1 Woche					Dauer = 10 Wochen				
2 Anforderungen		▓	3 Tage / 1 Woche								
3 Produkt Design			▓	5 Tage / 1 Woche							
4 Feindesign				▓	5 Tage / 1 Woche						
5 Programmierung					▓	10 Tage / 2 Wochen					
6 Unit Test							▓	5 Tage/ 2 Wochen			
7 Integration								▓	5 Tage / 1 Woche		
8 Acceptance Test									▓	5 Tage/ 1 Woche	
9 Implementierung										▓	5 Tage/ 1 Woche
Summe	3	3	5	5	5	10	3	2	5	5	46

Abbildung 98: EV-Beispiel: Balkendiagramm

Am Ende der vierten Woche wird der Projektfortschritt nach der 0/100 Methode ermittelt. Lediglich abgenommene Aktivitäten werden als erbrachte Leistungen bewertet, angefangene Aktivitäten werden nicht bewertet. Die Aktivitäten 1 bis 3 sind abgenommen, wobei Aktivität 3, Produkt-Design, einen Tag Aufwand mehr benötigt hat als geplant. Der Earned Value kann aber nicht höher sein als der Planwert. Die Aktivität 4 ist noch nicht beendet, obwohl sie bereits das Budget von 5 Tagen aufgezehrt hat. Der Earned Value ist deshalb 0.

Nr.	Aktivität	Plan	Dauer	Ende	Ist	Status	EV
1	Machbarkeits-studie	3	1	W 1	3	erledigt	3
2	Anforderungen	3	1	W 2	3	erledigt	3
3	Produktdesign	5	1	W 3	6	erledigt	5
4	Feindesign	5	1	W 4	5	begon-nen	0
	Heute	**16**		**Wo. 4**	**17**		**11**
5	Programmie-rung	10	2	W 6			
6	Unit Test	5	2	W 7			
7	Integration	5	1	W8			
8	Acceptance Test	5	1	W 9			
9	Implementie-rung	5	1	W10			
	Summe	**46**					
Plan: geplanter Aufwand in Tagen; Dauer: geplante Dauer in Wochen; Ende: termi-niertes Endedatum; Ist: Ist-Aufwand in Tagen, EV: Earned Value in Tagen							

Tabelle 35: EV-Beispiel: Bewertung

Wird der Aufwand über die Zeit verteilt und die Performance-Indikatoren CPI und SPI errechnet, erkennt man, dass beide Indikatoren unter eins liegen und somit einen Kostenüberlauf und einen Zeitverzug signalisieren.

	W 1	W 2	W 3	W 4	W 5	W 6	W 7	W 8	W 9	W 10	W…	W 15
Planaufwand	3	3	5	5	5	10	3	2	5	5		
kum. Plan-aufwand	3	6	11	16	21	31	34	36	41	46		
Ist-Aufwand	3	3	6	5								
Ist-Aufwand kumuliert	3	6	12	17								
EV	3	3	5									
EV- kumuliert	3	6	11	11								
EAC				15								71

Tabelle 36: EV-Beispiel: Berechnung von Aufwand und Endetermin

Aus dieser Tabelle lassen sich die Performance-Indikatoren errechnen sowie die Forecasts für Aufwand und Dauer zum voraussichtlichen Projektende:

CPI = EV-kumuliert / Ist-Aufwand kumuliert = 11/17 = 0,65 SPI = EV-kumuliert / Planaufwand kumuliert = 11/16 = 0,69

Voraussichtliche Kosten = Planaufwand/CPI=46/0,65=71 PT Voraussichtliche Dauer = Plandauer/SPI=10/0,69=15 Wochen

Fazit und Erkenntnisse

Die Vorteile der Earned-Value-Analyse liegen in der Verknüpfung der Kennzahlen für die harten Ziele Aufwand, Zeit und Leistung. Die Anwendung zwingt zu einer strukturierten Vorgehensweise. Sie baut auf dem Projektstrukturplan auf. Sie ist in den Bewertungsmöglichkeiten der Leistung so flexibel, dass sie in einem breiten Projektspektrum angewendet werden kann. Auch in der Reaktion auf festgestellte Planabweichung lässt die Methode Spielräume zu.

Die Grenzen der Earned-Value-Analyse liegen darin,

*   dass sie sich ausschließlich auf die harten Kennzahlen im Projekt konzentriert und weitere Dimensionen nicht berücksichtigt;
*   dass alle Aktivitäten gleich berücksichtigt werden und kein Unterschied gemacht wird zwischen Aktivitäten, die auf dem Kritischen Pfad liegen, und denjenigen, die nicht darauf liegen.

Ein weiterer Nachteil liegt darin, dass die Begrifflichkeit zunächst sehr abstrakt klingt und deshalb nicht leicht vermittelbar ist.

5.4 Leistungsbewertung

Kurzbeschreibung der Methode

Methodenart	Projektabwicklung / Controlling
geeignet für	alle Projektarten, außer Forschungsprojekte
Ziel	ein Maß zu finden, die erbrachte Leistung in einem Projekt (Aufwand, Zeit, Leistung) zu bewerten, und zwar simultan und anhand objektiver Kriterien
benötigte Hilfsmittel/ Beteiligte	Zeiterfassungsformulare (Papier oder elektronisch), Spreadsheets oder Projektmanagement-Software (bei größeren Projekten)
Zeitaufwand	gering bei gut strukturierten Projekten
Vorteile	Erst im Zusammenspiel von Plandaten, Ist-Daten und Restwertdaten lässt sich der Projektstatus zuverlässig ermitteln. Der Restaufwand in einem Projekt ist zudem diejenige Kenngröße, die noch beeinflusst werden kann, im Gegensatz zu den Ist-Aufwänden.
Nachteile	Außer bei der reinen „Completed-Contract-Methode" spielt in der Leistungsbewertung ein gewisses Maß an Subjektivität mit. Berühmt-berüchtigt sind die Aktivitäten, die über einen längeren Zeitraum einen Fertigstellungsgrad von 90 % melden.

Beschreibung der Methode

Das „Magische Dreieck" im Projektmanagement beschreibt den Zusammenhang zwischen den messbaren Zielgrößen im Projekt: Aufwand, Zeit und Leistung. Eine vertraglich vereinbarte Leistung ist mit einem vereinbarten Aufwand in einer vereinbarten Zeit zu erbringen.

Man spricht in diesem Zusammenhang auch von den „harten" Zielen im Projektmanagement und meint damit, dass diese Ziele messbar seien und eine Abweichung davon in irgendeiner Form mit Sanktionen versehen ist.

Die Messbarkeit der harten Ziele ist beim Aufwands- und Zeitziel unmittelbar einsichtig. Wenn ein vereinbartes Datum überschritten ist, kann das nicht wegdiskutiert werden. Wenn das Budget zu ei-

241

nem bestimmten Zeitpunkt überläuft, lässt sich das auch anhand von harten Zahlen nachweisen.

Schwieriger ist es schon, die Leistung mit objektiv messbaren Kriterien zu erfassen. Ein Leistungsumfang ist Vertragsbestandteil und wird verbal beschrieben, im Gegensatz zu den anderen beiden Zielen, die sich numerisch beschreiben lassen. Je komplexer der Liefer- und Leistungsumfang ist, desto schwieriger ist es, zwischen Leistungsempfänger und Leistungsgeber einen Konsens über die gelieferte Leistung zu erzielen. Ausgeklügelte Abnahmeprozeduren beweisen, dass dies am Ende eines Projekts schon schwierig genug ist, viel schwieriger ist es aber, dies während der Laufzeit eines Projekts festzustellen.

Über den Status eines Projekts kann man aber nur verlässlich Auskunft geben, wenn man Zeit, Aufwand und Leistung simultan betrachtet.

Welche Möglichkeiten hat man nun, das magische Dreieck simultan zu steuern? Folgende Voraussetzungen sind zu schaffen:

- Zunächst muss geklärt werden, ab wann eine Leistung als erbracht gilt, beziehungsweise ob Zwischenstände bewertet werden können.
- Bei Abweichungen sind eventuelle Preisabweichungen zu eliminieren.

Im Prinzip gibt es dazu zwei Alternativen: die „Completed-Contract-Methode" und die „%-Completion-Methode".

Completed-Contract-Methode und Varianten

Die eindeutigste Methode ist die Completed-Contract-Methode. Erst wenn man vom Kunden eine Abnahme erteilt bekommen hat und deshalb der erbrachte Liefer- und Leistungsumfang nicht mehr rückabwickelbar ist, gilt eine Leistung als erbracht. So lange dies nicht der Fall ist, wird die Leistung als nicht erbracht bewertet. Dies ist auch die einzige Methode, die nach den Bilanzierungsregeln des HGB für langfristige Auftragsfertigung möglich ist. Nun wird man jedoch in einem Projekt keinen Kunden dazu bekommen können, so viele Teilabnahmen zu unterschreiben, wie man es für die Projektsteuerung benötigt (unabhängig von der bilanziellen Bewertung).

Diese Aufgabe muss folglich in einem Projekt vom Projektleiter oder Lenkungsausschuss übernommen werden, vorbehaltlich einer noch ausstehenden Endabnahme. Transparenten Abnahmekriterien kommt hier eine wichtige Bedeutung zu.

Bewerten kann man die Leistung dann je nach internen Gegebenheiten im Projekt und für interne Controllingzwecke nach folgenden Methoden:

- 0/100-Methode: Dies ist die reine Completed-Contract-Methode. Eine Bewertung erfolgt erst, wenn die Arbeit abgeschlossen ist. Angearbeitete Aktivitäten werden nicht berücksichtigt. Bei der Anwendung dieser Methode ist zu beachten, dass die Dauer der Arbeiten normalerweise einen Berichtszeitraum nicht überschreiten soll. Hat man einen vierwöchigen Berichtszeitraum, sollten die Aktivitäten nicht länger als diese vier Wochen sein. In der untenstehenden Abbildung „Aktivitätendauer und Berichtszeitraum" liegt lediglich die Tätigkeit A im aktuellen Berichtszeitraum. Wenn die Aktivitäten länger als die Berichtszeiträume sind, kann man angepasste Methoden verwenden, z. B. 25/75 oder 50/50. Diese Methoden sind vergleichbar mit den Gepflogenheiten bei Zahlungsmeilensteinen, dass beispielsweise zu Projektbeginn 30 Prozent Anzahlungen erfolgen und der Rest bei der Endabnahme.

- 25/75-Methode bedeutet, dass man bei Beginn der Arbeit die Aktivität zu 25 bewertet und bei Abschluss die restlichen 75 Prozent.

- Gewichtete Meilensteine: Dieses Verfahren kann auch verwendet werden, wenn Aktivitäten länger als die Berichtsdauer sind. Hier unterteilt man die langen Aktivitäten in Meilensteine, von denen dann einer oder mehrere innerhalb eines Berichtszeitraums liegen, und bewertet diese Meilensteine. Tätigkeit D wird in der Abbildung „Aktivitätendauer und Berichtszeitraum" mit vier Meilensteinen versehen, jeweils mit einem Wert von 25 Prozent.

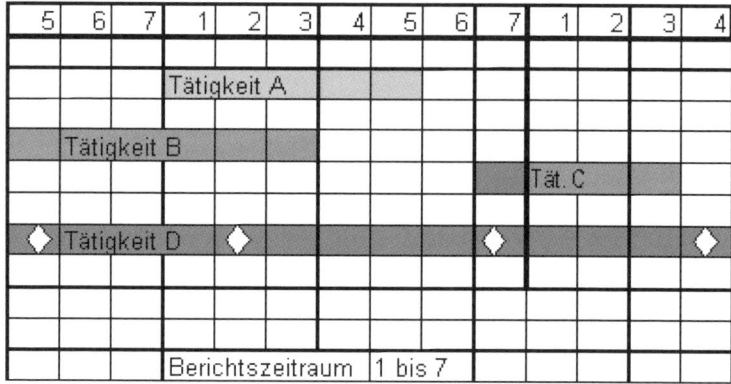

Abbildung 99: Akivitätendauer und Berichtszeiträume

%-Completion-Methode

Die %-Completion-Methode ist die Bewertungsmöglichkeit eines Projekts, auf deren Basis nach IFSR (International Financial Reporting Standards) bilanziert werden darf. In der Projektabwicklung kann damit der Projektfortschritt erfasst und indirekt eine Maß für die erbrachte Leistung gefunden werden.

Drei Arten kommen innerhalb des Projektmanagements zum Ansatz:

- die Schätzung eines Restaufwandes für die Fertigstellung der Leistung; das bedeutet, dass das Berichtswesen eines Projekts drei Zahlen für jede Leistung reporten muss: die Planwerte, die Ist-Werte und die Restwerte. Der Restwert ist die einzige der drei Größen, die noch zu managen ist und stellt damit für den aktuellen Projektstatus die wichtigste der drei Zahlen dar. Plandaten und Ist-Daten sind historische Daten, die lediglich statistischen Wert haben. Indirekt kommt aus dem Restwert eine Leistungsbewertung zum Ausdruck: Vermindert sich die Restwertschätzung einer Berichtsperiode genau um die Ist-Leistung, bedeutet das, dass die aktuelle Arbeit, die in das Projekt gesteckt wurde, das Projekt auch um exakt diese Arbeit vorangebracht hat. Ist die Verminderung des Restwertes kleiner als die Ist-Leistung, bedeutet das, dass in der subjektiven Einschätzung der Mitarbeiter, nicht die ganze Ist-Arbeit dem Projektfortschritt zugute kam. Hat ein Mitarbeiter 5 Tage an einem Projekt gearbeitet, aber seine Restwertschätzung gegenüber der Vorwoche hat sich nur um 3 Tage vermindert, heißt das, dass zwar 5 Tage gearbeitet wurden, dass Projekt aber nur 3 Tage vorankam. Setzt sich dieser Trend auch in der nächsten Woche fort, ist Handlungsbedarf vorhanden.

- Eingabe eines Prozentwerts für den Fertigungsstellungsgrad: Dies ist gleichbedeutend mit der Abgabe einer Restschätzung, hat jedoch den Nachteil, dass es subjektiv schwieriger ist, einen Fertigstellungsgrad zu schätzen, als den Fertigstellungsgrad in einem Restaufwand auszudrücken. Die Aktivitäten, die über einen längeren Zeitraum immer einen 90-Prozent-Fertigstellungsgrad berichten, sind leider häufig anzutreffen. Manche Projektmanagement-Werkzeuge bieten auch die Möglichkeit, den Fertigstellungsgrad automatisch aus den Plan- und Ist-Werten zu errechnen. Diese Funktion konterkariert das Verfahren, die Leistung in die Überwachung einzubeziehen. Die Lieferung eines Fertigstellungsgrads muss eine bewusste und begründete Entscheidung der Mitarbeiter sein.

- Parametrische Hilfsgrößen wie Mengen, verbrauchte Energie, oder eine prozentuale Abhängigkeit von anderen Aktivitäten: Mit diesen Hilfsgrößen kann ebenfalls der prozentuale Fortschritt einer Aktivität gemessen werden.

Anwendung der Methode

Angenommen, an den Aktivitäten in der Tabelle „Bewertungsmethoden" arbeitet jeweils ein Mitarbeiter, so ergibt sich nach den unterschiedlichen Bewertungsmethoden der Leistung folgendes Bild:

Bewertung	Aufgabe A	Aufgabe B	Aufgabe C	Aufgabe D	Summe
0/100	5	6	0	0	11
25/75	5	4,5	1	0	10,5
50/50	5	3	2	0	10

Meilenstein	5	6	0	7	18
%-Completion	5	3	1	7	16

Tabelle 37: Bewertungsmethoden

Beispiel: Die Leistung von Aufgabe B wird nach der 25/75-Methode zu 75 Prozent im aktuellen Berichtszeitraum bewertet: 75 % von 6 = 4,5

Bei der Meilensteinbewertung werden die Aufgaben, die nicht in Meilensteine unterteilt sind, mit der 0/100-Regel bewertet. Dadurch, dass sich Aktivität D über drei Berichtsperioden erstreckt, ergeben sich für die Bewertungen auf Basis der Completed-Contract-Methode für den aktuellen Berichtszeitraum ungünstige Werte.

Fazit und Erkenntnisse

Erst mit der Erfassung der Leistung kann man in einem Projekt den Projektstatus einigermaßen zuverlässig ermitteln. Bei einem Projekt, das in der Hälfte der Zeit die Hälfte des Budgets aufgebraucht hat, kann nicht ermittelt werden, ob das Projekt noch im grünen Bereich ist, solange keine Aussage darüber existiert, ob auch die Hälfte der Leistung erbracht wurde.

Außer bei der reinen Completed-Contract-Methode spielt jedoch in der Leistungsbewertung ein gewisses Maß an Subjektivität mit. Berühmt-berüchtigt sind diejenigen Projekte, die über einen längeren Zeitraum einen Fertigstellungsgrad von 90 Prozent melden. Daraus resultieren dann die „Open-end-Projekte". Wie wir gesehen haben, spielen auch die unterschiedlichen Arten der Bewertung eine Rolle, und nicht jede Art der Bewertung ist für jede Projektart geeignet. Man muss sich also sowohl bei der Projektplanung als auch bei der Bewertung des Projektfortschritts über die Basis der Leistungsbewertung und deren Auswirkungen im Klaren sein.

5.5 Meilensteintrendanalyse

Kurzbeschreibung der Methode

Siehe CD-ROM

Methodenart	Projektabwicklung / Controlling, Prognose
geeignet für	alle Projekte, bei denen ein Meilensteinplan existiert
Ziel	Darstellung des Trends von Meilensteinterminen und dessen Exploration in die nähere Zukunft; Darstellung des Projektfortschritts
benötigte Hilfsmittel/ Beteiligte	Projektplanung mit definierten Meilensteinterminen und den dazugehörigen zu erreichenden Inhalten, Ergebnissen und Zielen
Zeitaufwand	geringer Aufwand für die Darstellung des Meilensteinverlaufs
Vorteile	Die Ergebnisse sind einfach darstellbar und übersichtlich zu visualisieren. Die Erkenntnisse können schnell erfasst werden.
Nachteile	Das Ergebnis dokumentiert den tatsächlichen Termin- und Meilensteinverlauf nachträglich. Der Trend wird abgeschätzt. Die Aussagekraft ist gering. Das Ergebnis bezieht sich auf das gesamte Projekt. Es sind keine Detailinformationen verfügbar. Eine Extrapolation ist schwierig.

Beschreibung der Methode

Mit der Meilensteintrendanalyse wird der Zusammenhang von Leistung und Terminen dargestellt. Mit der periodisch vorgenommenen Überprüfung der Termine und der Neuschätzung eines voraussichtlichen Endtermins werden Projektverläufe analysiert. Die Analyse der spezifischen Verläufe ergibt Hinweise für die Maßnahmen zur Steuerung der Projekte.

Während die Aufwandstrendanalyse den Zusammenhang von Aufwand (bzw. Kosten) und der Leistung erfasst, stellt die Meilensteintrendanalyse den Zusammenhang von Leistung und Terminen dar. Nach DIN 69900, Teil 1 ist als Meilenstein als Ereignis von besonderer Bedeutung definiert, wobei unter Ereignis ein Ablaufelement, das

das Eintreten eines bestimmten Zustandes beschreibt, verstanden wird.

Meilensteine können deshalb den Abnahmetermin eines wichtigen Arbeitspaketes darstellen, das Ende eine Phase markieren, einen Synchronisationspunkt im Ablauf, Zahlungstermine, Teilabnahmen oder Abnahmen wichtiger Leistungsumfänge darstellen. Ihre ausgeprägteste Form finden Meilensteine in Meilensteinnetzplänen, welche die Abhängigkeiten unterschiedlicher Arten von Meilensteinen voneinander darstellen.

Anwendung der Methode
Folgendermaßen wird bei der Meilensteintrendanalyse vorgegangen:

• Aufstellen eines Meilensteinplanes (evtl. in Form eines Netzplans) mit geplanten Endterminen

• periodische Überprüfung der Termine, z. B. wöchentlich oder monatlich

• Abgabe eines neuen Forecasts für den Meilensteinendtermin

• Verfolgung der Änderungen der Schätztermine von Periode zu Periode

• Interpretation des Verlaufes der Schätzung

Bei Abweichungen sollten Maßnahmen zur Steuerung ergriffen werden.

Für die Meilensteintrendanalyse hat sich folgende Darstellungsform bewährt: Vertikal werden die geplanten und periodisch überprüften Meilensteintermine eingetragen und horizontal die jeweiligen Perioden der Überprüfung. Die Hypotenuse zeigt an, wann ein Meilenstein planmäßig beendet sein sollte.

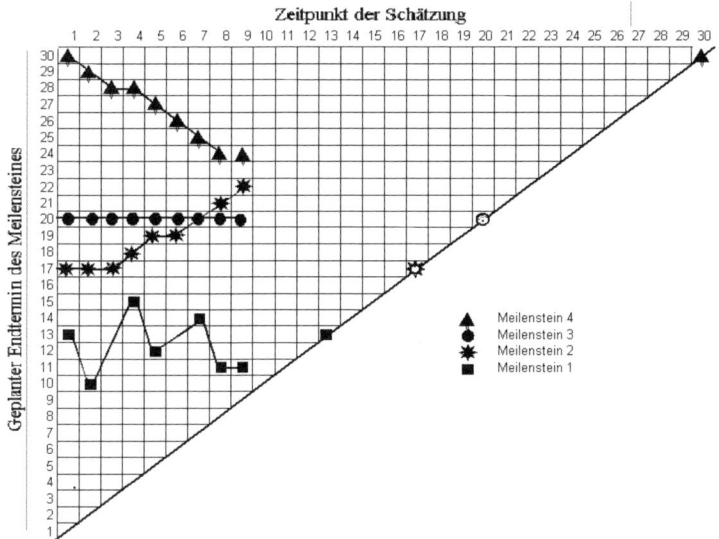

Abbildung 100: Meilensteintrendanalyse

Aus der Abbildung geht hervor: Es ist geplant, den Meilenstein 1 in KW 13, den Meilenstein 2 in KW 17, den Meilenstein 3 in KW 20 und den Meilenstein 4 in KW 40 beendet zu haben. Ob eine logische Abhängigkeit zwischen diesen Meilensteinen besteht oder ob sie unabhängig voneinander sind, geht aus dieser Darstellungsform nicht hervor. Man sieht lediglich, wie sie zeitlich zueinander liegen.

Wöchentlich werden die Meilensteintermine überprüft. Nach der 5. Woche ergibt sich eine neue Einschätzung der Meilensteinendtermine: Meilenstein 1: KW 12; Meilenstein 2: KW 19; Meilenstein 3: KW 20; Meilenstein 4: KW 27.

Die Trends der periodischen Schätzung der Meilensteinendtermine lassen sich folgendermaßen interpretieren:

• horizontale Linie: unveränderliche Schätzung der Endtermine. Der Meilenstein läuft planmäßig (Meilenstein 3).

• fallende Linie: Meilenstein wird früher beendet als geplant (Meilenstein 4).

- steigende Linie: Meilenstein wird später beendet als geplant (Meilenstein 2).
- Zick-Zack-Linie: Meilensteinschätzungen sind unzuverlässig (Meilenstein 1).

Falls die Meilensteine in der Abbildung voneinander abhängig sind, würde dieses Projekt erhebliche Probleme bekommen. Nach der Woche 9 zeigt sich, dass der Meilenstein 1 in seiner Vorhersage unzuverlässig ist und dass sich Meilenstein 2 erheblich verzögert. Dass Meilenstein 3 planmäßig verläuft und Meilenstein 4 sogar früher als geplant fertig wird, ist zunächst ohne Auswirkungen, wenn die Termine mit Meilenstein 2 nicht korrigiert werden können.

Fazit und Erkenntnisse

Die Meilensteintrendanalyse ist eine sehr einfache und anschauliche Methode, Zeit und Leistung eines Projekts in der subjektiven Einschätzung der Projektbeteiligten zu verfolgen und Abweichungen vom Plan frühzeitig festzustellen. Durch den Zwang, periodisch die Planung in Frage zu stellen, ergibt sich ein höheres Maß an Zuverlässigkeit als durch einen reinen Soll-Ist-Vergleich.

Nachteile dieser Methode sind:

- Sie trifft keine Aussage über den Aufwand und lässt dadurch eine Dimension des magischen Dreiecks außer Acht.
- Historische Daten gehen nicht in die Bewertung ein, z. B. das tatsächliche Erreichen bestimmter Teilziele, das ein gewisses Maß an Objektivierung in die subjektiven Restschätzungen einbringen würde.
- Meilensteine im Projektmanagement sind generell ambivalent: einerseits ein Synchronisationspunkt wichtiger Ereignisse, zum anderen aber auch ein potentieller Bremsklotz im Projektablauf. Die Meilensteintrendanalyse birgt die Gefahr, verschwenderisch mit Meilensteinen umzugehen und sie alleine aus Controllingzwecken einzurichten und nicht aus einer sachlichen Notwendigkeit heraus.

- Die Methode zeigt keine Abhängigkeiten von Meilensteinen und insbesondere nicht die Meilensteine, die auf dem Kritischen Pfad liegen und deren kritischer Verlauf besondere Bedeutung für den Terminverzug des gesamten Projekts hat.

5.6 OLAP (Online Analytical Processing)

Kurzbeschreibung der Methode

Methodenart	Projektabwicklung / Controlling
geeignet für	mittlere und große Projekte, alle Projektarten
Ziel	Ermöglichung eines Online-Zugriffes auf Kennzahlen, deren Analyse in unterschiedlichen Dimensionen und unterschiedlichem Detaillierungsgrad
benötigte Hilfsmittel/ Beteiligte	Datenbanken, Softwareprogramme, Spezialisten, die multidimensionale Datenbanken erstellen können
Zeitaufwand	zur erstmaligen Einrichtung sehr hoch; im laufenden Betrieb werden Aufwände reduziert, da viele Standardberichte eingespart werden können und Daten schneller zur Verfügung stehen
Vorteile	• Online-Zugriff • flexible Kombination unterschiedlicher Kennzahlen • Analyse der Kennzahlen in unterschiedlichen Dimensionen • flexible „Navigation" durch die Datenbestände
Nachteile	• zur Einrichtung ein einmaliger sehr hoher Aufwand, insbesondere in der Schaffung einer konsistenten Datenbasis • Einsatz von Software ist unabdingbar • Schulung von Mitarbeitern in einer neuen Denkweise

Beschreibung der Methode

OLAP-Methoden werten Daten aus, die in multidimensionalen Datenbanken gespeichert sind. Multidimensionale Datenbanken bestehen aus den Kennzahlen und den Dimensionen, unter denen diese Kennzahlen analysiert werden können. Kennzahlen sind beispielsweise Planaufwand, Ist-Aufwand, Fertigstellungsgrad, Cost

251

Performance Indictor (CPI), Schedule Performance Indicator (SPI), Pufferverbrauch usw. Dimensionen sind die Perspektiven, unter denen es interessant sein kann, die Kennzahlen zu analysieren. Im Projektmanagement sind sicher folgende Dimensionen von Interesse:

- Zeit: Wie entwickelt sich der CPI über die Zeit?
- Work Breakdown Structure: Bei welchem Arbeitspaket ist der höchste Aufwand angefallen?
- Kostenstruktur: Welche Kostenart verursacht die meisten Kosten?
- Teamstruktur: Welche Fachgruppe ist überlastet?
- Mulitiprojektumgebung: Welche Projekte verursachen die Planabweichungen?

Aus didaktischen Gründen stellt man eine multidimensionale Datenbank meist in Form eines Würfels, eines Cubes, mit drei Dimensionen dar. Ein Würfel in diesem Sinne kann jedoch aus mehr als drei Dimensionen bestehen. Dies lässt sich aber grafisch nicht mehr veranschaulichen.

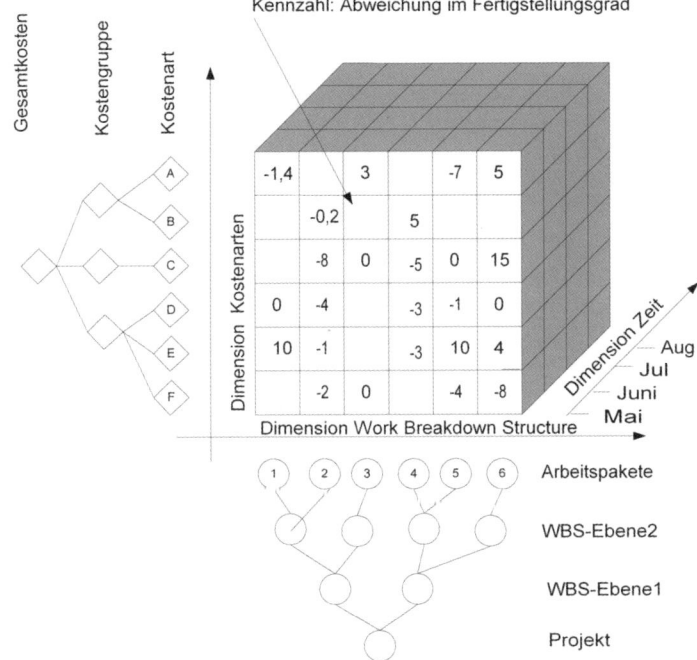

Abbildung 101 : OLAP-Cube

Die Grafik skizziert das Beispiel eines Cubes, mit dem es möglich ist, die Abweichung vom Fertigstellungsgrad unter den Dimensionen Zeit, Projektstruktur und Kostenstruktur zu analysieren. Die Kostenart E trug im Arbeitspaket 1 im Mai zu einer Abweichung von + 10 Prozent im Fertigstellungsgrad bei. Wenn die Kostenart E die Bedeutung von internen Dienstleistungen hat und das Arbeitspaket 1 die Erstellung eines Pflichtenheftes ist, bedeutet das, dass man 10 Prozent über der geplanten Fertigstellung liegt.

Dimensionen sind hierarchisch strukturiert. Dies lässt zu, dass man die Daten anhand der Hierarchiestufen entlang verdichtet oder detailliert.

Detaillierung und Verdichten sind zwei der Navigationsmethoden, die sich im Zusammenhang mit den OLAP-Methoden eingebürgert

253

haben. Zusammen mit Slicing, Dicing und Pivotierung bilden sie die Navigationsmethoden, die in den meisten OLAP-Werkzeugen implementiert sind:

- Drill Down: das Herunterbrechen (Detaillieren) der Information in kleinere Einheiten
- Roll up: das Aggregieren (Verdichten) der Information zu größeren Einheiten
- Slicing: das „Herausschneiden" von Informationsscheiben, z. B. alle Produktgruppen eines Jahres; das bedeutet das Setzen von Filtern, um kleinere Informationseinheiten zu bekommen
- Dicing: eine Sonderform des Slicing; als Filter werden dabei Intervalle gesetzt, das Ergebnis ist wiederum ein kleinerer Würfel, der schneller analysiert werden kann
- Pivotierung: das Vertauschen von Dimensionsachsen

Das Ziel der Einführung von OLAP (Online Analytical Processing) ist es, das Berichtswesen so flexibel zu gestalten, dass Manager und Controller im Online-Dialog unterschiedliche Kennzahlen in unterschiedlichen Dimensionen analysieren, detaillieren oder verdichten können. Das starre Berichtswesen, das derzeit hauptsächlich auf einer Reihe von Standardreports beruht, wird durch ein flexibles Ad-Hoc-Instrument erweitert.

Anwendung der Methode

Ein Beispiel soll den Umgang mit OLAP-Würfeln verdeutlichen.

Dem Projektstrukturplan des Beispiels liegt der Vorschlag des VDMA zugrunde, wie die Phasen von Projekten im Maschinen- und Anlagenbau zu gestalten und aufzubauen sind (vgl. Hilpert u. a.). Die Hauptphasen dieses Modells sind:

- Vorklärungsphase
- Angebotsphase
- Übergabephase
- Auftragsphase
- Auswertungsphase

Diese Phasen sind weiter in Hauptaktivitäten unterteilt. Unser Modell ist bis auf diese Ebene detailliert.

Das Beispiel selber wurde für Übungszwecke mit den Open Source Tools Mondrian, Jpivot und der Microsoft Datenbank Access implementiert (vgl. Internetquellen). Als Kennzahlen wurden Planaufwand, Ist-Aufwand, Forecast und Gesamtaufwand gewählt, als Dimensionen die Zeit, die Projektstruktur, die Kostenarten und die Projekte.

Der Vorgang des Navigierens und der Analyse wird in Schritten dargestellt:

1. Schritt
Als Eingangsauswertung erstellt man zunächst eine Übersicht aller Projekte. Hier ist sofort zu sehen, dass der voraussichtliche Gesamtaufwand den geplanten Aufwand überschreitet, sodass eine nähere Analyse, woher diese Abweichung kommt, notwendig wird.

Projektmanagement Data Warehouse

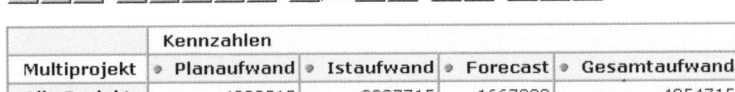

	Kennzahlen			
Multiprojekt	● Planaufwand	● Istaufwand	● Forecast	● Gesamtaufwand
+Alle Projekte	4023515	2387715	1667000	4054715

Abbildung 102 : Gesamtaufwand

2. Schritt
Der zweite Schritt wird sein, sich die Projekte anzuschauen, die die Abweichung verursachen. Eine Drill-Down-Operation über die Projektdimension gibt darüber Aufschluss. Dazu genügt ein einfaches Klicken auf das Kreuz vor „Alle Projekte". Es lässt sich erkennen, dass dafür einzig und allein das Projekt „Fabrikhalle Oslo" verantwortlich ist. Der Ist-Aufwand ist beinahe so hoch wie der Planaufwand. Beunruhigend ist der Forecast, der noch einmal beinahe die Höhe des Planaufwands ausmacht. Da dieser Aufwand aber

erst in der Zukunft anfallen wird, gibt es vielleicht Möglichkeiten einzugreifen, wenn man sich nähere Informationen über das Projekt besorgt.

Projektmanagement Data Warehouse

Multiprojekt	Kennzahlen			
	● Plan	● Ist	● ToDo	● Total
−Alle Projekte	4023515	2387715	1667000	4054715
Automobil Schweißanlagen				
B512	2000000	1500000	500000	2000000
Degerlocher Ei				
Dubai Solar	500000	10000	490000	500000
Fabrikhalle Oslo	38515	37715	32000	69715
Gleisbau München - Stuttgart	1000000	500000	500000	1000000
Hildesheim Gießerei				
Mannheim Chemie				
Mautstationen	45000	10000	35000	45000
Montagehalle Nürnberg				
Peking Staudamm	100000	40000	60000	100000
Stuttgart, Verschwelung	40000		40000	40000
Weil am Rhein Staudamm	300000	290000	10000	300000

Abbildung 103 : Drill Down in der Dimension Projekte

3. Schritt

Die nähere Analyse soll zeigen, bei welchen Kostenarten die Kosten überlaufen. Deshalb nimmt man zu der Dimension Projekte die Dimension Kostenarten hinzu. Dies geschieht durch eine einfache Operation über den ersten Button, der anzeigt, welche Dimensionen zur Auswahl stehen; diese kann man dann selektieren oder die Selektion wieder rückgängig machen. Hat man die Kostenarten hinzugefügt, sieht man, dass es die Dienstleistungen sind, die den Aufwand explodieren lassen, und ein Drill Down durch die Dienstleistungen zeigt, dass es die internen Kosten sind.

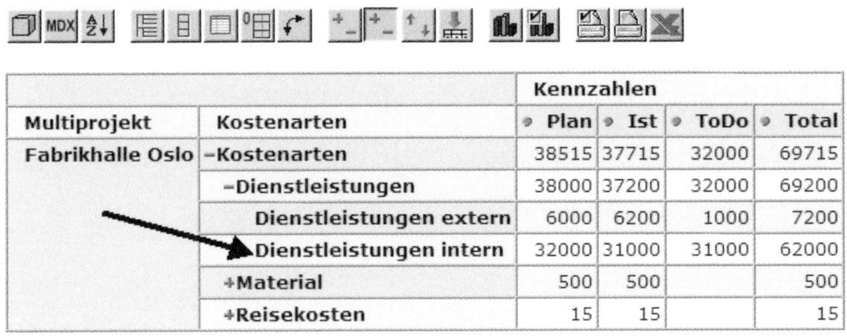

Projektmanagement Data Warehouse

Multiprojekt	Kostenarten	Plan	Ist	ToDo	Total
Fabrikhalle Oslo	–Kostenarten	38515	37715	32000	69715
	–Dienstleistungen	38000	37200	32000	69200
	Dienstleistungen extern	6000	6200	1000	7200
	Dienstleistungen intern	32000	31000	31000	62000
	+Material	500	500		500
	+Reisekosten	15	15		15

Abbildung 104 : Analyse nach den Dimensionen Projekt und Kostenart

4. Schritt

Die Frage ist nun, bei welchen Arbeitspaketen der ungeplante Aufwand entstehen wird. Dazu nimmt man die Dimension Projektstruktur hinzu und detailliert diese wieder bis auf die Ebene der Arbeitspakete. Man erkennt, dass es sich offensichtlich um ein Angebotsprojekt handelt, da nur die Vorklärungs- und Angebotsphase Ist-Daten enthalten, und dass die Vorklärungsphase abgeschlossen ist. Das Arbeitspaket Angebotsbearbeitung ist dasjenige Arbeitspaket, das für den größten Teil der Abweichungen verantwortlich ist.

257

Projektmanagement Data Warehouse

Multiprojekt	WBS	Kennzahlen			
		Plan	Ist	ToDo	Total
Fabrikhalle Oslo	–Projektstruktur	38515	37715	32000	69715
	–Vorklärungs-Phase	12515	22715		22715
	Freigabe	1000	1000		1000
	Projektbeurteilung	11515	21715		21715
	–Angebots-Phase	26000	15000	32000	47000
	Angebotsabgabe	500		500	500
	Angebotsauswertung	1000		1000	1000
	Angebotsbearbeitung	15000	15000	21000	36000
	Angebotskalkulation	2000		2000	2000
	Kostenplanung	2000		2000	2000
	Projektstrukturierung	1000		1000	1000
	Terminplanung	1000		1000	1000
	Vertragsabschluss	500		500	500
	Vertragsgestaltung	3000		3000	3000
	+Übergabe-Phase				
	+Auftrags-Phase				
	+Auswertungs-Phase				

Abbildung 105 : Analyse nach den Dimensionen Projekt und Phase

5. Schritt

Um abzuschätzen, welche Zeit noch bleibt, um Maßnahmen einzuleiten, ist es notwendig, sich die Zeitdimension anzuschauen. Nimmt man die Zeitdimension hinzu, erkennt man, dass der geplante Aufwand hauptsächlich im Februar entstehen wird. Schnelle Entscheidungen sind deshalb nötig

Projektmanagement Data Warehouse

Multiprojekt	Time	Kennzahlen			
		● Plan	● Ist	● ToDo	● Total
Fabrikhalle Oslo	**−2006**	38515	37715	32000	69715
	−Q1	38515	37715	32000	69715
	Januar	11515	21715		21715
	Februar	19000	16000	24000	40000
	März	8000		8000	8000
	+Q2				
	+Q3				
	+Q4				

Abbildung 106 : Analyse Dimensionen Projekt und Zeit

Fazit und Erkenntnisse

Die OLAP-Methoden haben sich in anderen Zusammenhängen als dem Projektmanagement durchaus bewährt und sind aus dem Instrumentarium von Controlling und Management nicht mehr weg zu denken. Immer mehr und mehr Personen werden auch darin geschult, solche Methoden zu verwenden und sind damit vertraut. Der Einsatz ist jedoch an eine Reihe von Voraussetzungen gebunden:

- das Vorhandensein von operativen Systemen, die die Daten liefern (Projektmanagement-Systeme, Zeiterfassungssysteme, ERP-Systeme)
- Implementierung von Prozessen der Projektabwicklung
- Einführung von Standardprojektstrukturplänen

Alles in allem sind hohe Voraussetzungen an die Projektkultur geknüpft. Zudem darf bei der Implementierung der Aufwand für die Transformation der Daten aus den operativen Systemen nicht unterschätzt werden. Hier liegt erfahrungsgemäß bei Data-Warehouse-Projekten der meiste Aufwand.

5.7 Projektpuffer-Verfahren

Kurzbeschreibung der Methode

Methodenart	Projektabwicklung / Controlling
geeignet für	Projektarten, bei denen die Einhaltung des Termins die entscheidende Rolle spielt
Ziel	Feststellung, welche Projekte bezüglich der Termine in eine kritische Zone kommen und wie ggf. eingeleitete Korrekturmaßnahmen wirken
benötigte Hilfsmittel/ Beteiligte	Zeiterfassungsformulare (Papier oder elektronisch), Spreadsheets oder Projektmanagement-Software (bei größeren Projekten)
Zeitaufwand	gering (bei den Projekten, die bereits nach der Critical-Chain-Methode aufgesetzt wurden)
Vorteile	Diese Methode bietet ein differenziertes Kontrollinstrument hinsichtlich der Termine. Da diese Methode für die Terminkontrolle die Arbeitspakete auf der Kritischen Kette betrachtet, bekommt man ein gutes Frühwarnsystem, ob der Endtermin eines Projekts eingehalten werden kann oder in Gefahr ist.
Nachteile	Diese Methode setzt voraus, dass man sich innerhalb des Ansatzes der Critical Chain bewegt.

Beschreibung der Methode

Das Projektpuffer-Verfahren basiert auf dem Projektmanagement-Ansatz der Kritischen Kette, den Goldratt in den 80er Jahren in seinem Buch „The Critical Chain" publiziert hat. Es ist analog der Meilensteintrendanalyse ein Verfahren, das die Dimensionen Zeit und Leistung zueinander in Verbindung bringt. Kontrolliert werden hier nicht Meilensteine, sondern die Fertigstellungstermine der Arbeitspakete.

Der Projektpuffer ist ein Sicherheitspuffer an Zeit, der in einem Projekt den Endtermin gegen Unwägbarkeiten absichern soll und der nach einer Daumenregel von Goldratt mit etwa 1/3 der Laufzeit eines Projekts dimensioniert wird.

Gegenüber der Meilensteintrendanalyse verfeinert das Projektpuffer-Verfahren das Kontrollinstrumentarium dadurch, dass es die Abhängigkeiten der Arbeitspakete voneinander betrachtet und nur zunächst die Arbeitspakete heranzieht, die direkten Einfluss auf den Endtermin des Projekts haben, also die Arbeitspakete, die auf der Kritischen Kette liegen.

Die Planung eines Projektpuffers resultiert aus der Überlegung, dass die einzelnen Aktivitäten nicht mit Sicherheitspuffer geplant werden sollen, da die Gefahr besteht, dass die Sicherheitspuffer auf Arbeitspaketebene verschwendet werden, und zwar dadurch, dass

- zu spät mit der Aufgabe angefangen wird („Student Syndrom"),
- parallel an anderen Aufgaben gearbeitet wird („Bad Multitasking"),
- genau die Zeit gebraucht wird, die veranschlagt wurde („Parkinson Law"), oder
- nur Zeitverluste weitergegeben werden, aber Zeitgewinne diffundieren.

Dagegen sollte ein Arbeitpaket ohne Sicherheitspuffer geschätzt werden (Goldratt geht davon aus, dass die Hälfte der Zeitschätzungen auf Sicherheitszuschlägen beruhen), und wenn das Arbeitspaket zur Abarbeitung freigegeben ist, zügig und unbehindert von parallelen Aufgaben abgearbeitet werden.

Da die Arbeitspakete ohne Sicherheiten geplant sind, liegt es in der Natur der Sache, dass einige Arbeitspakete nicht in der geschätzten Zeit fertig gestellt werden, sondern länger benötigen. Diese Arbeitspakete „konsumieren" dann den Projektpuffer, aber nur, wenn sie ein Glied der Kritischen Kette sind. Die Kritische Kette ist analog dem Kritischen Pfad als die längste Kette von voneinander abhängigen Arbeitspaketen definiert, aber unter Berücksichtung der Abhängigkeiten von Ressourcen.

Anwendung der Methode

Zur Messung des Projektfortschritts benutzt Goldratt drei Kriterien:

- die periodisch gemeldeten tatsächlichen oder vorausgesagten Endtermine der Arbeitspakete, analog der Aufwandstrendmethode oder der Meilensteintrendanalyse, nur dass hier nicht Aufwand oder Meilensteine kontrolliert werden, sondern Arbeitspakete und deren Endtermine
- die Zeitdauer des Projektpuffers
- die Zeitdauer der Arbeitspakete auf der Kritischen Kette

Daraus werden folgende Kennzahlen gewonnen:

- der Prozentsatz bereits abgearbeiteter Arbeitspakete auf der Kritischen Kette
- der Prozentsatz des bereits konsumierten Projektpuffers
- das Verhältnis von abgearbeiteter Kritischer Kette zu konsumiertem Projektpuffer
- die Rate, in der die Konsumtion des Projektpuffers voranschreitet

Am Prozentssatz der abgearbeiteten Kritischen Kette wird der Projektfortschritt gemessen, der Status eines Projekts dagegen am Verhältnis des benötigten Projektpuffers zum Abarbeitungsstand der Kritischen Kette. Ein Projekt, dessen Kritische Kette zu 70 Prozent abgearbeitet ist, das aber lediglich 50 Prozent des Projektpuffers konsumiert hat, ist im grünen Bereich. Dagegen ist ein Projekt, das 40 Prozent der Kritischen Kette abgearbeitet, aber bereits 70 Prozent des Projektpuffers aufgebraucht hat, im roten Bereich anzusiedeln. Für den Projektmanager geht es nun darum, das Arbeitspaket zu identifizieren, das den höchsten Pufferverbrauch verursacht hat, um Korrekturmaßnahmen einzuleiten.

Expertentipp

Tipp:

Die Konsumtionsrate des Projektpuffers wird für die Beurteilung herangezogen, ob ein Projekt unter Kontrolle ist und ob Korrekturmaßnahmen den gewünschten Effekt erzielt haben. Es kann somit als Frühwarninstrument fungieren.

Der Projektpuffer ist so dimensioniert, dass er ein Drittel der Projektlaufzeit ausmacht. Während einer beliebigen Periode könnte deshalb bei „normalem" Projektverlauf ein Drittel der benötigten Zeit auf den Pufferverbrauch entfallen. Bei einer Periode von drei Wochen wäre deshalb ein Pufferverbrauch von einer Woche zu erwarten. Ist die Konsumtionsrate größer als ein Drittel, hat das Projekt ein Problem und es tendiert zum roten Bereich. Ist die Konsumtionsrate kleiner als ein Drittel, ist das Projekt unter Kontrolle.

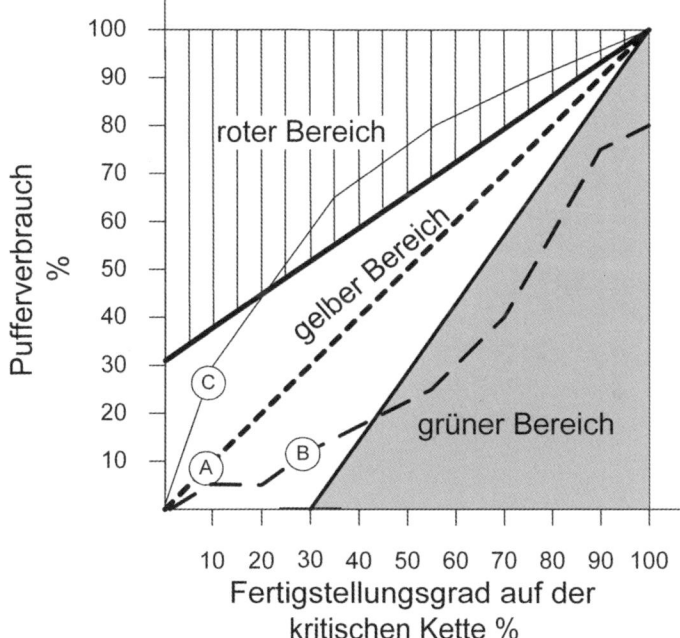

Abbildung 107: Projektkennzahlen der Kritischen Kette[9]

---

[9] In Anlehnung an: Hillebrand, Norbert; Milkereit, Kai; Dr. Passenberg, Jörg; Stiegler, Klaus: GPM-Forum 2005 Tagesseminar Critical Chain Projektmanagement, 27. September 2005

Beispiel: Ampelfunktion der Kritischen Kette

Am Verhältnis von abgearbeiteter Kritischer Kette zu konsumiertem Projektpuffer lässt sich der Projektstatus mit der beliebten Ampelfunktion darstellen. Ein Projekt, das zu jedem Zeitpunkt soviel Pufferverbrauch aufweist, wie es die Kritische Kette abarbeitet, bewegt sich auf der 45°-Linie (Projekt A, gepunktete Linie). Man kann nun eine Vereinbarung treffen, wie sehr ein Projekt von dieser Ideallinie abweichen darf, um den Status grün, gelb oder rot zu bekommen. Zu Anfang wird der Korridor breiter sein, da die Unsicherheit am Projektanfang größer ist.

Projekt B ist ein Projekt, das nach 40 Prozent der Abarbeitung der Kritischen Kette seinen grünen Status bis zum Projektende beibehält. Bei Projekt C bedarf es erheblicher Anstrengungen, um vom Status rot doch noch zu einem befriedigenden Ende zu kommen

Fazit und Erkenntnisse

Die Stärke dieser Art, den Projektforschritt zu kontrollieren, liegt darin, dass nicht der Durchschnittswert aller Aktivitäten herangezogen wird, sondern nur der Fortschritt derjenigen Aktivitäten, die auf der Kritischen Kette liegen. Diese Aktivitäten sind es ja, die für einen Zeitverzug verantwortlich sind. Insofern ist diese Methode aussagekräftiger als die Meilenstein- oder Aufwandstrendanalyse und Earned-Value-Analyse, die alle Aktivitäten gleichrangig behandeln.

Die Darstellung in Form einer Ampelfunktion ist sehr anschaulich und wird auch in anderen Controlling-Zusammenhängen verwendet. Diese Methode setzt jedoch voraus, dass man sich auch der Projektplanungsmethoden des Critical-Chain-Ansatzes bedient. Sicherheitspuffer werden dementsprechend nicht auf Aktivitätenebene angelegt, sondern auf Projektebene.

5.8 Wikis

Kurzbeschreibung der Methode

Methodenart	Projektabwicklung / Wissens-, Kommunikations- und Dokumentenmanagement
geeignet für	alle Projekte, unabhängig von der Projektgröße
Ziel	Ermöglichung einer kostengünstigen, kooperativen und aktuellen Form des Wissensmanagements
benötigte Hilfsmittel/ Beteiligte	Wiki-Software
Zeitaufwand	ein Tag zur Implementierung, ein Tag zur Schulung
Vorteile	• kostengünstige Implementierung • Zugriff von jedem System, das einen Internetzugang hat • kooperatives Werkzeug • Teamkontrolle
Nachteile	• ein hohes Maß an Selbstdisziplin ist nötig • beim erstmaligen Einsatz in einem Projekt fehlen Richtlinien und Vorlagen

Beschreibung der Methode

Wikis sind einfache Autorensysteme, die es im Prinzip jedem Teilnehmer erlauben, Inhalte einer Webseite online im Browser zu editieren und zu ändern. Damit sind die Wikis eine einfache Plattform, die kooperatives Arbeiten an Texten und Hypertexten ermöglicht. Wikis können in geschlossenen Arbeitsgruppen als Wissensbasis dienen, als offenes web basiertes Content Management System oder als Diskussionsplattform für bestimmte Themen.

Ziel der Methode ist es, Projektinhalte einfach und kostengünstig zu verwalten und durch eine geringe technologische Schwelle Mitarbeiter zu motivieren, ihr Wissen und ihre Dokumente zur Verfügung zu stellen. Der kooperative Stil der Wikis sorgt dafür, dass Wissensinhalte aktuell und durch eine Art Selbstkontrolle des Projektteams auch qualitativ überwacht sind.

Im Projektmanagement ist ein Einsatz sinnvoll bei

- der Dokumentation
- der Verwaltung von Listen (Issuse-Listen, To-Do-Listen)
- den Besprechungsprotokollen
- der Wissenbasis (Glossar, White Papers)
- der Erstellung von Lasten- und Pflichtenheften
- den FAQs (Frequently Asked Questions)

Der Begriff „wiki" entstammt der hawaiianischen Sprache und bedeutet „schnell". Der Erfinder der Wikis – Ward Cunningham – prägte um 1995 diesen Begriff und bezeichnete damit die „einfachste funktionsfähige Online-Datenbank". Die größte Anwendung von Wikis stellt die offene Enzyklopädie Wikipedia dar, in deren deutschen Ausgabe bis Juli 2007 ca. 605.000 Artikel veröffentlicht sind.

Die charakteristischen Wiki-Funktionen sind nach Ebersbach:

- Editieren: Mit einfachen Grundfunktionen können Seiten erstellt werden, mit Überschriften, internen und externen Links, der Möglichkeit, Grafiken einzubinden, die Seite mit Zeitstempel und Signaturen zu versehen.

- Mit dem einfachen Einfügen von internen und externen Links ist es möglich, sowohl hierarchische Strukturen aufzubauen als auch über das einfache Einfügen von internen und externen Links quer dazu ein assoziatives Netz aufzubauen. Links werden entweder in rechteckige Klammern gesetzt oder in der sogenannten CamelCase Notation, d. h. ein Wort wird mit großen Anfangsbuchstaben geschrieben und ohne Zwischenraum zusammengesetzt.

- Versionskontrolle: Da jeder das Recht hat, Seiten zu ändern, solange sie nicht explizit für das Ändern gesperrt sind, wird eine lückenlose Versionsdokumentation mitgeführt, so dass jeder erkennen kann, wer was wie geändert hat. Es ist deshalb möglich, eine Seite wieder auf einen vorhergehenden Stand zu bringen.

- Diskussion: Zu jeder Seite gibt es eine Diskussionsseite, auf der Kommentare zu Seiten abgegeben werden können, die man zunächst nicht ändern möchte.

- Recent Changes: Zusammenstellung der Seiten, die in einem zu wählenden Zeitraum geändert wurden. Als Verfeinerung werden sogenannte Beobachtungsseiten definiert, also diejenigen Seiten, über die ein Benutzer informiert wird, wenn sich an diesen Seiten etwas geändert hat.

- Einfügen von Dokumenten und Bildern: Dies kann dazu benutzt werden, alle relevanten Dokumente an den thematisch richtigen Stellen zur Verfügung zu haben und kommentieren zu können

- Suchfunktionen: Bei einem assoziativen Aufbau kommt den Suchfunktionen eine Schlüsselrolle zu. Insofern stehen Wikis vor derselben Herausforderung, wenn auch nicht in dieser Größeordnung, wie das Internet als Ganzes. Nicht umsonst sind die Wikis ein weites Spielfeld für die Umsetzung der Philosophie des semantischen Netzes, also der Idee, die Inhalte von Seiten so aufzubereiten, dass sie maschinell verstanden werden können.

- SandBox: Sind eine Spielwiese, auf der ein Benutzer zunächst seine Seite anschauen kann, bevor er sie der Allgemeinheit zur Verfügung stellt.

- Ein Minimum an Verwaltung: Da die Benutzer weitgehend das Wiki selbst verwalten, sind die Administratorenfunktionen auf ein Minimum beschränkt.

Anwendung der Methode

Das bekannteste Beispiel für Software zur Erstellung und Verwaltung von Wikis ist MediaWiki, eine Open Source Software, die für die Zwecke von Wikipedia erstellt wurde.

Bei der Einführung von Wikis im Projekt kann man nach Puls folgendermaßen vorgehen:

1. Schritt: Rahmenbedingungen schaffen

Zu den Rahmenbedingungen gehören beispielsweise:

* einen Wiki-Master bestimmen
* Know-how im Projektteam aufbauen
* Themengebiete abstecken, die ins Wiki aufgenommen werden
* Form der Inhalte festlegen
* Sicherheitskonzept und Zugangsberechtigungen festlegen
* Infrastruktur serverseitig bereitstellen

2. Schritt: Generierung von ersten Inhalten

Dazu gehört beispielsweise:

* Rahmen und Namenskonventionen festlegen
* einige Pilotseiten erstellen, Erfahrungen auswerten und im Projektteam bekannt machen

3. Schritt: Wikis beobachten

* Beobachtung der Akzeptanz
* beobachten, welche Funktionalitäten genutzt werden
* Beobachtung von verwaisten Seiten
* beobachten, welche Seiten schwer auffindbar sind
* Behebung festgestellter Mängel

Fazit und Erkenntnisse

Wikis erfreuen sich zunehmender Beliebtheit, weil sie sehr einfach zu bedienen sind und dadurch die Hemmschwelle fällt, sie zu benutzen. Der kommunikative Aufbau mit den Möglichkeiten, Kommentare zu platzieren, hat einen hohen Aufforderungscharakter. Durch die assoziative Struktur lassen sich Inhalte viel besser verwalten als in früheren hierarchisch organisierten Directories. Die Investitionen in Software sind gering, da geeignete Software lizenzfrei als Open Source zur Verfügung steht.

Tipp:
Durch die geringe technologische Schwelle und die geringen Kosten für
Software, Installation und Einarbeitungsaufwand eignen sich die Wikis
auch hervorragend für kleinere Projekte.

Expertentipp

Allerdings fehlen bei einem erstmaligen Einsatz in einem Projekt
evtl. Richtlinien und Vorlagen, die erst noch zu erstellen sind. Auch
wird von den Projektteilnehmern ein gewisses Maß an Selbstdiszip-
lin verlangt, damit vereinbarte Konventionen auch eingehalten werden.

6 Abkürzungen

AC	Actual Cost
AHP	Analytic Hierarchy Process
AKV	Aufgabe/Kompetenz/ Verantwortung
AP	Arbeitspaket
AS	Aktiv-Summe
BAC	Budgeted Cost at Completion
CART	Classification and Regression Tree
CHAID	Chi-Square Automative Interaction Detectors
CMM	Capability Maturity Model
Cocomo	Constructive Cost Model
CPI	Cost Performance Indicator
CPM	Critical Path Method
CRM	Customer Relationship Management
CV	Cost-Variance
EAC	Estimation at Completion
EAF	Effort Adjustment Factor
EDM	Engineering Data Management
EKN	Ereignisknoten-Netzplan
EM	Einsatzmittel
ERP	Enterprise Resource Planning System
EV	Earned Value
FAQ	Frequently Asked Questions
FMEA	Failure Mode and Effects Analysis
FTA	Fault Tree Analysis
GANTT	Gantt-Diagramm
GF	Geschäftsführung
GI	Gesellschaft für Informatik
GOR	Gesellschaft für Operations Research
GPM	Deutsche Gesellschaft für Projektmanagement e. V.
HK	Herstellkosten

HoQ	House of Quality
IPMA	International Project Management Association
ISO	International Organization for Standardization
JIT	Just-in-time (Lieferung)
KNA	Kosten-Nutzen-Analyse
KSLOC	Kilo Source Lines of Code
KTA	Kosten-Trend-Analyse
KVP	Kontinuierlicher Verbesserungsprozess (KVP-KAIZEN)
KW	Kalenderwoche
KWA	Kosten-Wirksamkeits-Analyse
LA	Lenkungsausschuss
LH	Lastenheft
MB	Mega-Byte
MS	Meilenstein
MTA	Meilenstein-Trendanalyse
NWA	Nutzwertanalyse
OLAP	Online Analytical Processing
PAB	Projektaufgabenbeschreibung
PAC	Plan at Completion
PEST	Political, Economic, Social, Technology
PL	Projektleiter
PM	Projektmanagement
PM	Personenmonat
PMBOK	Project Management Book of Knowledge
PMDELTA	PM-Bewertungsschema der GPM
PMI	Project Management Institute
PMkum	Personenmonat kumuliert
PMO	Projekt-Management-Office
PPK	Projekt-Planungs-Klausur
PS	Passiv-Summe
PT	Personentage
PV	Planned Value
QM	Qualitätsmanagement
QM-Plan	Qualitätsmanagement-Plan

QM-System	Qualitätsmanagement-System
ROI	Return on Investment
RPZ	Risiko-Prioritäts-Zahl
SCM	Supply Chain Management
SE	Simultaneous Engineering
SK	Selbstkosten
SPI	Schedule Performance Indicator
SV	Schedule Variance
SWOT	Strenghts, Weaknesses, Opportunities, Threats
TAC	Time at Completion
TL	Teamleiter
TQM	Total Quality Management
VK	Verkaufspreis
VKN	Vorgangsknoten-Netzplan
VM	Value Management
VPN	Vorgangspfeil-Netzplan
WA	Wertanalyse

7 Literatur

Albers, Olaf: Gekonnt moderieren – Zukunftswerkstatt und Szenariotechnik. Regensburg 2001.

Andersen, E. S.; Grude, K. V.; Haug, T.: Goal Directed Project Management. London, New Hampshire, New Delhi 1999.

Bachmann, Winfried: NLP, wie geht denn das? Paderborn 1995.

Balck, Henning (Hrsg.); Boos, Frank; Heitger, Barbara: Der Projektmanager als sozialer Architekt. Berlin, Heidelberg, New York 1996.

Bartsch-Beuerlein, Sandra; Klee, Oliver: Projektmanagement mit dem Internet. München, Wien 2000.

Battelle: Marketing Compendium. Battelle-Institut, Frankfurt 1974.

Böhnert, Reinhard: Bauteil- und Anlagensicherheit. Würzburg 1991/1992.

Bretzke, Wolf-Rüdiger: Das Prognoseproblem bei der Unternehmungsbewertung. Düsseldorf 1975.

Brommer, Ulrike: Innovation und Kreativität im Unternehmen. Stuttgart 1990.

Brüning, H.; Husmann, U.: Target Costing und Prozesskostenmanagement. In: Angewandte Arbeitswissenschaft Nr. 166, 2000, S. 17-36.

Buggert, W.; Wielpütz, A. U.: Target Costing. München 1995.

Burghardt, Manfred; Eder, Siegfried; et al.: Projektmanagement: Leitfaden für die Planung, Überwachung und Steuerung von Entwicklungsprojekten. 3. Auflage, Berlin, München 1995.

Clark, Charles: Brainstorming: How to Create Successful Ideas. Wilshire Book Company 1989.

Daenzer, W. F.: Systems Engineering – Leitfaden zur methodischen Durchführung umfangreicher Planungsvorhaben. Zürich 1988.

De Bono, E.: Laterales Denken. Düsseldorf, Wien 1993.

Deym, von A.: Organisationsplanung. Planung durch Kooperation. 7. Auflage, Berlin, München 1985.

Dinger, H.: Grenzen und Möglichkeiten von Target Costing. Aachen 2002.

Donneldinger, Deborah; Van Dine, Barbara: Use the cause-and-effect diagram to manage conflict Quality Progress. Milwaukee 1996, Vol. 29 (June), S. 136.

Dutch, Holland: Projektmanagement für die Chefetage. Weinheim 2002.

Eggert, K. B.; Beckord, E. A.: Szenario-Technik als zukunftsweisendes Planungsinstrument im Projektmanagement. München 1987.

Ehrl-Grubert, B.; Süss, G.: Praxishandbuch Projektmanagement. Augsburg 1995.

Eisele, W.: Technik des betrieblichen Rechnungswesens. 7. Auflage, München 2002.

Feldmann, P.: Denktraining mit System. München 1993.

Fink, Alexander; Schlake, Oliver; Siebe, Andreas: Durch Szenario-Management zum Erfolg. Frankfurt 2001.

Frank, Johann: Technik in der Praxis: acht Industrie- und Handelsunternehmen entwickeln ein „Szenario 2000". Wien 1985.

Franke, A.: Risikobewusstes Projektcontrolling. Köln 1993.

Freund, G.: Sinnvoll investieren. Eschborn 1995.

Gaiser, B.; Kieninger, M.: Fahrplan für die Einführung des Target Costing. Marktorientierte Zielkosten in der deutschen Praxis. Stuttgart 1993.

Geschka, H.: Kreativitätstechnik zur Technischen Produktfindung. Heidelberg 1995.

Gleich, R.: Target Costing für die montierende Industrie. München 1996.

Gomez, P.; Probst, G.: Vernetztes Denken im Management. Bern 1987.

GPM Deutsche Gesellschaft für Projektmanagement (Hrsg.): Projektmanagement Fachmann. Eschborn 2003.

GPM Deutsche Gesellschaft für Projektmanagement (Hrsg.): PMDELTA compact. Nürnberg 2002.

Häder, Michael: Delphi-Befragungen. Wiesbaden 2002.

Heinrich, L.; Burgholzer, P.: Systemplanung: Planung von Informations- und Kommunikationssystemen. 3. Auflage, Oldenbourg, München, Wien 1987.

Hering, E.; Draeger, W.: Führung und Management. Düsseldorf 1995.

Hermens, Michael: A new use for Ishikawa diagrams. In: Quality Progress, Vol. 30 (June). Milwaukee 1997, S. 81.

Hillebrand, Norbert et. al.: Mit Methode schneller zum Erfolg. Wege zur Lösung betrieblicher Aufgaben in der Praxis. GPM, Region-Stuttgart. 2. Auflage, Stuttgart 2001.

Hillebrand, Norbert et. al.: Projektumfeldanalyse effizient gemacht. GPM, Region-Stuttgart. Stuttgart 1999.

Hillebrand, Norbert et. al.: Zielvereinbarungen und Mitarbeiterbewertung im Projekt. GPM, Region-Stuttgart. Stuttgart 1997.

Hilpert; Rademacher; Sauter: Projekt-Management und Projekt-Controlling im Anlagen- und Systemgeschäft. 6. Auflage, Frankfurt 2001.

Hiltz, Mark J.: Project Management Handbook of Checklists. Ottawa 1998.

Horváth P.; Niemand, S.; Wolbold, M.: Target Costing - State of the Art. Marktorientierte Zielkosten in der deutschen Praxis. Stuttgart 1993.

Horváth, P.: Target Costing Controlling, München 2003.

Horváth, P.: Target Costing. Stuttgart 1993.

Horváth, P.; Seidenschwarz, W.: Zielkostenmanagement. In: Controlling, Heft 3, 1992.

Hub, Hans: Praxisbeispiel zum vernetzten Denken. Bonn, Nürtingen 2002.

Kaestner, Rolf: Kreativitätstechniken zur Zielfindung. Eschborn 1991.

Kavandi, S.: Ziel- und Prozesskostenmanagement als Controllinginstrumente. Wiesbaden 1998.

Kepner, C.; Tregoe, B.: Entscheidungen vorbereiten und richtig treffen. 5. Auflage, Landsberg 1991.

Kepner, C.; Tregoe, B.: Rationales Management, Probleme lösen – Entscheidungen fällen. 6. Auflage, Landsberg 1992.

Kerzner, Harold: Projektmanagement. Bonn 2003.

Kirckhoff, M.: Mind Mapping. Einführung in eine kreative Arbeitsmethode. Offenbach 1995.

Kirsch, J.; Müllerschön, B.: Marketing kompakt. 4. Auflage, Sternenfels 2001.

Klebert, Karin; Schrader, Einhard; Straub, Walter: Moderationsmethode: Gestaltung der Meinungs- und Willensbildung in Gruppen, die miteinander lernen und leben, arbeiten und spielen. Hamburg 1995.

Lechler, Thomas: Erfolgsfaktoren des Projektmanagements. Frankfurt 1997.

Mamoudzadeh, K.: Wichtige Methoden und Verfahren im Projektmanagement. 2. Auflage, Eschborn 1995.

Mauterer, Heiko: Der Nutzen von ERP-Systemen. Wiesbaden 2002.

Mehrmann, E.: Schnell zum Ziel. Kreativitäts- und Problemlösungstechniken. Düsseldorf 1994.

Meyer, J. W.: Produktinnovationserfolg und Target Costing. Wiesbaden 2003.

Mussnig, W.: Von der statischen Betrachtung zum strategischen Management der Kosten. Wiesbaden 2001.

Nagel, Kurt: 200 Strategien, Prinzipien und Systeme für den persönlichen und unternehmerischen Erfolg. Landsberg 1991.

Nitschke, F.: Markt- und prozessorientiertes Kostenmanagement von Entwicklungsvorhaben im Automobilbau. Hamburg 1998.

Nückles, M.; Gurlitt, J.; Pabst, T.; Renkl, A.: Mind Maps und Concept Maps. München 2004.

Ortelbach, B.: Multi Market Target Costing. In: Controlling, 2005, Heft 3.

Ossola-Haring, Claudia: Die 499 besten Checklisten für Ihr Unternehmen. 3. Auflage, Landsberg 1998.

Patzak, G.; Rattay, G.: Projektmanagement: Leitfaden zum Management von Projekten. 2. überarb. Auflage, Wien 1997.

Pink, R.: Wege aus der Routine. Kreativitätstechniken für Beruf und Alltag. Stuttgart 1996.

PMI (Hrsg.): A Guide to the Project Management Body of Knowledge. Third Edition, Newtown Square, Pennsylvania 2004.

Preißler, P. R.: Controlling. 11. Auflage, München 1999.

Puls, Christoph; Bongulielmi, Luca; Hensler, Patrik: Leitfaden für den Aufbau einer unternehmensinternen Wissensbasis mit Hilfe von Wikis http://e-collection.ethbib.ethz.ch/ecol-pool/bericht/bericht_217.pdf, abgerufen am 11.1.2007.

Quentin, W. Fleming; Joel, M.; Koppelmann: Earned Value Project Management. Newton Square, Pennsylvania 2000.

Rahn, R.-M.: Vom Problem zur Lösung. München 1989.

Raudsepp, R.: Kreativitätsspiele. München 1985.

Reibnitz von, Ute: Szenario-Technik. Wiesbaden 1992.

Retzmann, Thomas: Die Szenariotechnik – ein komplexes Lehr-/Lern-Arrangement für die interdisziplinäre politische Bildung im Fach Sozialwissenschaften. In: Gegenwartskunde, 2001, 50. Jg., Heft 3, S. 363-374.

Riedrich, T.; Sasse, A.: Ganzheitliche Planung und Steuerung von Innovationsprojekten. In: Controlling, 2005, Heft 3.

Sakurai, M.: Integratives Kostenmanagement. München 1997.

Schelle, Heinz: Ex occidente lux. In : Projektmanagement aktuell, 2003, Heft 1.

Schelle, Heinz: Projekte zum Erfolg führen. 4. überarb. Auflage, München 2004.

Schlicksupp, H.: Kreative Ideenfindung in der Unternehmung. Berlin 1977.

Schmidt, G.: Methoden und Techniken der Organisation. 6. Auflage, Gießen 1986.

Schmidt, Götz: Methoden und Techniken der Organisation. 12. Auflage, Gießen 2000.

Schulte-Zurhausen, M.: Organisation. 3. Auflage, München 2002.

Seuring, S.: Supply Chain Costing. München 2001.

Tempelmeier, Günther: Produktion und Logistik. 6. Auflage, Heidelberg, New York 2005.

VDMA (Hrsg.): Prozesse beschleunigen und gewinnorientiert steuern. Frankfurt 2002.

Vester, Frederic: Die Kunst vernetzt zu denken. Stuttgart 2000.

8 Index

Die Autoren

Diplom-Wirtschaftsingenieur **Günter Drews**, geb. 1949, ist Mitbegründer und Leiter des Steinbeis-Transferzentrums Management-CockpIT, SOA- und Open-Source-Zentrum für Geschäftsanwendungen, an der Berufsakademie Lörrach.

Seine beruflichen Stationen: Softwareentwickler und Projektleiter in einem schwäbischen Systemhaus, langjährige Tätigkeit als Senior Manager und Abteilungsleiter bei einem großen internationalen IT-Hersteller und Prokurist bei einer führenden, weltweit tätigen Unternehmensberatung.

Seine fachlichen Schwerpunkte sind: Open-Source-Produkte für Geschäftsprozess-Management und Business Intelligence, ERP-Systeme für Industrie, Handel, Logistik, Projektmanagement, -coaching und -training.

An verschiedenen Fachhochschulen und Berufsakademien ist Günter Drews Dozent für Informationsmanagement, Projektmanagement, Produktions- und Warenwirtschaft. In der GPM ist er Leiter der Fachgruppe Methoden im Projektmanagement und Mitglied der Fachgruppe Critical Chain.

Dipl.-Ing. **Norbert Hillebrand**, geb.1950, studierte Maschinenbau und Systemtechnik (Projektmanagement) an der Technischen Universität Berlin. Von 1979 bis 1984 war er als Teamleiter im Flugzeugbau bei Dornier beschäftigt, danach 10 Jahre als Projektleiter bei der Behr GmbH & Co. in Stuttgart mit der Leitung von Entwicklungsprojekten für PKW-Klimaanlagen beauftragt. Seit 1995 ist er dort in der Linienfunktion „Projektmanagement" dafür zuständig, Projektmanagement-Methoden an den Entwicklungsprozess im globalen Konzern anzupassen und weiter zu entwickeln. Dazu gehört auch die Ausbildung von Projektleitern und Projektpersonal.

In der GPM ist Norbert Hillebrand seit über 10 Jahren engagiert. Im Jahr 2000 wurde er in den Vorstand der GPM gewählt. Er leitet die GPM Region Karlsruhe seit 2001. Er ist zertifizierter und lizenzierter GPM-Trainer für den Projektmanagement-Lehrgang (PMFIII).

Aktuell & rechtssicher: Muster und Textbausteine für Führungskräfte

300 Seiten | Broschur | € 34,80 [D]
ISBN 978-3-448-08018-6

Mit Gesprächsleitfäden und Textbausteinen schnell zur Mitarbeiterbeurteilung. Ein Bewertungsbogen, detaillierte Gesprächsleitfäden und Checklisten geben konkrete Anleitung zum Vorgehen. Mit den Auswirkungen des AGG!

224 Seiten | Broschur | € 29,80 [D]
ISBN 978-3-448-07487-1

Finden Sie den besten Bewerber für Ihr Unternehmen. Mit sofort einsetzbaren Tests, Rollenspielen und Übungen gelingt das ohne großen Aufwand.

308 Seiten | Broschur | € 24,80 [D]
ISBN 978-3-448-08170-1

Erstellen Sie aus über 1000 Textbausteinen und 150 Tätigkeitsbeschreibungen schnell ein gut formuliertes und rechtssicheres Arbeitszeugnis. Mit den aktuellen Regelungen des AGG.

 Auf CD-ROM:
▶ Textbausteine, Gesprächsleitfäden, Beurteilungsbogen, Checklisten

 Auf CD-ROM:
▶ Alle Arbeitsmittel und Checklisten

 Auf CD-ROM:
▶ Textbausteine und Tätigkeitsbeschreibungen.

Alles rund ums Vermieten

Rechtssichere Informationen und die wichtigsten Arbeitshilfen für Vermieter. Mit sofort einsetzbaren Musterbriefen, Formulierungshilfen und Vertragsmuster, für eine schnelle und praktische Lösung: vom Mietvertrag über die Modernisierung bis hin zur Kündigung.

408 Seiten | Broschur | € 29,80 [D]
ISBN 978-3-448-08266-1

Auf CD-ROM:

▸ Checklisten, Musterverträge und -briefe, Formulare, Urteile und Gesetze.

Erhältlich in Ihrer Buchhandlung oder direkt beim Verlag:
bestellung@haufe.de   Tel   0180 / 50 50 440*
www.haufe.de   Fax 0180 / 50 50 441*
* 0,14 €/Minute. Ein Service von dtms.

Haufe